Материалы международной научно-практической

конференции

Фундаментальные и прикладные науки сегодня

25-26 июля 2013 г.

Москва

УДК 4+37+51+53+54+55+57+91+61+159.9+316+62+101+330

ББК 72

ISBN: 978-1491226506

В сборнике представлены материалы докладов международной научно-практической конференции   " Фундаментальные и прикладные науки сегодня "

Все статьи представлены в авторской редакции.

Содержание

Биологические науки

Географические науки

Геолого-минералогические науки

Исторические науки

Медицинские науки

Содержание

Содержание

Содержание

Фармацевтические науки

Физико-математические науки

Филологические науки

Содержание

Химические науки

Экономические науки

Содержание

Артемьева Е.П.
доцент, кандидат биологических наук, Федеральное государственное
бюджетное образовательное учреждение высшего профессионального
образования «Уральский государственный университет путей сообщения»
ep-artem@yandex.ru

ОСОБЕННОСТИ ФЕНОЛОГИИ НЕКОТОРЫХ ВИДОВ АМАРАНТА ПРИ ИНТРОДУКЦИИ НА СРЕДНЕМ УРАЛЕ

Для оценки успешности интродукции вида в конкретных почвенно-климатических условиях необходимы фенологические наблюдения, позволяющие судить о способности вида к воспроизводству. Общепринятым показателем успешности интродукции является завершение цикла развития и способность интродуцента к плодоношению в новых условиях произрастания.

Погодно-климатические условия Среднего Урала существенно отличаются от условий районов традиционного выращивания амаранта. Мы изучали цикл развития восьми видов *Amaranthus* L.: *A. albus* L., *A. caudatus* L., *A. cruentus* L., *A. graecizans* L., *A. hybridus* L., *A. lividus* L., *A. retroflexus* L. и *A. tricolor* L. в Ботаническом саду УрГУ (ныне УрФУ) на протяжении десяти лет. Каждый вид был представлен образцами, выращенными из семян, полученных в результате международного обмена семенами с ботаническими садами.

Для выявления зависимостей наступления и продолжительности фенологических фаз амаранта от температуры воздуха и количества осадков сравнивали метеорологические условия разных вегетационных периодов. Для комплексной оценки погодных условий месяца или отдельной декады рассчитывали гидротермический коэффициент, учитывающий условия тепло- и влагообеспеченности.

Посев семян амаранта проводили обычно с 30 мая по 8 июня ручным способом в дерново-подзолистую почву. Глубина заделки семян - 1,5-2,0 см. Норма высева семян - около 1 кг/га. Способ посева в коллекционном питомнике - широкорядный, в четыре ряда с междурядьями 0,5 м на делянках площадью 2,25-3,00 м^2. Перед посевом размечали борозды глубиной 2,0 см, добавляли торф, после чего равномерно высевали семена. Борозды засыпали почвой и слегка уплотняли. После появления всходов по мере необходимости проводили прореживание, а также обработку междурядий (прополку, рыхление) в течение всего вегетационного периода. Уборку начинали в конце августа - начале сентября в зависимости от погодных условий.

В ходе десятилетних фенологических наблюдений были выявлены следующие особенности развития видов амаранта при интродукции на Среднем Урале.

1) Появление всходов амаранта не было связано с межвидовыми различиями семян, а зависело, в первую очередь, от условий влагообеспеченности и температуры почвы и воздуха в третьей декаде мая - первой декаде июня. Всходы появлялись в среднем в первой - второй декадах июня, на 8-10 день после посева.

2) Фаза вегетативного развития являлась самой продолжительной в цикле развития амаранта и составляла по продолжительности 37-40 дней у дикорастущих видов *A. albus, A. graecizans, A. hybridus, A. lividus* и *A. retroflexus* и 43-47 дней у культурных видов *A. caudatus* и *A. cruentus*. Продолжительность вегетативного развития вида *A. tricolor* варьировала в больших пределах - 32-68 дней.

3) Фаза бутонизации начиналась во второй - третьей декадах июля и длилась 19-27 дней. Продолжительная бутонизация была характерна для видов *A. albus* и *A. tricolor*.

4) Дикорастущие сорные виды *A. graecizans, A. hybridus, A. lividus* и *A. retroflexus* зацветали в среднем на 57-58 день после появления всходов, а виды *A. albus, A. caudatus, A. cruentus* и *A. tricolor* зацветали обычно на 63-68 день после появления всходов. Цветение начиналось в августе и продолжалось 22-28 дней вплоть до уборки растений в первой - второй декадах сентября.

5) В благоприятные вегетационные периоды вступали в фазу плодоношения и давали семена образцы всех видов, за исключением *A. tricolor*. Некоторые образцы дикорастущих сорных видов *A. graecizans, A. hybridus* и *A. retroflexus* обладали репродукционной способностью и при неблагоприятных погодных условиях.

Таким образом, продолжительность вегетационного периода амаранта на Среднем Урале составляла 85-95 дней.

Сроки наступления, длительность фенологических фаз и количество образцов амаранта, приступивших к плодоношению и давших семена, определялись продолжительностью метеорологического лета, суммой эффективных температур за период вегетации и складывающимися при этом условиями увлажнения.

Адаптация к засушливым погодным условиям вегетационного периода происходила за счет ускорения темпов развития (уменьшения продолжительности вегетативного развития, раннего перехода растений к бутонизации и цветению). Избыточное увлажнение почвы в летние месяцы приводило к продолжительному вегетативному развитию, задержке развития генеративной сферы растения и отсутствию плодоношения.

Отсутствие или нерегулярное плодоношение интродуцируемых видов в новых условиях не свидетельствует о невозможности их интродукции. Существует точка зрения, что «в тех некоторых случаях, когда в новых условиях растения не дают зрелых семян или вообще не плодоносят, но широко используются в народном хозяйстве, мы вправе

2

оценивать такие растения как введенные в культуру» [1, 54]. Широкие перспективы использования амаранта в сельском хозяйстве, фармацевтической и текстильной промышленности, а также в других областях деятельности человека свидетельствуют о возможности его интродукции в столь нехарактерных климатических условиях.

Для дальнейших интродукционных исследований особенно важное значение приобретает поиск среди разнообразных фенологических форм и климатических экотипов амаранта образцов, наиболее приспособленных к росту, развитию и плодоношению в условиях Среднего Урала.

Литература:

1. Мишуров, В. П. Объем и содержание понятия «интродукция растений» / В. П. Мишуров // Инф. бюл. Совета Бот. садов России. Москва, 1994. - Вып. 2. - С. 52 - 55.

Леонтьева И.А.
Елабужский институт
ФГАОУ ВПО Казанский (Приволжский) федеральный университет,
Республика Татарстан, Россия, *e-mail:* leontjeva.ira@yandex.ru

К ВОПРОСУ ИЗУЧЕНИЯ ФАУНЫ ЖЕСТКОКРЫЛЫХ (COLEOPTERA) СЕМЕЙСТВ CARABIDAE И SCARABAEIDAE В ПОСЕВАХ ЛЮЦЕРНЫ ПОСЕВНОЙ

Изучение фауны насекомых в агроценозах имеет важное практическое значение, т.к. многие виды из различных семейств могут наносить ощутимый вред с/х растениям. Нами проведено изучение видового состава и обилия жужелиц (*Carabidae*) и пластинчатоусых жуков (*Scarabaeidae*) в посевах люцерны посевной (*Medicago sativa* L.), принадлежавшие к растительно-животноводческому комплексу д. Колосовка Елабужского района Республики Татарстан в период с мая по сентябрь 2010-12 гг.

Сем. *Carabidae* – важнейший компонент почвенного населения б/п животных. Жужелицы играют существенную роль в регуляции численности многих насекомых, в том числе опасных вредителей сельского хозяйства. Встречаются они практически во всех ландшафтах суши и тонко реагируют на изменения почвенно-растительных и микроклиматических условий среды. Эти особенности определили достоинства этой группы животных как удобного объекта для экологических исследований. Сем. *Scarabaeidae* составляют важнейшее звено общего биоразнообразия и играют существенную роль в функционировании природных экосистем.

К настоящему времени неполнота сведений о видовом составе жужелиц и особенно пластинчатоусых жуков в агроценотических сообществах, об особенностях их образа жизни, о трофических связях и распространении обуславливает необходимость более детального исследования.

Для учета жуков использовался метод ловушек Барбера [2], а также были использованы другие стандартные методики сбора насекомых: ручной сбор, энтомологическое кошение, стряхивание жуков в сачок с растений, метод флотации. Всего было собрано и обработано 792 имаго жуков. Видовая идентификация жужелиц и пластинчатоусых жуков проводилась по определительным таблицам из работ: А.Ю. Исаева (2002), А.К Жеребцова (2000), О.Л. Крыжановского (1983). Ниже представлены видовые списки жужелиц и пластинчатоусых жуков фауны посевов люцерны посевной.

Подотряд ADEPHAGA – Плотоядные жуки
Надсемейство CARABOIDEA – Карабоидные
Семейство Carabidae Latreille, 1802 – Жужелицы (7 видов)
Род Agonum Bonelli, 1810 – Быстряк.

1. *Agonum sexpunctatum* (Linnaeus, 1758) – Быстряк (бегун) шеститочечный (28.06.2011). 8 экз. 7-9 мм. Найден с помощью почвенных ловушек в краевых зонах полей, методом ручного сбора. Дневной хищник.

Род Broscus Panzer, 1813 – Головач.

2. *Broscus cephalotes* (Linnaeus, 1758) – Жужелица головастая. Головач обыкновенный (май-август 2010-2012). 64 экз. 16-20 мм. Обычный вид. Собран методом почвенных ловушек и ручного сбора. Хищник.

Род Carabus Linnaeus, 1758 – Жужелица.

3. *Carabus arcensis* Herbst, 1784 – Карабус полевой. Жужелица полевая (3.07.2010; 24.06.2011; 14.07.2012). Широко распространенный лугово-полевой вид в РТ. 4 экз. 16-20 мм. Собран методом почвенных ловушек. Хищник.

Род Cicindela Linnaeus, 1758 – Скакун.

4. *Cicindela silvatica* Linnaeus, 1758 – Скакун лесной (2.08.2010; 8.08.2012). Обычный вид. 4 экз. 15-18 мм. Собран на краю поля около дубовой посадки методом почвенных ловушек и ручного сбора. Дневной хищник.

Род Harpalus Latreille, 1802 – Бегун настоящий.

5. *Harpalus rufipes* (DeGeer, 1774) – Бегун рыженогий (15.06.2011). 8-15 мм. 7 экз. Широко распространенный вид в РТ; встречается в различных типах агроценозов. Собран с помощью почвенных ловушек и методом ручного сбора. Многоядный хищник, на стадии имаго – миксофитофаг.

Род Pterostichus Bonelli, 1810 – Птеростих.

6. *Pterostichus niger* (Schaller, 1783) – Птеростих черный (май-август 2010-2012). 96 экз. 10-20 мм. Широко распространенный лесной вид. Собран методом почвенных ловушек в зоне краевых полос агроценозов. Хищник.

7. *Pterostichus strenuus* (Panzer, 1796) – Птеростих проворный (май-август 2010-2012). 169 экз. Многочисленный вид. Собран методом почвенных ловушек в краевых зонах полей, методом ручного сбора и под камнями. Хищник.

Подотряд POLYPHAGA – Разноядные жуки

Надсемейство SCARABAEOIDEA – Скарабеидоподобные

Семейство Scarabaeidae Latreille, 1802 – Пластинчатоусые (11видов)

Род Amphimallon Berthold, 1827 – Нехрущ.

1. *Amphimallon solstitialis* (Linnaeus, 1758) – Нехрущ июньский, нехрущ обыкновенный (июнь 2010; июнь-июль 2012). 60 экз. 13,8-19 мм. Обычный вид. Имаго отмечены на голом участке поля, а также на растениях люцерны посевной; собран методом кошения и ручного сбора. Фитофаг. Гербифаг. Филлофаг.

Род Anisoplia Dejean, 1821 – Кузька.

2. *Anisoplia austriaca* (Herbst, 1783) – Жук хлебный, кузька посевной (июнь-август 2011-2012) 58 экз. 12-13 мм. Многочислен. Собран методом кошения и ручного сбора. Фитофаг. Гербифаг. Карпофаг.

Род Anomala Leach, 1819 – Хрущик.

3. *Anomala dubia* Scopoli, 1763 – Хрущик луговой, хрущик полевой, цветоед металлический (22.07.2010; 1.08.2010; 19.07.2011). 3 экз. 12-15 мм. Имаго отмечены на соцветиях люцерны посевной; собран методом ручного сбора и отряхиванием. Фитофаг. Гербифаг. Антофаг. Филлофаг.

Род Cetonia Fabricius, 1775 – Бронзовка.

4. *Cetonia aurata* (Linnaeus, 1758) – Бронзовка золотистая (май-июль 2010-2012). 64 экз. 15,1-20,4 мм. Обычный вид. Отмечен на соцветиях нивяника обыкновенного; собран методом ручного сбора и отряхиванием. Гербифаг. Фитофаг. Антофаг (может быть поллинофагом, карпофагом).

Род Copris Geoffroy, 1762 – Копр.

5. *Copris lunaris* (Linnaeus, 1758) – Копр лунный. 17-23 мм. Редкий вид. Один экземпляр имаго найден 28.06. 2011 г. методом почвенных ловушек. Сапрофаг. Копрофаг (может быть некрофагом).

Род Melolontha Fabricius, 1775 – Хрущ майский.

6. *Melolontha hippocastani* (Fabricius, 1801) – Хрущ майский восточный (конец мая 2010-2011; 5.06.2012). 8 экз. 20,5-29 мм. Имаго обнаружены на растениях люцерны посевной; собран методом ручного сбора и кошения. Гербифаг. Фитофаг. Филлофаг.

Род Oryctes Illiger, 1798.

7. *Oryctes nasicornis* (Linnaeus, 1758) – Жук-носорог обыкновенный (25-30.05.2010-2012). 4 экз. 26-41 мм. Редкий вид. Найден на соцветиях одуванчика лекарственного; собран методом ручного сбора. Гербифаг. Фитофаг. Хилофаг.

Род Onthophagus Latreille, 1802 – Калоед.

8. *Onthophagus nuchicornis* (Linnaeus, 1802) – Калоед коротконогий (7.07.2010; 14.07.2012). 9 экз. Редкий вид. Найден в куче коровьего навоза на окраине поля, методом флотации. Сапрофаг. Копрофаг.

Род Oxythyrea Mulsant, 1842.

9. *Oxythyrea funesta* (Poda von Neuhaus, 1761) – Оленка рябая, бронзовка вонючая (июнь-август 2010-2012). 225 экз. 8,9-13,7 мм. Многочисленный вид. Имаго отмечены на соцветиях щавеля конского; собран методом ручного сбора и отряхиванием. Гербифаг. Фитофаг. Антофаг (может быть карпофагом).

Род Trichius Fabricius, 1787 – Восковик.

10. *Trichius fasciatus* (Linnaeus, 1758) – Восковик перевязанный, восковик полосатый (2.07.2010; 30.06.2011; 12.07.2012). 7 экз. 12,8-15 мм. Собран с соцветий одуванчика лекарственного методом ручного сбора. Гербифаг. Фитофаг. Антофаг (может быть поллинофагом).

Род Polyphylla Harris, 1842 – Мраморные хрущи.

11. *Polyphylla fullo* (Linnaeus, 1758) – Хрущ мраморный (26.06.2012). 1 экз. 25-40 мм. Редкий вид. Собран методом ручного сбора близ насаждений сирени обыкновенной. Фитофаг. Дендрофаг. Филлофаг.

Из жужелиц доминирующими видами (с частотой встречаемости более 5 %) являются три вида: *P. strenuus* (48,01 % от всех собранных за период наблюдения карабид), *P. niger* (27,3 %) и *B. cephalotes* (18,2 %). Остальные четыре вида, представленные единичными экземплярами, по частоте встречаемости не превышают 7,0 %. Среди пластинчатоусых жуков явно доминируют четыре вида: *O. funesta* (51,1 %), *C. aurata* (14,5 %), *A. solstitialis* (13,6 %) и *A. austriaca* (13,2 %). Частота встречаемости остальных семи видов не превышает 8,0 %.

Четыре вида жуков из общего списка включены в Красную книгу РТ: *O. nasicornis* (*Scarabaeidae*), *C. silvatica* (*Carabidae*), имеющие II категорию, *C. lunaris* и *P. fullo* (*Scarabaeidae*), имеющие III категорию [1]. Частота встречаемости их небольшая, в среднем не более 1,5 %. Эти виды были обнаружены нами непосредственно в краевой зоне исследуемых полей.

Изучая пищевую специализацию жесткокрылых мы пришли к тому, что пластинчатоусые жуки представлены двумя трофическими групп: фитофагов и сапрофагов. Фитофаги, долевое участие которых составляет 50,0 % от общего количества видов, на имагинальной стадии представлены филлофагами (3 вида), карпофагами (1 вид), хилофагами (1 вид) и антофагами (4 вида). Сапрофаги (11,1 %) представлены 2 видами: *O. nuchicornis*, который встречается в навозе травоядных животных, посещающих агроценозы (копрофаг) и *C. lunaris*, который может быть как копрофагом, так и некрофагом. Оба вида относятся к группе сирфетобионтов, которые питаются экскрементами, находящимися над поверхностью земли.

Сем. *Carabidae* представлено исключительно хищниками, за исключением *H. rufipes*, имеющего смешанное питание. На личиночной стадии *H. rufipes* – многоядный хищник, на стадии имаго – миксофитофаг.

В агроценозах соотношение популяций хищных и растительноядных форм играет значительную роль. Размножение растительноядных насекомых сдерживается преимущественно хищниками. Но если нормальное соотношение между растительноядными насекомыми и их врагами нарушаются, то численность первых может увеличиваться в десятки и сотни раз. Массовые размножения некоторых растительноядных насекомых наносят большой урон сельскому хозяйству.

Подводя итог в целом, по таксономическому составу карабидо- и скарабеидофауна посевов люцерны посевной довольна разнообразна. Она во многом зависит от окружающих биотопов, поэтому в ее составе обнаруживаются экологически и биотопически разнородные виды. Можно предполагать, что обилие жуков исследуемых семейств в агроценозах будет заметно меняться по мере усиления антропогенной трансформации ландшафта.

Литература:

1. Красная книга Республики Татарстан (животные, растения, грибы). – изд-е 2-ое. – Казань: Изд-во «Идел–Пресс», 2006. – 832 с.

2. Фасулати К.К. Полевое изучение наземных беспозвоночных. – М.: Высшая школа, 1971. – 424 с.

Рудский В.В.
профессор, д.г.н., в.н.с. ИПКОН РАН, г. Москва
rudsky@mail.ru

ФУНДАМЕТАЛЬНЫЕ ПОНЯТИЯ ГОРНОЙ ЭКОЛОГИИ И ГОРНОГО ПРИРОДОПОЛЬЗОВАНИЯ

Принципиальное отличие «горной экологии» от «горного природопользования» заключается в том, что первая изучает *взаимодействие* организмов (человека) с окружающей средой, тогда как природопользование рассматривает *воздействие* организмов (человека) на природную среду [1, 2, 3].

Как отмечает Н.Н. Чаплыгин с соавторами [4] в основу горной экологии положена *экологическая теория комплексного освоения недр*, которая отражает систему идей, взглядов и представлений, объясняющих такое фундаментальное явление в цивилизованном развитии человечества, каким является техногенное преобразование недр с позиций оценки последствий такого преобразования для природы и общества. Квинтэссенцией развития экологической теории должно стать представление о путях сохранения природной среды. Экологическая теория представляет собой такую форму организации научного знания, которая может дать целостное понимание закономерностей и существенных связей, в которой раскрывается *объект экологической теории* – комплексное освоение недр, реализуемое создаваемыми для этого геосистемами с параметрами, необходимыми для обеспечения устойчивого существования человека в окружающей среде [4]. *Предмет экологической теории* – взаимосвязь природных и технологических факторов освоения недр

По аналогии с горной экологией, основу *горного природопользования* составляет *теория горного природопользования*, с нашей точки зрения [2], - это система научных положений, идей, обобщающих практический опыт и отражающих взаимосвязи и взаимоотношения природы и человека, связанные с использованием *природно-ресурсного потенциала*.

Природно-ресурсный потенциал (ПРП) имеет двойственный характер. С одной стороны, это тела и силы природы, а с другой, ценности экономические. Н.Ф.Реймерс [5] дает несколько определений природно-ресурсного потенциала, которые можно объединить в две группы. Во-первых, это та часть природных ресурсов Земли, которая может быть реально вовлечена в хозяйственную деятельность при данных технических и социально-экономических условиях общества при условии сохранения среды жизни человечества. Во-вторых, это совокупность природных ресурсов, условий и процессов, которая, с одной стороны, составляет основу жизнедеятельности общества, а с другой - противостоит ему как объект антропогенного воздействия.

При разработке эколого-географических основ горного природопользования нам представлялось исключительно важным определить, какая же часть природных ресурсов (составляющих ПРП, исходя из первого определения) "может быть реально вовлечена в хозяйственную деятельность... при условии сохранения среды жизни человечества" [2].

Объектом природопользования обычно выступают отношения между природными, социальными и экономическими факторами процесса взаимодействия природы и общества. *Предметом природопользования*, вслед за Н.Ф.Реймерсом [5], мы считаем оптимизацию этих отношений, стремление к сохранению и воспроизводству среды жизни.

Вместе с тем, горное природопользование подразумевает наличие объекта пользования (им являются недра Земли), и субъекта, извлекающего пользу, – человека. Практически пользу из взаимодействия с природой извлекает не абстрактный человек, а государство, недропользователь, хозяйство и т.п. [3, 5]. Это означает неизбежность противоречий между интересами разных субъектов природопользования. Анализ таких противоречий и поиск путей их разрешения – одна из задач природопользования, как научной сферы. Взаимодействие субъекта природопользования, в свою очередь, осуществляется также не с абстрактной природой, а с конкретными ландшафтами. Характер деятельности человека трансформируется местными условиями, а результаты этой деятельности сказываются на ландшафтах [6].

Главная задача горного природопользования как науки – поиск и разработка путей оптимизации взаимоотношений общества с природной средой, возникающих в процессе освоения недр, что должно способствовать сохранению и воспроизводству благоприятных условий жизни и хозяйственной деятельности человека. Эта сложная и многогранная задача требует интеграции естественнонаучных, социально-экономических и технических знаний. Этим природопользование (как и "большая" экология, мегаэкология, в отличие от традиционной, биологической экологии) отличается от традиционных наук, выполняющих функцию анализа, и потому в процессе своего развития все более дифференцирующихся, и приобретает черты мировоззрения.

Природопользование как практическая деятельность включает в себя различные аспекты:

– *экологические аспекты природопользования* – учет при принятии решений внутренних закономерностей функционирования экосистем, рассматриваемых в факториальной и популяционной экологии: характера и направленности происходящих сукцессий, трофической структуры биоценозов, состояния составляющих их популяций;

– *географические аспекты природопользования* – учет при принятии решений внутренней неоднородности и географических особенностей территорий, которые они затрагивают: ландшафтов и образующих их геокомпонентов, а также природно-хозяйственных территориальных систем;

– *экономические аспекты природопользования* – учет при принятии практических решений в природопользовании экономических отношений, действующих в природно-хозяйственных территориальных системах, прогноз экологических последствий хозяйственных решений, а также использование экономических рычагов (налоги и платежи, инвестиции) в целях оптимизации природопользования;

– *юридические аспекты природопользования* – анализ влияния законодательства и возникающих вследствие него юридических отношений в обществе на состояние природной среды, а также использование юридических рычагов (законы и подзаконные акты, юридические действия) в целях оптимизации природопользования;

- *технологические аспекты природопользования* – анализ и оценка экологичности применяемых или намечаемых к применению технических решений и технологий, а также постоянный поиск технологических путей решения экологических проблем и оптимизации природопользования, в том числе и при освоении недр Земли.

Технологические аспекты горного природопользования можно рассматривать в качестве связующего звена горного природопользования с горной экологией.

Список литературы

1. Рудский В.В. Основные понятия природопользования и геоэкологии. - Учебное пособие. Изд-во АГУ, Барнаул, 1996. – 18 с.

2. Рудский В.В. Природопользование в горных странах (на примере Алтая и Саян). - Новосибирск: Наука, 2000. - 207с.

3. Рудский В.В., Стурман В.И. Основы природопользования: Учебное пособие. – М.: Аспект-Пресс. - 2007. – 271 с.

4. Чаплыгин Н.Н., Ю.П. Галченко, В.Н. Папичев, Д.В. Жулковский, Г.В. Сабянин, А.Н. Прошляков Экологические проблемы геотехнологий: новые идеи, методы и решения. – М., ООО Издательство «Научтехлитиздат», 2009. – 320 с.

5. Реймерс Н.Ф. Природопользование. Словарь-справочник. – М.: Мысль, - 2000. – 637с.

6. Петров К.М. Геоэкология: Основы природопользования. СПб., 1994. - 216 с.

Коломиец В.Л.
кандидат геолого-минералогических наук, kolom@gin.bscnet.ru
Будаев Р.Ц.
кандидат геолого-минералогических наук, budrin@gin.bscnet.ru
Геологический институт СО РАН, г. Улан-Удэ

НОВЫЕ СВЕДЕНИЯ О ГОЛОЦЕНОВЫХ КЛИМАТИЧЕСКИХ РИТМАХ ЮГА БАЙКАЛЬСКОЙ СИБИРИ

При выполнении проекта 16.16 «Эволюция природных факторов и процессов опустынивания в позднем кайнозое Северной и Центральной Азии по материалам изучения субаэральных образований», входящего в программу фундаментальных исследований Президиума РАН 16 «Окружающая среда в условиях изменяющегося климата: экстремальные природные явления и катастрофы» нами за последние годы (2009-2012 гг.) получен ряд абсолютных датировок горизонтов погребенных почв из разрезов субаэральных образований юга Байкальской Сибири (Усть-Селенгинская и Иволгино-Удинская котловины).

Как известно, эоловые отложения являются индикаторами относительно сухого климата или усиления ветров в прибрежной зоне озер и крупных речных долин. В Усть-Селенгинской впадине достаточно широкое распространение получили формы рельефа ветрового генезиса, развитые, главным образом, по поверхностям террасового комплекса Селенги. Моделирование поверхности высокой озерной террасы эоловыми процессами в эпоху поздненеоплейстоценового оледенения свидетельствует о снижении уровня озерных вод после средненеоплейстоценовой ингрессии. Поздненеоплейстоценовые эоловые мезоформы рельефа занимали большие площади депрессии, нежели современные. По результатам термолюминесцентного датирования эоловых песков этой впадины установлены периоды аридизации климата на рубеже каргинского и сартанского времени позднего неоплейстоцена. Формирование ветровых аккумулятивных форм рельефа на поверхности высокой озерно-речной террасы в районе сел Степной Дворец, Истомино и Исток на левобережье р. Селенги происходило в финале каргинского – начале сартанского времени (ТЛ-даты: 21000±2000 л.н., 22000±2000 л.н., 23000±7000 л.н.). Эти датировки свидетельствует об изменении климатических условий на начальных этапах второго, поздненеоплейстоценевого оледенения региона и активизации эоловых процессов.

На левобережье Селенги, в окрестностях с. Степной Дворец дефляционными процессами охвачена вторая надпойменная терраса Селенги высотой 8-10 м, где развиты котловины выдувания шириной от первых метров до 50-80 м и глубиной до 3-4 м, а также бугры навевания.

На террасе произрастает разреженный сосновый лес, но остепненные участки подвержены эоловым процессам.

В типичном разрезе одного из останцов террасы ниже современного почвенно-растительного слоя залегает покровный эоловый слой, представленный коричневато-серым мелкозернистым неслоистым песком мощностью до 0,4 м. Он перекрывает погребенную почву темно-серого цвета, обогащенную гумусом и обугленными растительными остатками.

Погребенная почва, в свою очередь, подстилается слоем, состоящим из светло-коричневого мелкозернистого неслоистого песка мощностью до 0,4 м. Ниже залегают переслаивающиеся светло-коричневый тонкозернистый и серый мелко-среднезернистый хорошо промытые пески слабонаклонной и субгоризонтальной текстуры. Подобное строение имеют бугры навевания на левобережной 8-10-метровой террасе в окрестностях сел Творогово, Малое Колесово и в некоторых других местах.

Из погребенной почвы нами была получена радиоуглеродная дата 855±65 лет (СОАН-7676). В климатостратиграфической шкале голоцена этому времени соответствует окончание Средневекового теплого периода (1600-900 л. н.). Затем произошел этап похолодания (Малый ледниковый период, 880-350 л. н.), с которым, вероятно, связан следующий этап активизации эоловых процессов исследованного района.

В приустьевой части р. Кабаньей распространены дюны высотой 8-9 м, осложняющие поверхности низких террас Селенги. Дюны сложены мелкозернистыми песками с субгоризонтальной и наклонной слоистостью, в отдельных разрезах которых отмечаются до 4 горизонтов погребенных почв (с. Нюки). Из этих почв, перекрытых эоловыми отложениями и венчающих разрез второй надпойменной террасы р. Селенги получены радиоуглеродные даты: 5010±90 (СОАН-8115), 2125±55 (СОАН-8114), 780±60 (СОАН-8113) и 300±50 лет (СОАН-8112). Первая дата соответствует границе атлантического и суббореального периодов голоцена, вторая – субатлантическому. Последние две даты подтверждают данные о почвообразовании в Средневековом теплом периоде и наступившим позднее этапе аридизации климата. Четвертая дата свидетельствует о кратковременности холодного периода, сменившегося периодом потепления и увлажнения, что способствовало почвообразованию и формированию самого верхнего погребенного почвенного горизонта. В начале XVIII века климатические условия района изменились – стало значительно холоднее и суше, вновь активизировались дефляционные процессы.

В Иволгино-Удинской впадине изучена верхняя часть толщи стратотипа кривоярской свиты до глубины 14 м в уступе высокого надпойменного уровня р. Селенги в районе ул. Прямой (г. Улан-Удэ; 51°47'55" с. ш., 107°36'15" в. д., абсолютная высота 570 м). Особенностью этой части разреза является мощная, не менее 13,5 м, ветровая его переработка. Прерывистость эоловой деятельности зафиксирована наличием шести горизонтов погребенных почв. Изученные эоловые отложения по своим структурно-текстурным особенностям представлены восемью литологическими слоями.

1-й слой (интервал 0,25-1,5 м) выполнен мелкозернистым песком со слабозаметной субгоризонтальной слоистостью. Он содержит два горизонта погребенных почв на интервалах 0,65-0,70 м (радиоуглеродная дата 890±45 лет; СОАН-8368) и 0,9-1,0 м (1340±50 лет, СОАН-8369, субатлантик).

2-й слой (1,5-2,1 м) сформирован мелкозернистым песком (средневзвешенный размер частиц, $x=0,22$ мм) с неясно выраженной субгоризонтальной текстурой. Коэффициенты сортировки песков – Траска ($S_0=1,17$) и статистический ($\sigma=0,12$) определяют осадок как особенно хорошо сортированный. Коэффициенты асимметрии – Траска ($S_k<1$) и статистический ($\alpha>1$) – со сдвинутой модой в сторону крупных частиц характеризуют повышенный энергетизм среды седиментации на этот временной промежуток. Значение эксцесса положительно ($\tau=8,29$), что свидетельствует о стабильном привносе вещества на протяжении всего времени аккумуляции материала и относительно спокойном тектоническом фоне.

3-й слой (2,1-3,1 м) сложен неслоистыми алевритовыми ($x=0,17$) и алевро- ($x=0,16$ мм) песками особенно хорошей и совершенной отсортированности ($S_0=1,19-1,31$; $\sigma=0,08-0,10$). Это привело к образованию симметричных эмпирических полигонов распределения (ЭПР) ($S_k=1$; $\alpha<1$), когда размер наиболее часто встречающихся частиц равен их медианной крупности, что является предпосылкой неаквального генезиса отложений. Снижение параметров эксцесса ($\tau=3,95-6,20$) служит показателем менее устойчивого характера развития процессов эндо- и экзогенеза.

Ниже данного литологического слоя имеет место третий горизонт погребенной почвы (интервал 3,10-3,25 м – 2735±75 лет; СОАН-8370, финал суббореала).

На глубине от 3,25 до 8,5 м разрез представлен неслоистыми мелкозернистыми песками 4-го литологического слоя, подстилающимися на интервале 8,50-8,65 м горизонтом погребенной почвы (5060±155 лет, СОАН-8371, рубеж суббореала и атлантика).

В строении 5-го слоя (8,65-9,2 м) принимают участие субгоризонтально-слоистые средне-мелкозернистые пески ($x=0,25$ мм). Сортировка материала – особенно хорошая ($S_0=1,19$; $\sigma=0,10$), эксцесс положителен ($\tau=6,28$) и указывает на определенное тектоническое постоянство. 6-й слой (9,2-10,3 м) состоит из алевропеска ($x=0,16$ мм) субгоризонтальной тонкой текстуры. Статистические характеристики осадков и среда осадконакопления имеют высокую степень сходимости с таковыми из третьего литологического слоя.

Разделом между 6-м и 7-м литологическими слоями является пятый горизонт погребенной почвы (10,30-10,45 м – 7620±180 лет, СОАН-8372, начальная фаза атлантического периода).

7-й слой (10,45-11,2 м) представлен неслоистыми песчаными алевритами (x=0,09-0,10) и алевритами (х=0,08 мм), которым присуща особенно хорошая и совершенная сортировка (S_0=1,18-1,29, σ=0,04-0,07), а также скошенность ЭПР как в левую (S_k<1), так и в правую (S_k>1) стороны. Резко плюсовой эксцесс (τ=23,6-186,7) констатирует наиболее устойчивый характер тектонического режима аккумуляции.

Наиболее мощный горизонт погребенных почв (11,2-11,8 м) сформировался в бореальный период голоцена (9870±245 лет, СОАН-8373).

На глубине 11,8-13,5 м (8-й слой) залегают мелкозернистые (х=0,21-0,22 мм) пески с плохо выраженной субгоризонтальной слоистостью. Отсортированность осадка особенно хорошая (S_0=1,16-1,22; σ=0,08-0,09), мода смещена в сторону крупных частиц (S_k<1, α>0), что отвечает повышенной динамике седиментации с устойчивым тектоническим фоном (τ=8,95-20,1). Толща подстилается (13,5-14,1 м) алевритовыми песками (х=0,18 мм) с четко выраженной субгоризонтальной текстурой комплексного озерно-речного генезиса.

Следовательно, источником образования эоловых отложений являлись псаммиты аквального генезиса нижней части разреза. Известно, что структура осадков является довольно устойчивой, и даже неоднократная деструкция не способна кардинально изменить ее. Коэффициент вариации песков (ν=0,39-0,68) все еще принадлежит полю перекрытия аллювиальных и озерных секторов аккумуляции отложений водного парагенетического ряда.

Таким образом, разрезы субаэральных отложений Усть-Селенгинской и Иволгино-Удинской впадин указывают на многократную активизацию ветровых явлений в голоцене. Данный процесс имел, несомненно, цикличный характер, наиболее ярко проявившийся в субатлантическом периоде (до 4 смен этапов аридизации стадиями увлажненности). Следующее климатические фазы увлажненности имели место на разделах суббореала с субатлантиком и атлантиком. Последние два цикла влажности отмечены в атлантический и бореальный периоды.

Исследования поддержаны грантом РФФИ-Сибирь №12-05-98071.

Д.С. Ткаченко, Т.А. Колосовская

доцент, доктор исторических наук, ФГАОУ ВПО «Северо-Кавказский федеральный университет», г. Ставрополь tkdmsg@rambler.ru

доцент, кандидат исторических наук, ФГАОУ ВПО «Северо-Кавказский федеральный университет», г. Ставрополь kolosowskay@yandex.ru

ИЗ ОПЫТА ИСПОЛЬЗОВАНИЯ ИНФОРМАЦИОННЫХ ТЕХНОЛОГИЙ В ИССЛЕДОВАНИЯХ ПО ВОЕННО-ПОЛИТИЧЕСКОЙ ИСТОРИИ СЕВЕРНОГО КАВКАЗА

Глобальная компьютеризация общества и активное внедрение информационных технологий во все сферы деятельности, в том числе и в науку является одной из характерных тенденций современности. Не остались в стороне от этого процесса и ученые-историки, перед которыми стоит задача не просто использовать готовые компьютерные программы, но и серьезно изучать новые информационные технологии.

В современных условиях повышенного интереса в обществе к проблемам российско-кавказских взаимоотношений актуализируется вопрос создания разнообразных программных продуктов, посвященных истории включения Северного Кавказа в состав Российского государства. На сайтах электронных библиотек можно встретить лишь отдельные источники в виде оцифрованных оригинальных изданий XIX – начала XX в.[1]. Целостного мультимедийного представления материала по данной проблематике до сих пор не существует.

Одним из первых шагов в этом направлении явился проект «Военно-политическая история Северного Кавказа (XVI – XIX вв.). Информационно-справочная система», поддержанный Российским гуманитарным научным фондом (№ 08-01-12103в) [2]. Его целью стало создание программного продукта, содержащего тематическую коллекцию текстов источников, исторических карт и иллюстраций, объединенных интерактивным интерфейсом и системой навигации.

Основу информационно-справочной системы составили материалы по военно-политической истории Северного Кавказа периода его постепенной интеграции в общероссийское государственное пространство. Ее структура представлена четырьмя основными частями: введение, тематические разделы, персоналии, служебная информация.

Открывает информационно-справочную систему обширное введение, включающее этническое и географическое описание историко-культурных областей Северного Кавказа. Материал тематических разделов систематизирован по проблемно-хронологическому принципу и представлен следующими составляющими: «Россия и Северный Кавказ в XVI – XVII вв.», «Борьба Великих империй в XVIII в.», «Российская колонизация Северного Кавказа (конец XVIII – первая половина XIX вв.», «Кавказская война XIX в. глазами ее участников», «Послевоенное устройство Кавказа». Каждый раздел содержит 3-4 параграфа, включающих анимированные картографические реконструкции, комментарии к ним и ссылки на полнотекстовые документы, а так же библиографические списки.

Рис. 1. Тематические разделы информационно-справочной системы

Тематические разделы дополнены материалами о деятельности наиболее значимых представителях российской администрации на Северном Кавказе. Персоналии сгруппированы в трех подразделах, имеющих гипертекстовую структуру: «Российские военные», «Лидеры казачества», «Исследователи Кавказа».

Уникальность системы заключается в представлении источников преимущественно местного происхождения - материалов историко-краеведческих музеев Северного Кавказа, а также раритетные изданий, хранящиеся в фондах отделов редких книг краевых и городских библиотек региона. Это опубликованные еще в дореволюционный период официальные документы, воспоминания очевидцев и участников событий, наиболее яркие законодательные и нормативные акты, связанные с административно-территориальными преобразованиями в регионе. Текстовые материалы представлены в графическом виде, что дает возможность ознакомиться не только с их содержанием, но и с внешним видом книги, перелистать ее страницы, рассмотреть подробно пометки и иллюстрации, создавая иллюзию общения с реальным книжным экземпляром. Представленные таким образом источники, многие из которых сохранились в единственном экземпляре, не только расширяют круг пользователей, но и способствуют сохранению самого оригинала.

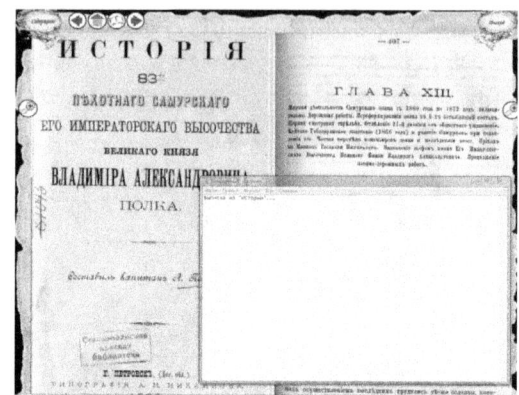

Рис. 2. Пример работы с текстовыми источниками

Для работы с информационно-справочной системой и исторически-ми реконструкциями было создано самостоятельное программное прило-жение, включающее в себя программную оболочку, написанную на основе возможностей flash-программирования (в средах Adobe Flash). Програм-мирование на языке Action Script позволило сочетать в проекте разные форматы компьютерной графики (растровую и векторную), широко ис-пользовать анимацию и интерактивность, работать с различными наборами баз данных графических изображений и текстовых материалов.

Система обеспечивает пользователю необходимую для него глубину рассмотрения материала – предлагается выбор между двумя режимами ра-боты с программой: либо просмотр информации по разделам системы со ссылками на источниковый материал, либо прямое чтение всех представ-ленных в проекте источников без просмотра мультимедийной части и ав-торских картографических реконструкций.

В ходе разработки системы авторами активно использовались воз-можности информационных технологий в создании картографических ре-конструкций. Исследования по военно-политической проблематике не мыслимы без использования карт, которые являются наиболее компактной, емкой и конкретной формой отражения их основных результатов. Компь-ютерное картографирование позволило наглядно представить такие исто-рические процессы как изменения южных границ Российского государства на протяжении XVI – XIX вв., военные походы, основание крепостей и но-вых укрепленных линий, изменения географии расселения этнических групп и размещения населенных пунктов в процессе военно-казачьей и гражданской колонизации края, трансформацию административных гра-ниц на Северном Кавказе в результате его окончательного включения в со-став Российской империи.

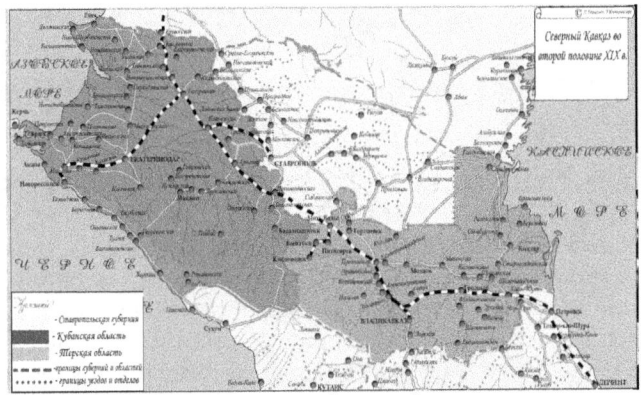

Рис. 3. Пример картографической реконструкции

В отличие от традиционных статичных карт, в системе представлены их анимированные аналоги. Это позволяет показать исторические события в их развитии, во времени и пространстве. Значение таких карт состоит не только в том, чтобы проиллюстрировать данные исторического источника, но и, что более важно, точнее и глубже поставить исследовательскую задачу.

В целом, информационно-справочная система способствует дальнейшему изучению российско-кавказских отношений. Новый электронный ресурс научного и образовательного назначения, представленный в электронной библиотеке Северо-Кавказского федерального университета, в перспективе даст возможность обеспечить инновационный подход к изучению и преподаванию вопросов, освещающих исторические, политические и культурные особенности развития Северо-Кавказского региона.

Литература:

1.   http://www.runivers.ru/ - «Руниверс» - портал, посвященный российской истории и культуре (дата обращения: 22.07.2013 г.)

2.   Военно-политическая история Северного Кавказа (XVI – XIX вв.). Информационно-справочная система. Свидетельство о регистрации электронного ресурса № 15912 Объединенного фонда электронных ресурсов «Наука и образование» Института научной информации и мониторинга Государственной академии наук и Российской академии образования от 23 июня 2010 г.

Хусаинов А.С.
аспирант Исторического факультета
ФГБОУ ВПО «Башкирский государственный университет»
khusainovas@mail.ru

ИЗ ИСТОРИИ СОЗДАНИЯ И ЗАКРЕПЛЕНИЯ ТЕРМИНА «ГЕНОЦИД»

Исторический опыт показывает, что войны и вооруженные конфликты сопровождаются преступлениями против мирного населения. На сегодняшний день в мире насчитывается одновременно более 20 военных столкновений, как международного, так и локального характера. И многие из них сопровождаются геноцидом, совершением тяжких и особо тяжких преступлений в отношении рядовых граждан той или иной страны.

Тема борьбы с геноцидом становится настолько актуальным и приобрела масштабы глобальной неразрешимой проблемы, что были учреждены международные организации, в компетенции которых входит преследование лиц, ответственных за геноцид, военные преступления и преступления против человечности. Это такие авторитетные по своей значимости организации, как Совет безопасности ООН, ОБСЕ, Международный уголовный суд.

Кроме этого, Генеральным секретарем ООН в структуру организации в 2004 г. была введена должность Специального советника по предупреждению геноцида [1,4]. С этой же целью во многих государствах созданы специализированные научные учреждения: в Канаде основана международная ассоциация ученых, занимающаяся вопросами геноцида [2], которая совместно с Международным институтом исследований геноцида и прав человека издает академический журнал «Исследование геноцидов и их предотвращение» [3]; в Великобритании открылся международный центр по научному изучению геноцида [4]; в Национальном пресс-клубе США учреждена «Оперативная группа по предотвращению геноцида» [5,11].

В целом, проблемы геноцида в науке требуют дальнейшего и дополнительного изучения. Несмотря на многовековую историю геноцида, как явление, юридический статус преступления он получил лишь в первой половине XX века – в Конвенции о предупреждении преступления геноцида и наказания за него [6, 34].

В трудах зарубежных исследователей термин «геноцид» применяется чаще, чем в работах представителей отечественной науки, и не только в лексиконе юристов, историков, социологов. Это связано и с тем, что в правовом поле Российской Федерации данный термин впервые появился лишь в 1996 г., с принятием Уголовного кодекса [7, 23].

Для проведения исследования и изучения фактов геноцида требуется совместная работа комиссий или органов, состоящих из историков, юристов, криминалистов и других специалистов. Именно материалы исследований таких комиссий проливают свет на различные факты геноцида и других преступлений, являясь основным источником в изучении тех или иных событий истории [8].

Необходимо рассмотреть этимологию термина. Геноцид - гибридное слово, восходящее к двум языкам: греческому «genos» - род, племя и латинскому «caedere» - убивать. Если исходить из того, что греческой частью данного термина является, как принято считать именно слово «genos»- род, племя [9, 69; 10, 64; 11, 25; 12, 8], то тогда оправдана концепция геноцида, которая исходит из биологического единства преследуемой общности людей.

В таком случае ясна трактовка понятия «геноцида» Конвенцией о предупреждении преступления геноцида и наказания за него 1948 г.: преступление против «национальной, этнической, расовой группы» [13]. Однако Конвенция включает в понятие геноцида и такую категорию как «религиозная группа», которая образуется отнюдь не по биологическим признакам. Возможно, что этимология слова «геноцид» восходит не к «genos», а к «genesis» – происхождение [14, 7].

В этом случае концепция геноцида должна исходить из уничтожения или преследования людей по признаку определенной общности их происхождения, иначе говоря, преследование из-за принадлежности к социальной, биологической или иной группе. Национальная или расовая принадлежность, таким образом, является в концепции лишь частным случаем. И тогда объяснимо включение в Конвенцию о предупреждении преступления геноцида и наказания за него «религиозной группы» [15, 30].

Неоднозначность заключается в том, что убийство («caedere») - это преступление против личности, тогда как уничтожаемый народ состоит из множества индивидов. То есть, геноцида в буквальном смысле слова не может быть, т.к. не может быть индивидуализирован народ и, тем более, полностью искоренен [16, 31].Тем не менее, подобная «буквальная не идеальность» не вызывает сомнения ни у историков, ни у юристов в реальной исторической возможности убийства рода, народа, нации.

Обратимся к истории создания термина «геноцид». Данный термин был впервые введён в обиход в 1943 г. польским юристом-крминологом Рафаэлем Лемкиным, а международный правовой статус он получил в декабре 1948 г. [17]. Еще в октябре 1933 г. на 5-й Конференции по унификации международного уголовного права он предложил объявить действия, направленные на уничтожение или разрушение расовых, этнических, религиозных и социальных сообществ, варварским преступлением по международному праву. Лемкин разделили такие действия на две группы правонарушений: 1) акт варварства, который выражается в посягательстве на жизнь людей или же подрыве экономической основы существования данной группы лиц; 2) акт вандализма, выражающийся в уничтожении культурных ценностей путем: передаче детей одной группы людей другой группе; запрещения употреблять родной язык даже в личных отношениях; систематического уничтожения книг на языке группы и т.д. [18, 34].

В 1935 г. профессор Пелла предложил проект кодекса об ответственности за эти преступления. Он также предложил создать международный суд, обеспечивающий защиту прав человека и гражданина от патологических эксцессов национального государства. Однако Лига Наций, ограничилась тем, что в 1937 г. разработала Конвенцию об ответственности за международный терроризм. Таким образом, к 1937 г. «безымянное преступление» законодательно осталось пока не оформлено [19, 32].

Сам термин был использован Р. Лемкиным позднее - в 1944 г., т.е. спустя почти десять лет после описания самого преступления геноцида. В 1944 г. он опубликовал работу где писал о действиях Германии и гитлеровских планах уничтожения народов оккупированной Европы. Характеризуя эти преступления, он так сформулировал понятие геноцида: «Под геноцидом мы понимаем уничтожение нации или этнической группы <...>. В целом геноцид не обязательно означает моментальное уничтожение нации<...>. Он скорее предполагает координированный план действий. Составные части такого плана - уничтожение политических и общественных институтов, культуры, языка, национального самосознания, религии, экономических основ существования национальных групп, а также лишение личной безопасности, свободы, здоровья, достоинства и самих жизней людей, принадлежащих к этим группам» [20, 45].

В официальном документе определение «геноцида» впервые прозвучало 18 октября 1945 г. В обвинительном заключении Нюрнбергского суда говорилось, что обвиняемые: «<...>осуществляли намеренный и систематический геноцид гражданского населения части оккупированных территорий с целью уничтожения определенных народов и классов, определенных национальных, этнических и религиозных групп [21, 63].

Но в «Устав Международного военного трибунала для суда и наказания главных военных преступников европейских стран оси» и в его приговор от 1 октября 1946 г. термин «геноцид» не был включен. Однако, пункт «с» статьи 6 – «преступления против человечности» - данного «Устава» содержит характеристику «геноцида».

Окончательно в международный правовой лексикон термин «геноцид» был введен Организацией Объединенных Наций. 11 декабря 1946 г. Генеральная Ассамблея ООН приняла резолюцию о предупреждении преступления геноцида и наказании за него: «Геноцид означает отказ в признании права на существование целых человеческих групп подобно тому, как человекоубийство означает отказ в признании права на жизнь отдельных человеческих существ; такой отказ в признании права на существование оскорбляет человеческую совесть, влечет большие потери для человечества, которое лишается культурных и прочих ценностей, представляемых этими человеческими группами, и противоречит нравственному закону, духу и целям ООН» [22, 36].

Ассамблея уполномочила Экономический и Социальный Совет ООН провести исследования, необходимые для подготовки проекта Конвенции. Трем экспертам, Лемкину, Пелле и Доннедье де Вабр, было поручено дать заключение по проекту. Но в последующую работу вмешались представители государств-членов ООН. Когда понадобилось установить для термина «геноцид» юридические рамки, государства встревожились: они должны были наделить юридический орган ООН правом предъявлять им обвинение за их прошлые, настоящие и будущие действия. Отталкиваясь от этих соображений понятие «геноцид» связали этимологически («genos» - род, племя) и политически исключительно с идеологией нацизма и расистскими теориями.

В итоге, «Конвенция о предупреждении преступления геноцида и наказания за него» была принята 9 декабря 1948 г. Гласила она следующее: «под геноцидом понимаются следующие действия, совершаемые с намерением уничтожить, полностью или частично, какую-либо национальную, этническую, расовую или религиозную группу, как таковую <...>» [23, 66].

История развития формального закрепления этого термина показывает, что Конвенция явилась компромиссом между научной концепцией геноцида и интересами участвующих в ее разработке государств. Иными словами между правом и политикой. Понятие геноцида, предложенное Конвенцией, не могло изначально раскрыть сущности данного преступления, т.к. документ работал на прошлое, а не на предупреждение будущего [24, 33].

Список литературы

1. *Аванесян В.В.* «Геноцид: криминологическое исследование». Автореферат диссертации на соискание ученой степени кандидата юридических наук. – М., 2010.
2. The International Association of Genocide Scholars; http://www.genocidescholars.org. (дата обращения 12.08.2012)
3. См.: В Канаде издан журнал «Исследование геноцидов и их предотвращение» // Информационное агентство Regnum: http://www.regnum.ru/news/599121.html. (дата обращения 12.08.2012)
4. См.:Genocide prevention body launched // BBC News: http://news.bbs.co.uk/2hi/uk_news/844847.stm. (дата обращения 13.08.2012).
5. См.:Albright M.K., Cohen W.S. Preventing Genocide: A Blueprint for U.S. Policymakers. Washington, DC: American Academy of Diplomacy, 2008.
6. Yearbook of the United Nations. New-York, 1948-1949.

7. Уголовный кодекс Российской Федерации. Принят 24.05.1996 г. – М., 2001.

8. Международная комиссия по расследованию голода на Украине 1932—1933 гг., Итоговый отчёт 1990 г., Киев, 1992, «Особая комиссия по расследованию злодеяний большевиков», Overseas Publications Interchange Ltd, London, 1992., Специальная следственная комиссия при БашЦИК по расследованию преступных действий против мирных жителей, 1920 г., Комиссия по расследованию геноцида в Южной Осетии, 2008, и др.

9. Краткий словарь иностранных слов. Изд.5-е. – М., «Русский язык», 1977.

10. *Барсегов Ю.Г.* Геноцид армян - преступление по международному праву. М., Изд-во «XXI век – Согласие». 2000.

11. *Хомизури Г.П.* Социальные потрясения в судьбах народов (на примере Армении). М., Изд-во «Интеллект». 1997.

12. Краткий словарь современных понятий и терминов. 2-е изд. / Под ред. Макаренко В.А. М., Изд-во «Республика».

13. Конвенция о предупреждении преступления геноцида и наказания за него 9 декабря 1948 г. // Сборник международных договоров. Т.1, ч.2. Универсальные Договоры. ООН. NY. Jeneve. 1994.

14. Латинско-русский словарь. 3-е изд., испр. М., Изд-во «Русский язык», 1986.

15. *Мошенская Н.В.* Геноцид - историческая и правовая характеристика понятия // Адвокатская практика. - М.: Юрист, 2005, № 3.

16. Там же.

17. Yearbook of the United Nations. New-York, 1948-1949; http://www.un.org/russian/documen/convents/genocide.htm. (дата обращения 14.08.2012).

18. *Барсегов Ю.Г.* Геноцид армян - преступление по международному праву. М.:«XXI век – Согласие», 2000.

19. *Мошенская Н.В.* Указ.Соч.

20. *Lemkin Raphael.* Axis Rule in Occupied Europe. Washington. Carnegie Endowment for International Peace. 1944.

21. Нюрнбергский процесс. Сборник материалов в 8-ми томах. Т.8. М.: Юрид. лит. 1999.

22. Резолюции, принятые Генеральной Ассамблеей на второй части первой сессии с 23 октября по 15 декабря 1946 г. New York. 1947. // Сборник международных договоров. Т.1, ч.2.Универсальные Договоры. ООН. New York. Jeneve. 1994.

23. Конвенция о предупреждении преступления геноцида и наказания за него 9 декабря 1948 г. // Сборник международных договоров. Т.1, ч.2. Универсальные Договоры. ООН. NY. Jeneve. 1994.

24. *Мошенская Н.В.* Указ.Соч.

Ильюков Л.С.

с.н.с., к.и.н. Южного научного центр РАН, г. Ростов –на - Дону

Iljukov@ssc-ras/ru

ИЗВЕСТНЫ ЛИ КАТАКОМБНЫЕ ПОГРЕБАЛЬНЫЕ СООРУЖЕНИЯ В СТЕПЯХ ВОСТОЧНОЙ ЕВРОПЫ В ЭПОХУ ЭНЕОЛИТА?

Погребальные сооружения и погребальный обряд лежат в основе смены археологических культур. Появление необычной формы погребальных сооружений среди устоявшихся типов, заставляет насторожиться и проанализировать археологические источники. Особенно если ими являются могилы катакомбного типа оказавшиеся среди могильных ям простых форм.

На Кавказе погребальных сооружений в виде катакомб впервые появляются в раннем бронзовом веке на юге Дагестана, в Великентском могильнике. Они предназначались для коллективных захоронений. Вероятно, это были небольшие «домики мертвых», имевшие купольный свод. Узкий вход в них неоднократно открывали и запирали, внося внутрь камеры останки умершего. Эти катакомбы являлись миниатюрными двухкамерными погребальными сооружениями, состоявшими из камеры и входного лаза [1, 171]. Катакомбные сооружения в степях Восточной Европы появились лишь в эпоху средней бронзы [2; 3]. Среди курганов Нижнего Дона нет ни одного случая, чтобы основное захоронение катакомбное типа средней бронзы имело впускные захоронения, которые датировались бы временем раннего бронзового века.

В 1993 г. на территории Нижнего Подонья в курганном могильнике Мухин II, расположенном на окраине г. Аксая, Е.И.Беспалый исследовал курган № 5 высотой 4 м. Под ним находился небольшой холм с энеолитическим погр. № 7. У подошвы этого холма было устроено катакомбное погр. № 9, с которым связана мощная досыпка. К востоку от него располагалась целая серия катакомбных могил, которые по дуге окаймляли курганный холм с востока и юга [4, 39-48]. Среди них две катакомбы № 9 и № 30, которые выделялись ориентировкой трапециевидных камер. Оба имели нестандартный погребальный инвентарь и были датированы эпохой меди или меди-бронзы [4, 41, 47].

Погр. № 9 (гл. - 5,2 м от Цо). Ниже дна колодца погр. № 9 находился свод катакомбы № 5, а над камерой погр. № 5 нависали камни из колодца погр. №9. Почти квадратный колодец погр. № 9, засыпанный материковым грунтом, имел размеры 1,40 х 1,35 м и был ориентирован стенками по сторонам света. Его дно слабо понижалась к краю дуговидной ступеньки, которая отвесно обрывалась, и вела в камеру, расположенную под восточной стенкой. Ширина входа 0,8 м. Общая высота ступеньки 0,5 м. Вход был закрыт жердями из клена диаметром до 5 см, На них лежали известняковые плитчатые камни. Камера в плане имела трапециевидные очертания, ее широкое основание находилось у входа. Длинной осью она была ориентирована по линии СВВ – ЮЗЗ. Ее размеры 2,0 х 1,35-0,95 м. На дне могилы находился скелет женщины 20-25 лет, похороненной на спине, головой ориентированной на ВСВ. Ноги были поджаты и положены на правую сторону. Руки полусогнуты в локтях, кисти сложены на поясе, который был перетянут шнуром, унизанным дисками из речных раковин. По мнению авторов раскопок, ноги были подогнутые в коленях, «стояли вертикально, завалились вправо, при падении коленные сочленения разъединились» [4, с.41]. Затылок погребенного имел трепанационное отверстие диаметром 6 см без следов заживления [9, Таблица]. По дну камеры отмечен мел и коричневый тлен. Костяк прокрыт слоем темно-красной краски толщиной до 3 см. Около него отмечены комки краски. У стоп и частично на них обнаружены ребро и два костяных орудия из лопаток крупных животных. В заполнении колодца обнаружен массивный пластинчатый кремневый скол светло-серого цвета. На тазовых костях и под ним - пояс из плоских дисков преимущественно прямоугольной и квадратной формы со скругленными углами, вырезанными из створок раковин unio. В центре каждого диска просверлено отверстие для нанизывания на шнур. Размер пластинки 1,5 х 1,7 –2,0 х 2,5 см. Всего их около 300 шт. Среди них, найден диск с двумя отверстием - 0,8 см и 0,3 см [4, 42, рис.29,10]. Вероятно, дополнительное отверстие предназначалось для подвешивания диска в качестве кулона. [5, 284]. Точное ее местонахождение неизвестно. Среди прямоугольных и квадратных пластинок реже встречались круглые и овальные, все имели обточенные края. Круглые диски, вырезанные из створок речных раковин с центральным отверстием для нанизывания на шнур, известны в новоданиловских (Петрово-Свистуново, Новоданиловка, Мариуполь) и суворовских комплексах (Кайнары, Суворово, Фелчу) [6, 59]. На тазовых костях погребенного обнаружены два пластинчатых ножа из кремня и обсидиана. Кремневой нож темно-серого цвета. По его краю расположен участок мельчайшей ретуши (?). Поверхность ударного бугорка подтесана. Длина пластины 16 см, ширина около 3,5 см. Второй нож выполнен на пластине из черного обсидиана, его острый конец обработан струйчатой ретушью, а противоположный с одной стороны имеет мелкую ретушь. Длина предмета 25 см, ширина около 3,2 см. Мухинский обсидиан внешне близок южнокавказскому обсидиану [7, 25]. Около черепа обнаружена узкая пластинка из прозрачного светло-серого кремня. Ее длина 4 см, ширина 0,7 см. Оснований для отнесения кремневых находок из этого комплекса к кубанскому сырьевому бассейну недостаточно [5, 57]. В области таза обнаружено четырехгранное бронзовое шило длиной 2,5 см, около левого локтя - скопление мелких предметов: фрагмент колечка диаметром 1,2 см, согнутого из узкой прямоугольной пластины в 1,5 оборота и 10 бронзовых бочонковидных бусин диаметром 0,3 см, три фаланги собаки и кусочки гематита. «Согласно анализам лаборатории Института истории материальной культуры аксайские находки были изготовлены из балканской меди» [5, 58].

Погр. № 30 (-5.65 м от Цо) – в 2 м к юз от погр. № 9. Оно совершено с уровня древнего горизонта. Колодец квадратной формы 1,40 х 1,35 м и ориентировался стенками по сторонам света. Колодец был засыпан материковым суглинком. В средней части дно имело небольшой скос, который ближе ко входу обрывался двумя ступеньками, ведущими в камеру, вырытую под восточной стенкой колодца. Общая высота ступени 0,5 м. Ширина входа около 1,2 м. Вход в камеру был закрыт дубовыми плахами, которые были обнаружены в его заполнении. Диаметр плах около 10 см.   Последняя ступенька высотой 0,1 м в плане она имела подковообразную форму и с запада окаймляла камеру. имевшую в плане трапециевидную форму. С северной стороны на подковообразной ступеньке отмечено пятно камышового тлена. Камера в плане трапециевидной формы, узкая ступень обращена к входу. Она ориентированная длинной осью по линии СВВ - ЮЗЗ. В глубине камеры на деревянном настиле, который напоминал раму подпрямоугольной формы и имел размеры 0,85 х 0,95 м, находились останки мужчины. Для рамы использовался брус, его сечение 3 х 6 см. Крайние бруски по углам были соединены в «лапу», для этого использовались круглые шипы диаметром 0,5 см. Остатки деревянных плашек были прослежены поверх костей человека. Возраст погребенного - за 45 лет. Он был похоронен на левом боку, впоследствии завалился на спину, и был ориентирован на В. Левая рука слабо скорчена в локте, ее кисть находилась на пояснице. Правая рука была сильно согнута в локте, ее кисть - у лица. Ноги сильно согнуты в коленях, берцовые параллельно бедренным. Кости ног лежали на левой стороне. Судя по степени скорченности, умерший первоначально имел сидячую позу на корточках. В дальнейшем его положили в «деревянную раму» и поместили» в камеру. Поверх костяка и под ним прослежена красная краска. Около левой кисти отмечен слой мела. В заполнении входа найдено бронзовое четырехгранное шило, его длина 2,6 см [4, 47,48].

По-видимому, оба погребения являлись экстраординарными в погребальном обряде катакомбных племен. В одном случае, останки умершего находились в «плоском деревянном ящике», который являлся «символической повозкой» для путешествия в иной мир. В кургане № 5 была еще одна катакомба № 23, в которой покойник тоже был ориентирован ногами к входу в камеру. Похожая ситуация с конструкцией могилы и положением погребенных зафиксирована в соседнем кургане [4,

51]. Таким образом, конструкция погребального сооружения находит аналогии среди катакомб средней бронзы. Аналогичные погребальные конструкции с погребенными перпендикулярно ориентированными ногами к входу в камеру, обильно посыпанными красной краской встречаются в курганных могильниках Нижнего Дона (Долгий).

В 2004 г А.Л.Нечитайло, опубликовала статью о нижнедонских энеолитических комплексах «новоданиловского типа», включила в их число два мухинских захоронения № 9 и № 30 из кургана № 5 и отметила, что «оба погребения обнаружены в катакомбах, впущенных с древнего горизонта естественного всхолмления» [6, 44]. «Поза погребенных, ориентировка, обилие охры, их инвентарь ничем не отличаются от вышеописанных», т.е. описанных ее в данной статье энеолитических погребений на Нижнем Дону (Рожок, Хапры, Ливенцовка, Каратаевский). А само погребальное сооружение (!), среди нижнедонских энеолитических погребений, являлось инновацией [5, 44].

К редким погребальным сооружениям энеолитического времени А.Л.Нечитайло отнесла не только мухинские захоронения, но и погр. № 8 из могильника Москва I у пос. Набережный в Нижнем Подонье [6, 51-53]. В нем яма неправильной формы, ориентированная длинной осью по линии СЗ – ЮВ, частично имела «небольшой подбой» который послужил основание рассматривать ее как «яму с небольшим подбоем». В ее южной части найдено скопление костей человека, окрашенных охрой. Северный край ямы погр. № 8 был перекрыт погр. № 7, в котором находился скелет человека, похороненного на спине, его ноги были согнуты, коленями вверх. Костяк был густо окрашен охрой. Однако как лежал погребенный в могиле № 8 неясно. Но точно установлено, что он не был разрушен погребением № 7. Скорее всего, разрушение костяка № 8 было связано с деятельностью землеройных животных, которые могли повредить стенки самой ямы. Поэтому предположение о том, что могильная яма имела подбой, в котором находился скелет, разрушенный погребением № 7, очень сомнительно.

О виртуальной стратиграфической колонке развития энеолита в могильнике Мухин II пишет С.Е.Жеребилов. По его мнению, в курган 5 выкид их новоданиловских шахто-камерных гробниц (погр. 9 и 30), бы зафиксированный на древнем горизонте. Его перекрывала низкая насыпь, в которую было впущено погребение 7 типа 5-го слоя Раздор I – Стрельчей Скели – х. Попов. Однако форма могильной ямы погр. 7 не прослеживалась, поэтому неизвестно стратиграфическое соотношение этого погребения и низкой насыпи, которая перекрывала выкиды из погр. 9 и 30. [8, 37]. Но в погр.7 была найдена посуда среднестоговского типа [4, 40-41].

Удревнять появление катакомб или подбоев в эпоху энеолита в степях Нижнего Дона крайне сомнительно. Оба катакомбных погребения 9 и 30 из мухинского кургана связаны с эпохой средней бронзы. Нет никаких оснований относить их к энеолитическому времени. В эпоху средней бронзы известны аналогичные погребальные конструкции, в которых умершие, обильно окрашенные охрой, ориентированы ногами к входу. Но там есть горшки средней бронзы (Долгий). Изделия их обсидиана были известны в степях Нижнего Подонья в памятниках каменного века и конца средней бронзы [9, 128]. Аналогичные пояса, украшенные шнурками с дисками речных раковин, известны не только в материалах эпохи энеолита [10], но и конце средней бронзы, в период распространения лолинской культуры [11; 12]. В позднекатакомбный период появляются костяные кулоны квадратной и круглой формы с центральным отверстием [5, 280-284]. Их могли носить на длинных шнурах, По предположению В.В.Рогудеева они являлись символами мандала [13, 107-109; 14].

Насколько правомерно включать мухинские погребения с их нестандартным инвентарем в серию древностей энеолитического времени Восточной Европы [15, 50, 96] покажут новые археологические источники.

ЛИТЕРАТУРА

1. Гаджиев М.Г. Северо-Восточный Кавказ в эпоху ранней бронзы // Кавказ на заре палеометаллических культур Евразии. Тбилиси, 1987.

2. Братченко С.Н. Нижнее Подонье в эпоху средней бронзы. К., 1976.

3. Кияшко В.Я. Нижнее Подонье в эпоху энеолита и ранней бронзы.// Автореферат дис … канд. ист. наук. М., 1974.

4. Беспалый Е.И., Беспалый Г.Е. Курганный могильник Мухин // Аксайские древности. Ростов – на - Дону, 2002.

5. Литвиненко Р.А. «Пряжки» и колесничество: проблема соотношения // Матеріали та дослідження з археології Східної України. Луганськ. 2006. № 2.

6. Нечитайло А.Л. Нижнедонские энеолитические комплексы в системе европейской степной общности // Матеріали та дослідження з археології Східної України. Луганськ. 2006. № 2.

7 Жеребилов С.Е., Беспалый Е.И. Некоторые особенности обсидианового импорта Южной России в эпоху камня – бронзы // Эпоха бронзы и ранний железный век в истории древних племен южнорусских степей. Материалы международной конференции, посвященной 100 – летию со дня рождения П.Д.Рау (1897 – 1997). Г. Энгельс, Саратовской обл., 12 – 17 мая 1997 г. Саратов, 1997.

8. Жеребилов С.Е. Нижний Дон: от памятников новоданилоавского типа к скелянской культуре. // Проблемы археологии Юго-Восточной Европы. Тез. Докладов VII Донской археологической конференции. Ростов – на – Дону, 1998.

9. Братченко С.Н. Левинцовская крепость. Памятник культуры бронзового века // Матеріали та дослідження з археології Східної України. Луганськ. 2006. № 6.

10. Телегин Д.Я., Нечитайло А.Л., Потехина И.Д., Панченко Ю.В. Среднестоговская и новоданиловская культуры энеолита и Азово – Черноморского региона. Луганск, 2001.

11. Мимоход Р.А. Лолинская культура финала средней бронзы Северо-Западного Прикаспия // Российская археология. 2007. № 4

12. Ильюков Л.С. Редкий тип пояса с перламутровыми бусами из погребения бронзового века// Историко-археологические исследования в

г. Азове и на Нижнем Дону в 1999-2001 гг. Вып. 17. Азов, 2001.

13. Рогудеев В.В. Новые находки костяных медальонов (пряжек) // XV Уральское археологическое совещание: Тез. Док. международ. Науч. Конф. Оренбург, 2001.

14. Рогудеев В.В. Могильник Репный в системе связей посткатакомбного времени // Труды археологического научно-исследовательского бюро. Ростов-на-Дону, 2004. Т.I.

15. Кореневский С.Н. Рождение кургана. М. 2012.

Ураков А.Л.[1], Уракова Н.А.[1], Касаткин А.А.[1], Дементьев В.Б.[2], Сойхер М.Г.[3], Сойхер Е.М.[3]

[1]*ГБОУ ВПО «Ижевская государственная медицинская академия» МЗ РФ, Ижевск, Россия*

[2]*ФГБУН «Институт механики» Уральского отделения РАН, Ижевск, Россия*

[3]*ООО «Центр междисциплинарной стоматологии и неврологии», Москва, Россия*

ЦИФРОВАЯ ИНФРАКРАСНАЯ ТЕРМОГРАФИЯ КАК МЕТОД ЛУЧЕВОЙ ДИАГНОСТИКИ БУДУЩЕГО

Вечная необходимость ранней и точной диагностики различных заболеваний человека и животных до сих пор продолжает оправдывать риск применения таких опасных методов лучевой диагностики, как ультразвуковое и рентгеновское исследование. Несмотря на то, что эти методы диагностики разрушают микроструктуру клеток макро- и микроорганизмов, они до сих пор широко используются в медицине и ветеринарии, поскольку пока отсутствует альтернатива. Более того, частота их применения возрастает, сфера применения расширяется, а на первое место выдвигаются методы цифровой лучевой диагностики.

Тем не менее, в последние годы в здравоохранении все большее значение приобретает безопасность процедур. Причем, становится все более очевидным невозможность полностью лишить указанные методы их агрессивного лучевого воздействия особенно на беременных и детей. В этих условиях неизбежна потребность в разработке абсолютно безопасных устройств и методов лучевой диагностики, лишенных самих лучевых воздействий.

Наш опыт лабораторных, экспериментальных и клинических исследований доказывает уникальную возможность достижения указанной цели посредством применения инфракрасной термографии. В частности, нами проведены широкомасштабные исследования теплоизлучения различных частей тела живых и умирающих поросят и людей в процессе их инструментального и медикаментозного лечения и реанимации. Динамика локальной температуры выбранных частей тела в норме, при патологии и при медицинской помощи определена с помощью тепловизора ThermoTracer TH9100XX (NEC, США) в диапазоне температур от +25 - +36°C в помещении с температурой окружающего воздуха +24 - +25° C [1,2,8,11,12]. Полученные данные были обработаны с помощью программного обеспечения Термографии Explorer и Image Processor.

Результаты наших исследований свидетельствуют о том, что инфракрасный метод лучевой диагностики лишен агрессивного влияния на людей, животных и растения, поскольку метод исключает дополнительное воздействие лучей (электромагнитных колебаний) на исследуемые объекты [1,2,12]. Дело в том, что инфракрасная термометрия основана на отрицательном, а не на положительном лучевом воздействии, поскольку построена на анализе исходящего от организма естественного теплового излучения.

Значительным преимуществом метода является возможность получения точной и срочной информации об особенностях теплового излучения без физического контакта с биологическим объектом. Более того, применение тепловизора обеспечивает получение достоверной и точной информации на расстоянии в несколько метров от объекта, в полной темноте, без специальных мер защиты пациентов и медицинских работников, а также без специальной подготовки потребителей.

В частности, многолетняя инфракрасная термография мест инъекций позволила нам раскрыть «тайну» локальной токсичности современных растворов для инъекций и описать новое заболевание, вызываемое лекарствами при инъекциях [3,4,5,6,7]. Речь идет об открытой нами болезни, которая получила название «Инъекционная болезнь» или «Болезнь Уракова» [9,10].

Накопленный нами опыт экспериментального и клинического применения инфракрасной термографии в фармакологии, гнойной хирургии, акушерстве и гинекологии, стоматологии, анестезиологии и реаниматологии, офтальмологии, травматологии, терапии внутренних и наружных болезней позволяет нам предложить оригинальное решение парадоксальной задачи лучевой диагностики – лучевую диагностику без лучевого воздействия на исследуемый объект. Эту задачу мы предлагаем решить с помощью цифровой инфракрасной термографии. Для этого мы предлагаем создать уникальный диагностический комплекс нового поколения, основанный на цифровой термографии пациентов с помощью тепловизора. Такой комплекс будет совершенно безопасным для пациентов и медицинских работников и поэтому люди смогут пользоваться им хоть 1000 раз на дню, каждый день на протяжении всей своей жизни.

Литература:

1. Ураков А.Л., Уракова Н.А., Уракова Т.В., Касаткин А.А., Кашковский М.Л., Дементьев В.Б., Соколова Н.В., Шахов В.И., Решетников А.П., Сюткина Ю.С. Использование тепловизора для оценки постинъекционной и постинфузионной локальной токсичности растворов лекарственных средств. Проблемы экспертизы в медицине. 2009. № 1. С. 27- 29.

2. Ураков А.Л., Уракова Н.А. Уракова Т.В., Касаткин А.А. Мониторинг анфракрасного излучения в области инъекции как способ

оценки степени локальной агрессивности лекарств и инъекторов. Медицинский альманах. 2009. № 3. С.133 – 136.

3. Ураков А.Л., Стрелкова Т.Н., Корепанова М.В., Уракова Н.А. Возможная роль качества лекарств в клинико-фармацевтической оценке степени безопасности инфузионной терапии. Нижегородский медицинский журнал. 2004. № 1. С. 42 – 44.

4. Ураков А.Л., Коровяков А.П., Корепанова М.В., Кравчук А.П., Уракова Н.А. Постмортальная клинико-фармакологическая оценка влияния инфузионно введенных в стационаре растворов лекарственных средств на процесс прижизненного развития гипо- или гиперосмотической комы. Проблемы экспертизы в медицине. 2001. № 2. С. 22 – 24.

5. Ураков А.Л., Уракова Н.А., Решетников А.П., Камашев В.М., Шахов В.И. Способы предотвращения постинъекционных некрозов. Медицинская помощь. 2007. № 6. С. 31 – 32.

6. Ураков А.Л., Уракова Н.А., Козлова Т.С. Локальная токсичность лекарств как показатель их вероятной агрессивности при местном применении. Вестник Уральской медицинской академической науки. 2011. № 1 (33). С. 105 – 108.

7. Ураков А.Л., Уракова Н.А. Постинъекционные кровоподтеки, инфильтраты, некрозы и абсцессы могут вызывать лекарства из-за отсутствия контроля их физико-химической агрессивности. Современные проблемы науки и образования. 2012. № 5; URL: www.science-education.ru/105-6812.

8. Ураков А.Л., Уракова Н.А., Решетников А.П. и др. Способ изготовления и установки стоматологической конструкции. Патент на изобретение RUS 2469640. 20.12.2012.

9. Уракова Н.А., Ураков А.Л. Инъекционная болезнь кожи. Современные проблемы науки и образования. 2013. № 1; URL: http://www.science-education.ru/107-8171.

10. Уракова Н.А., Ураков А.Л. Разноцветная пятнистость кожи в области ягодиц, бедер и рук пациентов как страница истории «инъекционной болезни. Успехи современного естествознания. 2013. № 1. С. 26 -30.

11. Kasatkin A.A. Effect of drugs temperature on infrared spectrum of human tissue. Thermology International. 2013.V. 23. N 2. P.72.

12. Urakov A.L., Urakova N.A. Thermography of the skin as a method of increasing local injection safety. Thermology International. 2013. V. 23. N 2. P. 70 -72.

Решетников А.П.[1], Пожилова Е.В.[2]

[1]ГБОУ ВПО «Ижевская государственная медицинская академия» МЗ РФ, Ижевск, Россия

[2]ГБОУ ВПО «Смоленская государственная медицинская академия» МЗ РФ, Смоленск, Россия

ОЦЕНКА РЕЗЕРВОВ АДАПТАЦИ ПАЦИЕНТОВ К ЖЕВАНИЮ ПИЩИ ПРИ УСТАНОВКЕ СТОМАТОЛОГИЧЕСКИХ КОНСТРУКЦИЙ

Одной из причин возникновения острого воспаления в полости рта пациентов при установке стоматологической конструкции являются твердые пищевые продукты (например, орехи) и таблетки, принимаемые ими внутрь [1,3]. При этом отсутствуют эталонные изделия, созданные специально для функциональной пробы на устойчивость полости рта к установленной стоматологической конструкции при жевании, а также отсутствуют способы оценки адаптации пациента к новой (только что изготовленной) стоматологической конструкции к жеванию и приему пищи [2,5].

В результате проведенного теоретического анализа, лабораторного и клинического исследования нами предложен эталонный жевательный продукт и способ его использования для экспресс-оценки адаптации пациента к стоматологической конструкции при жевании пищи.

Жевательный эталон сферической формы представляет собой цилиндр длиной 4 см и диаметром 1 см с полусферами на торцах, к одному из них прикреплена плетеная нить с зажимом на другом конце, обеспечивающая прикрепление к одежде пациента во время жевания. Эталон выполнен неразрушающимся при жевании из эластичной основы и наполнителя со вкусом пищевого продукта, эластичной основой является пористый неопрен с пористостью не более 30%, наполнителем является воздух.

Сущность способа заключается в том, что используют два искусственных пищевых комка нагретыми до +37°C, пристегивают зажим нити первого комка к одежде пациента, просят его поместить комок в рот и жевать на протяжении 30 с, последовательно перемещая комок по всему зубному ряду. После этот исследуют динамику теплоизлуения тканей ротовой полости пациента посредством инфракрасной термографии с помощью тепловизора [4].

При отсутствии локальной гипертермии или при кратковременном равномерном и симметричном повышении температуры в тканях ротовой полости адаптацию пациента к жеванию оценивают как высокую и прогнозируют высокую устойчивость его к стоматологической конструкции. При неравномерном, несимметричном и длительном повышении температуры в тканях ротовой полости адаптацию пациента к жеванию оценивают как низкую и прогнозируют низкую устойчивость его к стоматологической конструкции. При этом установку стоматологической конструкции осуществляют под контролем динамики теплоизлучения тканей после жевания на протяжении 30 с второго идентичного искусственного пищевого комка, нагретого также до +37°С, и сравнивают динамику теплоизлучения с исходными значениями. При повышении значений и длительности гипертермии судят о низкой адаптации пациента к стоматологической конструкции и прогнозируют повреждение тканей.

Предложенная форма и размеры жевательного эталона являются оптимальными для решения поставленной задачи, поскольку размеры, меньшие указанных, не обеспечивают моделирование физиологического процесса жевания полугрубой и грубой пищи, в частности хлебных изделий, и не обеспечивают механическое воздействие на всю жевательную площадь премоляров и моляров. С другой стороны, размеры, большие указанных, являются лишними и лишают комфортность жевания эталона. Неопрен является наиболее инертным синтетическим полимером, не вступающим в реакцию с водой, спиртом и другими органическим растворителями. Пористость неопрена не более 30% и заполнение пор воздухом обеспечивают безопасный физико-химичсекий режим и уровень эластичности.

Наличие плетеной нити с зажимом на другом конце необходимо для исключения случайного проглатывания искусственного пищевого комка пациентом во время диагностики адаптации его к стоматологической конструкции. Жевание на протяжении 30 с нагретого до температуры тела искусственного пищевого комка при последовательном его перемещении по всему зубному ряду обеспечивает моделирование физиологического процесса жевания полугрубой и упругой пищи, стандартизирует исследование, обеспечивает высокую информативность за счет участия в жевании всей зубочелюстной системы, а также обеспечивает высокую точность сравнения полученных результатов и безопасность для стоматологической конструкции и тканей ротовой полости пациента. Кроме этого, введение в рот пациента искусственного пищевого комка при температуре тела обеспечивает высокую точность измерения температуры тканей ротовой полости, достоверность и информативность способа.

При этом при отсутствии гипертермии или при кратковременном равномерном и симметричном ее появлении в тканях ротовой полости адаптацию пациента к жеванию оценивают как высокую и прогнозируют высокую устойчивость пациента к стоматологической конструкции. Дело в том, что гипертермия является симптомом воспаления, поэтому ее отсутствие свидетельствует об отсутствии раздражения и воспаления, а появление симметричных очагов локальной гипертермии на короткий период свидетельствует об обратимости воспаления тканей, что также свидетельствует о высокой устойчивости пациента к стоматологичсекой конструкции.

В свою очередь, при неравномерном, несимметричном и длительном повышении температуры в тканях адаптацию пациента к жеванию оценивают как низкую и прогнозируют низкую устойчивость его к стоматологической конструкции, поскольку длительная локальная гипертермия свидетельствует о длительном воспалении тканей.

Осуществление установки стоматологической конструкции под контролем динамики теплоизлучения тканей после жевания на протяжении 30 с нагретого до температуры тела искусственного пищевого комка обеспечивает моделирование физиологического жевания пищи и безопасное проведение стандартизированной пробы на устойчивость пациента к жеванию, на воспалительную реакцию тканей его ротовой полости при наличии стоматологической конструкции, а также дает возможность сравнивать итоговую динамику теплоизлучения тканей с исходной ее динамикой, имевшей место у пациента до установки стоматологической конструкции.

При повышении итоговых значений температуры и длительности гипертермии судят о низкой адаптации пациента к стоматологической конструкции и прогнозируют повреждение тканей, поскольку превышение значений итоговой теплограммы над исходной теплограммой свидетельствует об исчерпании резервов адаптации пациента к установленной стоматологической конструкции.

Исследование теплоизлучения тканей ротовой полости после жевания искусственного пищевого комка на протяжении 30 с моделирует процесс физиологического жевания полугрубой пищи, обеспечивает высокую скорость, безопасность, стандартизированность, физиологичность и информативность способа.

Литература:

1.   Ураков А.Л., Уракова Н.А., Михайлова Н.А., Решетников А.П. Неспецифические свойства таблеток, влияющие на перемещение и действие лекарств в ротовой полости, желудке и кишечнике. Медицинская помощь. 2007. № 5. С. 49 – 52.

2.   Ураков А.Л., Уракова Н.А., Решетников А.П. и др. Способ изготовления и установки стоматологической конструкции. Патент на изобретение RUS 2469640. 20.12.2012.

3.   Ураков А.Л., Решетников А.П., Пожилова Е.В. Таблетки как травмирующие предметы для слизистых оболочек, зубов и стоматологических конструкций. Современные проблемы науки и образования. 2013. № 2; URL: www.science-education.ru/108-8480

4.   Ураков А.Л., Уракова Н.А., Уракова Т.В., Касаткин А.А., Кашковский М.Л., Дементьев В.Б., Соколова Н.В., Шахов В.И., Решетников А.П., Сюткина Ю.С.. Использование тепловизора для оценки постинъекционной и постинфузионной локальной токсичности растворов лекарственных средств. Проблемы экспертизы в медицине. 2009. № 1. С. 27- 29.

5.   Ураков А.Л., Уракова Н.А. Использование закономерностей гравитационной внутриполостной фармакокинетики лекарственных средств для управления процессом их перемещения внутри полостей. Биомедицина. 2006. № 4. С. 66 - 67.

Сойхер М.Г.[1], Сойхер Е.М.[1], Ивонина Е.В.[2], Пожилова Е.В.[3]
[1]ООО «Центр междисциплинарной стоматологии и нейрологии», Москва, Россия
[2]ГБОУ ВПО «Ижевская государственная медицинская академия» МЗ РФ, Ижевск, Россия
[№]ГБОУ ВПО «Смоленская государственная медицинская академия» МЗ РФ, Смоленск, Россия

КАЧЕСТВО ЛЕКАРСТВ КАК ФАКТОР ИХ БЕЗОПАСНОСТИ, ЭФФЕКТИВНОСТИ И ЭКОНОМИЧНОСТИ ПРИ ОКАЗАНИИ СТОМАТОЛОГИЧЕСКОЙ ПОМОЩИ

В последние годы показано, что непрерывность перемещения таблетированных лекарств в ротовой полости, пищеводе, желудке и кишечнике пациентов влияет на лечебные и побочные действия лекарств [2,3,8,10]. Причем, очень важными факторами локальной безопасности и эффективности лекарств являются такие их неспецифические свойства, как плотность, кислотность, осмотичность, а также продолжительность непрерывного контакта с мягкими и твердыми тканями на путях введения [4,8,9]. Установлено, что такие физико-химические характеристики таблеток, как твердость и прочность при жевании, сохранность формы при нахождении в жидкой среде, высокий удельный вес (плотность) и кислотность, могут иметь существенное значение для проявления обволакивающего, антацидного, ульцерогенного, прижигающего действия лекарств на слизистые оболочки и зубную эмаль [1,8,9,10,12]. Помимо этого показано, что эти характеристики влияют на эффективность скорой медицинской помощи при отравлениях таблетированными лекарственными средствами, поскольку определяют эффективность удаления таблеток наружу при промывании желудка [6].

Состояние зубной эмали и слизистой оболочки губ, щек, десен и желудка было изучено в опытах на экспериментальных животных и в клинических наблюдениях за добровольцами при введении внутрь таблеток аскорбиновой и ацетилсалициловой кислот.

Полученные результаты показывают, что неподвижность таблеток и непрерывный их контакт со слизистыми оболочками губ, десен и щек вызывает в них локальное воспаление вследствие физико-химического ожога из-за высокой кислотной и осмотической активности таблеток. Установлено, что локальная токсичность для слизистой полости рта зависит от пола, а также от того, курит ли человек. В частности, язва у некурящих женщин способна развиться уже через 2 минуты, а у курящих мужчин – только не ранее 5 минут непрерывного контакта указанных таблеток со слизистыми оболочками полости рта. В то же время, непрерывный контакт таблеток указанных средств со слизистой оболочкой неба и верхней поверхности языка не приводит к местному токсическому действию на эти участки ротовой полости даже через 5 минут непрерывного взаимодействия таблеток с ними.

Показано, что непрерывное перемещение с места на место по поверхности слизистой оболочки желудка кошки таблеток ацетилсалициловой кислоты или таблеток аскорбиновой кислоты на протяжении 20 - 25 минут вплоть до их полной распадаемости и растворимости в сочетании с орошение поверхности питьевой водой не вызывает язв желудка. В то же время, неподвижное «сухое» нахождение таблеток на одном и том же месте слизистой оболочки желудка кошки более 6 минут вызывает локальное воспаление и язву желудка.

Следовательно, в экспериментальных и клинических условиях выявлено, что непрерывное перемещение таблеток ацетилсалициловой кислоты и/или аскорбиновой кислоты на путях введения и кратковременный (до 1 – 2-х минут) контакт их с зубами и слизистыми оболочками ротовой полости и желудка не приводят к образованию локальных токсических эффектов в виде эрозии твердых тканей зубов и слизистой оболочки губ, десен и желудка.

В связи с этим для предотвращения местного токсического действия «кислых таблеток» на зубную эмаль и слизистые оболочки ротовой полости и желудка предлагается исключать неподвижное нахождение их на одном месте на протяжении полного их распада и/или растворения. Для этого при разжевывании таблеток предлагается помещать их на язык, запивать водой, прижимать таблетки языком плотно к небу и с помощью языка в присутствии жидкости непрерывно смещать таблетки в образованной полости вплоть до полного разрушения и удаления путем глотания за период, не превышающий 1 – 2 минуты у некурящих женщин и 5 минут у курящих мужчин.

При глотании таблеток в вертикальном положении туловища предлагается не реже, чем через каждые 5 минут производить надавливание рукой на живот в области эпигастрия, либо циклически изменять положение туловища в пространстве, переводя его из вертикального положения в горизонтальное и обратно [13].

При патологии желудка предлагается принимать лекарства не в положении стоя или сидя, а в положении лежа на левом боку с последующей серией поворотов на 90° влево до принятия исходного положения , либо принимать 100 – 150 мл воды комнатной температуры [3,11,13], либо использовать лекарства в виде плавающих таблеток [5].

Заключение. Непрерывное перемещение таблеток ацетилсалициловой кислоты и аскорбиновой кислоты в желудочно-кишечном тракте вплоть до полного их разрушения (распада) позволяет предотвратить развитие неспецифического токсического действия препаратов на твердые и мягкие ткани.

Литература

1. Ураков А.Л. Как действуют лекарства внутри нас. (Самоучитель по фармакологии). Ижевск: Удмуртия. 1993. 432 с.

2. Ураков А.Л. Лечу себя и свою семью. Санкт-Петербург: ИК «Комплект». 1997. 243 с.

3. Ураков А.Л. Основы клинической фармакологии. Ижевск: Ижевский полиграфкомбинат. 1997. 164 с.

4. Ураков А.Л., Стрелкова Т.Н., Уракова Н.А. и др. Несоответствие удельного веса биологических жидкостей и вводимых в них растворов лекарственных средств как физическое обстоятельство, способное предопределить направленность внутрижидкостной диффузии лекарств. Нижегородский медицинский журнал. 2004. № 2. С. 40 – 42.

5. Ураков А.Л., Уракова Н.А., Овчинникова Е.Н. Плавающая таблетка как новая высоко безопасная разновидность твердой лекарственной формы лекарственных средств, предназначенных для введения в желудок. Клиническая фармакология и терапия. 2005. № 4. С. 213 - 214.

6. Ураков А.Л., Карлова Т.Б., Шахов В.И. Особенности перемещения таблеток внутри желудка при его промывании. Биомедицина. 2006. № 4. С. 64 – 65.

7. Ураков А.Л., Уракова Н.А. Использование закономерностей гравитационной внутриполостной фармакокинетики лекарственных средств для управления процессом их перемещения внутри полостей. Биомедицина. 2006. № 4. С. 66 - 67.

8. Ураков А.Л., Уракова Н.А., Уракова Т.В., Ивонина Е.В., Решетников А.П., Решетникова Н.А. Прочность, плотность, кислотность и неподвижность таблетированных лекарственных средств как факторы неспецифической токсичности при приеме внутрь и способы инактивации. Remedium Приволжье. (Спецвыпуск). 2007. С. 36.

9. Ураков А.Л., Уракова Н.А., Михайлова Н.А., Решетников А.П. Неспецифические свойства таблеток, влияющие на перемещение и действие лекарств в ротовой полости, желудке и кишечнике. Медицинская помощь. 2007. № 5. С. 49 – 52.

10. Ураков А.Л., Уракова Н.А., Решетников А.П., Ивонин Г.И. Энтероколит, гастрит, стоматит, гингивит и кариес вызывают таблетки ацетилсалициловой кислоты. Медицинский альманах. 2008. № 2. С. 45 – 48.

11. Ураков А.Л., Уракова Н.А., Карлова Т.Б., Сюткина Ю.С. Прикладное значение возможностей ультразвуковой визуализации таблеток, драже и капсул при введении их в желудок. Вестник Российского университета дружбы народов. 2008. № 7. С. 574 – 577.

12. Ураков А.Л., Решетников А.П., Пожилова Е.В. Таблетки как травмирующие предметы для слизистых оболочек, зубов и стоматологических конструкций. Современные проблемы науки и образования. 2013. №2; URL: www.science-education.ru/108-8480.

13. Уракова Н.А., Ураков А.Л., Овчинникова Е.Н. Новые клинические возможности предотвращения ульцерогенного действия таблетированных лекарственных форм на желудок. Клиническая фармакология и терапия. 2005. № 4. С. 214 – 215.

Семенова К.В.
аспирант, КНИТУ им. А.Н. Туполева
kseniyacher@mail.ru

GREAT SAPHENOUS VEIN GEOMETRY: SUPPLEMENTARY INDICATOR OF VARICOSE DISEASE DEVELOPMENT

Varicose veins is a common problem caused by an underlying disease, known as chronic venous insufficiency. This disease affects nearly 30% of Earth population [10,76; 2,2160], is more often in women (25-33%) than in men (10-20%) [11,33; 15,2] and is progressing with aging – about 50% of people elder than 40-50 years are suffering from varicose veins disease [9,78; 3,60].

Development of varicose disease is most common in superficial veins of lower extremities [6,1186; 4,1554; 2,2160; 12,145; 3,p.60]. Superficial veins of lower extremities are passive, thin-walled reservoirs that are very distensible. They play a role of primary blood collecting veins. Most of them are suprafascial, surrounded by loosely bound alveolar and fatty tissue that is easily displaced. Outflow from collecting veins is carried out via deep venous system - secondary, or conduit, veins that have thicker walls and are less distensible. Most of these veins are subfascial and are surrounded by tissues that are dense and tightly bound. These explains why varicose disease is more common in superficial than in deep veins of lower extremities.

Superficial veins include innumerable venous tributaries known as collecting veins, as well the truncal veins and their tributaries. The truncal veins are made up of the great saphenous vein (GSV), and the small saphenous vein (SSV) (Fig.1).

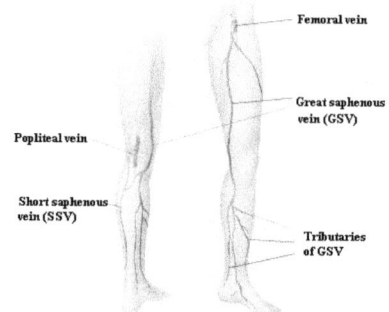

Fig.1.Superficial veins of lower extremities.

The most prone to varicose disease development is Great saphenous vein (vena saphena magna) [10,76; 13,612; 7,436; 8,5; 5,77], this term abbreviated as GSV should be used instead of terms such as long saphenous vein (LSV), greater saphenous vein, and internal saphenous vein [1,416-417; 14,28]. Among all superficial veins an insufficient GSV is the most important cause for chronic venous insufficiency and its complications such as a leg ulcer [5,77].

Great saphenous vein derives its name from the word safina, meaning "hidden", because it is "hidden" under a layer of connective tissue. It is the longest vein in the body: it runs from inside of the ankle, to the inside of the knee, and up to the groin where it joins the femoral vein (deep vein system). The GSV can be identified easily by its typical ultrasound appearance known as the saphenous eye or "Egyptian" eye in the thigh and the tibio-gastrocnemius angle sign at the knee [14,31].

The GSV originates in the medial foot and passes anterior to the medial malleolus, then crosses the medial tibia in a posterior direction to ascend medially across the knee. Above the knee, it continues anteromedially, superficial to the deep fascia, and passes through the foramen ovale to join the common femoral vein at the groin crease at a site about 4cm below the inguinal ligament termed the saphenofemoral junction (SFJ).

The GSV is often accompanied by one or more subcutaneous tributaries which are parallel to the GSV in the distal calf. In some cases, the tributaries in the leg region can appear quite large and are easily mistaken for the main trunk or duplication of the GSV (since the true GSV duplication is rare (1%), careful imaging technologies usually reveal that these tributaries are subcutaneous and may enter the saphenous compartment by piercing the superficial fascia [14,29].

Most patients have at least four major tributaries of GSV:

2 below the knee:

- anterior tributary,
- posterior tributary (posterior arch vein);

2 above the knee:

- anterior circumflex tributary,
- posterior circumflex tributary.

These veins usually drain into the GSV distal to the SFJ. They may also have a direct connection to the femoral vein. In addition to these veins, there are three pelvic veins that commonly drain into the GSV at the SFJ:

- the superficial inferior epigastric,
- the superficial external pudendal,
- the superficial circumflex iliac veins.

The GSV also receives blood from several anterior and posterior accessory saphenous veins (AASV or PASV). The AASV runs lateral to the GSV and is located in separate saphenous compartments distally. The AASV joins the GSV and lies within one saphenous compartment before entering the saphenofemoral junction. An AASV is often mistaken for a duplication of the GSV, but the AASV is usually smaller and does not drain the same cutaneous territory as the GSV [5,78].

It's important to diagnose inconsistence and apply proper therapy at the early stages of GSV varicose disease development. For appropriate diagnostics comprehensive knowledge of the GSV anatomy, geometry and parameters is of utmost importance [14,31]. There are several researches dedicated to GSV anatomy and geometry investigation, but they don't fully describe the correlation between anatomy and geometry of healthy and diseased GSV.

Classically, the Great saphenous vein size is 3 to 5 mm in diameter. This diameter can increase physiologically by 1 to 3 mm: hyperthermia, prolonged standing, pelvic hypertension (induced by the Valsalva manoeuvre), pregnancy, or menstrual period. GSV diameter growth could also be associated with varicose disease development: vein diameter changes with illness progression. Measuring Great saphenous vein diameter is a standard operation in pre-interventional assessment of varicose disorders [10,76-77]. The correlation between GSV diameter changes and venous disorder development was evaluated [10,75-79; 12,146-147]. It was discovered that diameter of varicose veins is larger than of normal veins, though this dependency wasn't fully described.

Comprehensive description of normal and varicose veins diameters dependency could provide criteria for planning interventions and monitoring outcome. Correlation of GSV diameter in normal and varicose conditions could become a supplementary diagnostic factor for varicose disease severity validation.

1.Caggiati, A., J. J. Bergan, Gloviczki P. et al. Nomenclature of the veins of the lower limbs: An international interdisciplinary consensus statement. J Vasc Surg. 2002; 36: 416-22.
2.Diao X.H., Chen Y., Chen L. et al. Automated Volume Scanner System Ultrasonography for Evaluation of Varicose Veins of the Lower Extremities. Journal of International Medical Research. 2012; 40: 2160-66.
3.Jelev L., Guirov K., Minkov M.et al. Morphological changes in the wall of great saphenous vein after radiofrequency ablation. Scripta Scientifica Medica. 2013; 1(45): 60-62.
4.Jones G. T., Grant M. W., Thomson I. A. et al. Characterization of a porcine model of chronic superficial varicose veins. J Vasc Surg. 2009; 6(49):1554-61.
5.Kockaert M., de Roos K.-P., Van Dijk L. et al. Duplication of the Great Saphenous Vein: A Definition Problem and Implications for therapy. Dermatol Surg. 2012; 38: 77–82.
6.Lee W., Chung J. W., Yin Y. H. et al. Three-Dimensional CT venography of Varicose Veins of the Lower Extremity: Image Quality and Comparison with Doppler Sonography. AJR. 2008; 191:1186-91.
7.Leu H. J., Vogt M., Pfrunder H. Morphological alterations of non-varicose and varicose veins (A morphological contribution to the discussion on pathogenesis of varicose veins). Basic Res. Cardiol. 1979; 74: 435-44.
8.Maggisano R., Harrison A.W. The venous system. Discussion paper prepared for The Workplace Safety and Insurance Appeals Tribunal. 2004; October.

9.Marston W. A. Evaluation of Varicose Veins: What do the Clinical Signs and Symptoms Reveal about the Underlying Disease and Need for Intervention? Semin Vasc Surg. 2010; 23: 78-84.

10.Mendoza E., Blättler W., Amsler F. Great Saphenous Vein Diameter at the Saphenofemoral Junction and Proximal Thigh as Parameters of Venous Disease Class. European Journal of Vascular and Endovascular Surgery. 2013; 1 (45): 76-83.

11.Oklu R., Habito R., Mayr M. et al. Pathogenesis of Varicose Veins. J Vasc Interv Radiol. 2012; 23: 33–9.

12.Pascale K. Geometry of varicose veins segments. Biomed.Technik. 1991; 36: 145-8.

13.Sinitsyn A. A., Lavrent'ev V. V., Firsov N. N. Rheological properties of the human great saphenous vein in normal subjects and in the presence of varicose conditions. Plenum Publishing Corporation. 1976.

14.Su-Hsin Chen S., and Kumar Prasad S. Long saphenous vein and its anatomical variations. AJUM February. 2009; 12 (1): 28–31.

15.Vaz C., Machado R., Rodrigues G. et al. Anatomical variation of the saphenofemoral junction. A prospective study in a population with primary superficial venous insufficiency. Angiologia e Cirurgia Vascular. 2013; 9(1): 1-5.

Terskova N.V.[1], Vakhrushev S.G.[2], Savchenko A.A.[3]
Information about the authors:
[1] – associate professor, candidate of medical science, SBEI of HPE "Krasnoyarsk State Medical University named after prof. V.F. Voino-Yasenetsky", e-mail: terskovanatasha@mail.ru
[2] – professor, doctor of medical science, SBEI of HPE "Krasnoyarsk State Medical University named after prof. V.F. Voino-Yasenetsky",
[3] – professor, doctor of medical science, SBEI of HPE "Krasnoyarsk State Medical University named after prof. V.F. Voino-Yasenetsky"

CHANGE IN ENZYMATIC PROFILE OF BLOOD LYMPHOCYTES IN CHILDREN WITH CHRONIC ADENOIDITIS

Chronic adenoiditis (CA) is a chronic polyetiologic disease with underlying disturbance of physiological immune processes in the pharyngeal tonsil of the lympho-epithelial Pirogoff-Waldeyer ring. Chronic adenoiditis is one of the important problems of pediatric otorhinolaryngology and children's health service in Russia. To present day this pathology ranks first in the structure of ENT-morbidity in children of pre-school and primary school age, making an ENT-specialist choose between surgical or conservative treatment.

Participation of the immune system in the pathogenesis of CA stipulates for the disturbances of immune reactivity, which in its turn predetermines functional and structural variety of pathological manifestations. From the clinical point of view this fact allows presupposing some risk factors of unfavorable (prolonged, recurrent, and complicated) course of the disease and also the risk of ineffective conservative therapy and probability of operative intervention in CA in children. The concept of metabolism-dependent disturbances of the immune system which was presented by a number of authors and convincingly showed the relationship of metabolic status of immune-competent cells with the clinical picture in other diseases, made us advance a hypothesis and its clinical estimate with the help of statistical methods [2, 253]. Hypothesis: the primary and secondary preventive measures and treatment of CA will be more efficient on conditions that the structural components of prevention and treatment characterized by pathomorphological mechanisms of immune system malfunctions in children are determined; interdisciplinary approach is used; managerial and medical conditions for the study of CA pathomorphism and medical and diagnostic care needs are distinguished.

Resolution of the problem within the framework of the suggested hypothesis supposed the solution of the presented tasks: 1) theoretical support and practical search for methodological approaches to the study of metabolic status of immune-competent cells; 2) constructing the investigation model; 3) elaboration and approbation of the primary and secondary prevention model and CA treatment; 4) estimate of the suggested model efficacy.

Objective of the investigation: to study the peculiar features and to estimate the significance of changes in the enzyme activities in blood lymphocytes in the pathogenesis of immune disturbances in CA in children depending on age and course of the disease.

Materials and methods: In 2011-2013 in the Laboratory of molecular and cellular physiology and pathology of the Research Institute of the medical problems of the Northern territories of the Siberian Department of the Russian Academy of Medical Sciences and active participation of the co-workers of the Department of Otorhinolaryngology of Krasnoyarsk State Medical University named after prof. V.F. Voino-Yasenetsky a clinical and laboratory investigation on the valid sample (N = 379) of children with CA aged 2.5-10 was performed. The average age was 4.88 ± 1.20. The control group consisted of 68 healthy children. The estimate of metabolic enzymes activity in blood lymphocytes was carried out with the help of bioluminescent technique. The activity of 14 enzymes was determined: glucose-6-phosphate dehydrogenase (G6PD), glycerol-3-phosphate dehydrogenase (GPDH) (EC 1.1.1.8), $NADP^+$-dependent malic enzyme ($NADP^+$-ME) (EC 1.1.1.40), NAD^+ and $NADH^+$-dependent lactate dehydrogenase (NAD^+ and $NADH^+$-LDH) (EC 1.1.1.27 and EC 1.1.1.28), NAD^+ and $NADH^+$-dependent malate dehydrogenase (NAD^+ and $NADH^+$-MDH) (EC 1.1.1.37), $NADP^+$ and $NADPH^+$-dependent glutamate dehydrogenase ($NADP^+$ and $NADPH^+$-GLDH) (EC 1.4.1.3), NAD^+ and $NADH^+$-dependent glutamate dehydrogenase (NAD^+ and $NADH^+$-GLDH) (EC 1.4.1.2), NAD^+ and $NADP^+$-dependent isocitrate dehydrogenase (NAD^+ and $NADP^+$-IDH, accordingly) (EC 1.1.1.42) and glutathione reductase (GSR) (EC 1.6.4.2). The activity of dehydrogenases in blood lymphocytes was expressed in fermentative units (1U = 1 mcmol/min) on 10^4 cells, in accordance with T.T. Beryozov and B.F. Korovkin's recommendations (2008) [1, 158].

Results: In blood lymphocytes of children with CA there was statistically significant decrease of LDH, MDH, $NADH^+$-LDH, and $NADH^+$-MDH. At the same time the increase of the level of $NADPH^+$-GLDH activity was noted (p<0.05). All the rest parameters of lymphocytes intracellular metabolism in children did not differ statistically between the compared groups (p>0.05).

For the detailed study of the blood lymphocytes metabolic profile we divided all the patients with CA according to their age: the first subgroup included children with CA aged 2.5 up to 5 (N = 156), the second group consisted of children with CA aged 5 to 10 (N=223). In lymphocytes of children of the first group there was statistically significant decrease of MDH (p=0.02), and $NADH^+$-MDH (p=0.01) activity and statistically significant increase of $NADP^+$-GLDH (p=0.01). Intensification of amino acid metabolism and increase of $NADP^+$-GLDH activity was noted. Also activity decrease of limiting NAD^+-IDH and auxiliary $NADP^+$-IDH, enzymes of Krebs' cycle, which determined the decrease of intensity of substrate flow on tricarboxylic acids cycle (p=0.01;

p=0.03). Activation of glutathione-dependent antioxidant system was confirmed by the increase of the GSR activity level (p=0.05).

In lymphocytes of children with CA of the second group there was statistically significant decrease of NAD^+LDH (p=0.04), $NADH^+$-LDH (p=0.01) and $NADH^+$-MDH (p=0.01) and statistically significant increase of $NADP^+GLDH$ (p=0.01). The decrease of the activity of LDH aerobic reaction characterized the weakening of ill children lymphocyte ability to metabolize lactate to a greater extent than in the first group of children with CA. Significant decrease of $NADH^+$-MDH reflected the reduced level of substrate flow in the mitochondrial cycle of lymphocytes. To maintain the energetic homeostasis of the mitochondrial cycle substrates of amino acids metabolism were used, which was confirmed by activation of $NADP^+GLDH$ enzyme. In contrast to the children of the younger age group decrease of GPDH (p=0.05) was revealed. This enzyme characterizes the level of transfer of lipid catabolites on the reactions of glucose anaerobic oxidation. Therefore, in this group of children there was a tendency to changing intensity of lipid catabolism and reducing the substrate stimulation of glycolysis. Analyzing the correlation relationships of NAD(P)-dependent dehydrogenases activity in blood lymphocytes of children with CA we revealed their high coordination (r=0.74-0.98; p<0,05 and less).

Conclusions: In children with CA in the remission period insufficiency of energetic processes was noted: low level of anaerobic respiration and reduction of substrate relationship of the tricarboxylic acids cycle with reactions of amino acids metabolism. In the conditions of tension of lymphocyte functioning substrate outflow from lipid metabolism against the background of its increased substrate supply was noted. The increase of GPDH activity, reduction of aerobic LDH activity dispersively revealed in children of younger age group may be regarded an unfavorable prognosis. The demonstrated pathogenetic role of active components of immune homeostasis regulation in CA by the example of lymphocytes enzymes activity allows optimization of the primary and secondary prevention and treatment of CA.

References:

1.   Beryozov T.T., Korovkin B.F. Biological Chemistry: Textbook. - 3d stereotyped edition. – M.: SLR "Publishing House Medicine", 2008. – 704 p.

2.   Kurtasova L.M., Savchenko A.A. Peculiarities of lymphocyte metabolism in atopic bronchial asthma children from Eastern Siberia // Abstracts of Eleventh International Congress on Circumpolar Health, June 4-9, 2000. – Harstad, Norway, 2000. – P. 253.

Джумагазиев А.А., Райский Д.В., Паньковская О.И., Савенкова Н.Д.

Джумагазиев Анвар Абдрашитович, Заслуженный врач РФ, проф., д.м.н., зав. кафедрой поликлинической и неотложной педиатрии ГБОУ ВПО Астраханская государственная медицинская академия;

Райский Дмитрий Валериевич, к.м.н., доц. ГБОУ ВПО АГМА;

Паньковская О.И., гл. врач ГБУЗ АО детская городская поликлиника №1

ЭПИДЕМИОЛОГИЧЕСКИЕ ОСОБЕННОСТИ ОСТРЫХ ПНЕВМОНИЙ У АСТРАХАНСКИХ ДЕТЕЙ ПЕРВЫХ ЧЕТЫРЕХ ЛЕТ ЖИЗНИ

Резюме

По данным десятилетней статистической отчетности выполнен анализ ежегодной заболеваемости и помесячной инцидентности острых пневмоний у детей первых четырех лет жизни. Установлены возрастные и сезонные изменения показателя, которые следует учитывать при планировании специфической иммунопрофилактики пневмококковой инфекции в популяции.

Актуальность

Ведущей этиологической причиной внебольничных пневмоний признается *Str. Pneumonia* [1], контаминация инвазивными формами которого достигает 1,5-2‰ [4,1]. При том, что самым эффективным способом профилактики считается иммунизация, пневмококковая вакцина не входит в национальный календарь прививок РФ. В связи с этим, персонификация иммунопрофилактики, направленная на повышение толерантности к пневмококку у детей группы высокого риска по пневмонии, может стать альтернативой массовой иммунизации детского населения. Знание эпидемиологии заболевания в ее связи с возрастом ребенка и сезонными особенностями манифестации позволит координировать иммунопрофилактическую работу с сенситивным детским населением. С этой целью приемлемо оценивать помесячную инцидентность (incidence rate) – количество новых случаев заболевания, возникших в выборке за месяц наблюдения, выраженное в отношении к количеству детей в данной выборке. С позиций доказательной медицины, используя этот показатель, представляется возможным проследить сезонность по отдельным нозологиям, определить наиболее критичные по риску этих заболеваний периоды онтогенеза и оптимальный для превентивных мероприятий возраст детей, проспективно и ретроспективно взвешенно оценить их фармакоэкономическую эффективность.

Материалы и методы

С целью выявления половозрастных особенностей и сезонной вариативности выполнено одномоментное поперечное исследование помесячной инцидентности острых пневмоний на 11 педиатрических участках городской поликлиники, обслуживающей детское население в наиболее неблагоприятном по уровням загрязнения техногенными поллютантами районе города Астрахани. Глубина исследования – 10,5 лет (с июля 2003 по январь 2013 гг.). По данным отчетной статистической документации впервые зарегистрированные случаи пневмонии у детей от 0 до 5 лет с дифференциацией по возрасту и полу, соотнесены количеству детей в означенной половозрастной группе. Полученные частные, выраженные в промилле, сгруппированы в базу данных с количеством переменных, соответствующих выбранным нозологиям и возрастам с дифференциацией по полу. Количество наблюдений по каждой переменной соответствовало числу месяцев (n=127), подвергнутых анализу. Статистическая обработка выполнена в программе Statistica 6.0 [2, 312] с использованием: проверки однородности дисперсий критерием Левена *(Levene's test)*; рангового дисперсионного анализа и конкордации Кендалла *(Kendall)* для множественного сравнения выборок с неоднородной дисперсией; дисперсионного анализа Краскела-Уоллиса *(Kruskal — Wallis)* для независимых групп и критерия Манна-Уитни-Вилкоксона *(Mann — Whitney — Wilcoxon,* U-test) для малых выборок со снижением уровня значимости до *p<0.0005* при множественных сравнениях. Усредненные показатели помесячной инцидентности сопоставлены с официальными помесячными усредненными показателями температуры, влажности атмосферного воздуха, количестве осадков, облачности, количестве безветренных дней и силе ветра по данным Астраханской гидрометобсерватории [2] с использованием коэффициента корреляции Pearson.

Результаты и обсуждение

Анализ инцидентности пневмоний выявил различия в возрастных группах от 0 до 2 лет жизни и от 2 до 5 лет жизни. Достоверное *(U-test; p=0.000003)* повышение инцидентности пневмоний отмечается в возрастном диапазоне от 2 до 3 лет при отсутствии различий в возрастном диапазоне от 0 до 1 года и от 1 года до 2 лет. Парные сравнения с использованием U-критерия не выявили достоверных различий показателя по гендерному признаку. Средние значения инцидентности пневмоний у детей первых двух лет жизни составили M±m=1,03±0,14‰, повышаясь двукратно у детей от 2 до 5 лет жизни M±m=2,58±0,22‰. Линейный тренд динамики ежегодной заболеваемости пневмонии у детей первых двух лет жизни характеризуется приростом, в среднем, на 1,5‰ в год (рис.1).

При ранговом дисперсионном анализе Краскела-Уоллиса не установлено достоверной сезонной вариативности инцидентности острых пневмоний у детей первых двух лет жизни за все годы наблюдений. Наряду с этим, отмечено отчетливое повышение инцидентности пневмоний у детей старше 2 лет жизни, прослеживаемое в осенне-весенний сезон (с ноября по апрель).

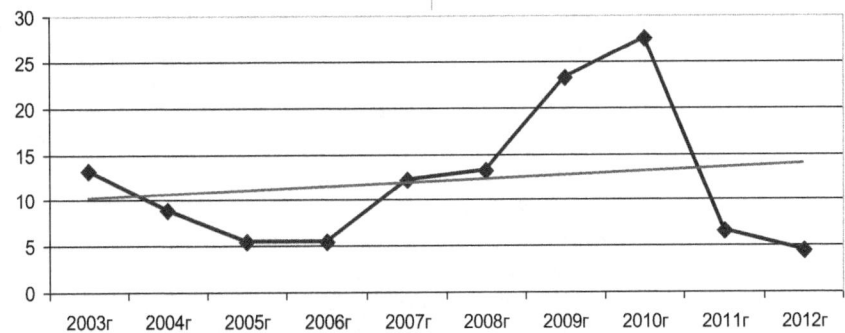

Рис. 1. Динамика и тренд ежегодной заболеваемости пневмониями у Астраханских детей первых двух лет жизни

Не было установлено статистически подтверждаемых ассоциативных связей инцидентности пневмоний со временем года, температурой или влажностью воздуха вне помещений, силой ветра или другими метеорологическими факторами. В связи с этим складывается впечатление о возможной ассоциации пневмонии у детей старше 2 лет жизни с социальными факторами, каким-либо образом связанными с отопительным сезоном.

Выводы:

Резюмируя вышеизложенное, подчеркнем, что подъем инцидентности пневмонии у детей отмечается на третьем году жизни, сохраняясь на постоянном уровне вплоть до достижения 5 лет жизни, что, очевидно, обусловлено повышением частоты данной патологии в периоде активной социализации детей. Двукратное увеличение частоты пневмоний в осеннее-зимний период у детей старше 2 лет жизни, по сути, подтверждает предопределяющую роль неспецифической профилактики и управляемых факторов риска в предупреждении пневмоний у детей этого возраста.

Не установлено каких-либо достоверно значимых связей сезонности с инцидентностью пневмонии у детей первого года жизни. Прогрессия тренда десятилетних показателей заболеваемости у детей первых 2 лет жизни может быть индикатором влияния на их здоровье факторов риска, требующих проведения мер специфической протекции, в том числе с использованием целенаправленной иммунопрофилактики у сенситивных к пневмонии детей.

Библиография

1. Баранов А.А., Брико Н.И., Намазова-Баранова Л.С. Современная клинико-эпидемиологическая характеристика пневмококковых инфекций. Лечащий врач. 2012; 4: [электронный ресурс] http://www.lvrach.ru/2012/04/15435406/
2. Климат Астрахани [электронный ресурс] http://www.pogodaiklimat.ru/climate/34880.htm
3. Реброва О.Ю. Статистический анализ медицинских данных. Применение пакета прикладных программ STATISTICA М.: МедиаСфера, 2002. 312 с.
4. Dittmann S., DGK-Expertenworkshop 2001, Stück B., von Voß H. (Hrsg.), Verlag im Kilian, 2001 ACIP: MMWR. 2000, 49(RR-9): 1–38

Джумагазиев А.А., Райский Д.В., Паньковская О.И., Савенкова Н.Д.
Джумагазиев Анвар Абдрашитович, Заслуженный врач РФ, проф., д.м.н.,
зав. кафедрой поликлинической и неотложной педиатрии ГБОУ ВПО
Астраханская государственная медицинская академия;
Райский Дмитрий Валериевич, к.м.н., доц. ГБОУ ВПО АГМА –
dm_eden@pochtamt.ru тел.89275666276;
Паньковская О.И., гл. врач ГБУЗ АО детская городская поликлиника №1.

ДЕСЯТИЛЕТНЯЯ ЭПИДЕМИОЛОГИЯ ОСТРЫХ БРОНХИТОВ У АСТРАХАНСКИХ ДЕТЕЙ ОТ 0 ДО 5 ЛЕТ ЖИЗНИ

Резюме

По данным десятилетней статистической отчетности выполнен анализ заболеваемости и помесячной инцидентности острых бронхитов первых лет жизни. Установлены возрастные особенности показателей, предопределяющие оптимизацию профилактики бронхитов у детей.

Актуальность

Структура заболеваемости детей первых лет жизни преимущественно представлена острыми заболеваниями верхних дыхательных путей, в рейтинге которых бронхиты занимают второе место. Подавляющее большинство случаев нетрудоспособности по уходу за больным ребенком, госпитализаций в стационары инфекционного и соматического профиля связаны именно с этой патологией. Годичная заболеваемость, используемая в традиционной статистике, широко характеризуя популяционную распространенность нозологии, не позволяет делать суждение о ее сезонной вариативности. В свою очередь, помесячная инцидентность (incidence rate) – количество новых случаев заболевания, возникших в выборке за месяц наблюдения, выраженное в отношении к количеству детей в данной выборке, позволяет различить максимальную, на протяжении года, распространенность нозологии. С позиций доказательной медицины, используя этот показатель, представляется возможным определить наиболее критичные по отдельно взятой нозологии периоды онтогенеза, оптимизировать превентивные мероприятия, проспективно и ретроспективно взвешенно оценить их фармакоэкономическую эффективность.

Материалы и методы

С целью выявления половозрастных особенностей выполнено одномоментное поперечное исследование заболеваемости и помесячной инцидентности острых бронхитов на 11 педиатрических участках городской поликлиники, обслуживающей детское население в наиболее неблагоприятном по уровням загрязнения техногенными поллютантами районе города Астрахани. Глубина исследования заболеваемости – 10 лет (с 2003 по 2012 гг), инцидентности – 10,5 лет (с июля 2002 по январь 2013 гг.). По данным отчетной статистической документации выполнена выборка впервые зарегистрированных случаев перечисленных заболеваний у детей от 0 до достижения 5 лет с дифференциацией в группы по полу и возрасту. Количество случаев заболеваний соотнесено к количеству детей соответствующего пола и возраста. Полученные частные, выраженные в промилле, сгруппированы в базу данных с количеством переменных, соответствующих выбранным нозологиям и возрастам с дифференциацией по полу. Количество наблюдений по каждой переменной соответствовало числу месяцев (n=127), подвергнутых анализу. Показатели рассчитывались исключительно для детей первых четырех лет жизни, постоянно проживающих в семье с учетом динамики населения в каждой возрастной группе. Статистическая обработка выполнена в программе Statistica 6.0 [3, 312] с использованием: проверки однородности дисперсий критерием Левена *(Levene's test)*; рангового дисперсионного анализа и конкордации Кендалла *(Kendall)* для множественного сравнения выборок с неоднородной дисперсией; дисперсионного анализа Краскела-Уоллиса *(Kruskal — Wallis)* для независимых групп и критерия Манна-Уитни-Вилкоксона *(Mann — Whitney — Wilcoxon,* U-test) для малых выборок со снижением уровня значимости до *p<0.0005* при множественных сравнениях.

Результаты и обсуждение

Как следует из рис. 1 тренд заболеваемости бронхитами у детей первых четырех лет жизни устойчиво возрастает на 1‰ в год.

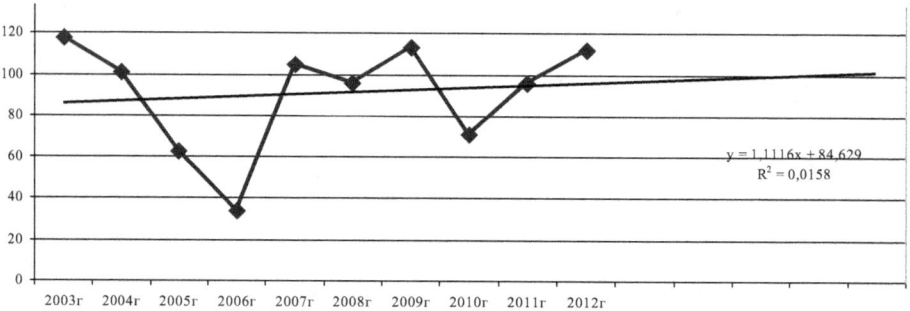

Рис. 1. Динамика заболеваемости бронхитами (промилле) с 2003 по 2012 гг. и прогностический тренд на ближайшее пятилетие

Средние значения ежемесячной инцидентности бронхитов у детей первых четырех лет жизни в целом составили 7,51±0,39‰ , у мальчиков – 7,97±0,46‰, у девочек 7,01±0,40‰ при отсутствии достоверных различий по гендерному признаку и неоднородностью дисперсий. Ранговый дисперсионный анализ и конкордация Кендалла продемонстрировали высокий уровень достоверности различий инцидентности бронхитов в вышеозначенных половозрастных группах.

По данным выполненных расчетов средние значения инцидентности острого бронхита у детей от 0 до 1 года составили 5,63±0,50‰ (6,48±0,61‰ и 4,66±0,61‰ для мальчиков и девочек), у детей от 1 года до 2 лет - 6,73±0,49‰ (7,51±0,61‰ и 5,87±0,60‰) , у детей от 2 до 3 лет – двукратно выше 9,86±0,58‰ (9,74±0,75‰ и 9,99±0,71‰). Вопреки имеющимся представлениям о повышении частоты острых заболеваний верхних дыхательных путей у детей на втором году жизни, для острых бронхитов достоверное повышение инцидентности (р=0.000001) отмечено в возрасте от 2 до 3 лет при отсутствии значимых различий (р>0.05) в возрастном диапазоне от рождения до 2 лет. Таким образом, следует говорить об увеличении частоты бронхитов у детей в возрасте, совпадающем с возрастом первого этапа социализации – вхождения в коллективы ясельных групп дошкольных образовательных учреждений.

При оценке гендерных различий по отдельным возрастным группам выявлены достоверные различия инцидентности бронхитов в первые два года жизни, превалируя у мальчиков. Инцидентность бронхитов у девочек, повышаясь на третьем году жизни, выравнивается с показателями сверстников противоположного пола, что позволяет выделить три половозрастные группы, имеющие достоверные различия инцидентности бронхитов: дети от рождения до 2 лет жизни (M±m=6,91±0,52‰ у мальчиков и 5,27±0,48‰ у девочек), и дети обоих полов от 2 до 5 лет жизни (M±m=8,33±0,46‰).

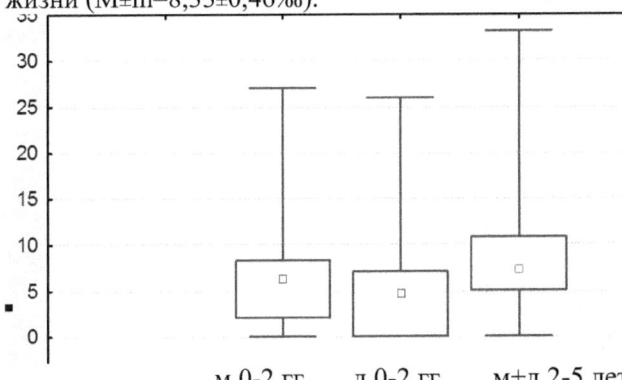

Рис. 2. Диаграмма размаха инцидентности бронхитов у детей по половозрастным признакам

Выводы

Установлены значимые различия инцидентности бронхитов в раннем возрасте, свидетельствующие о том, что умеренно более высокая частота данной нозологии в раннем возрасте присуща мальчикам, но по достижении возраста вхождения в дошкольные коллективы (ориентировочно, с 2 лет) подверженность бронхитам, достоверно повышаясь у детей обоих полов, утрачивает гендерные различия.

Подобная динамика инцидентности диктует необходимость профилактики бронхитов у мальчиков на первом году жизни и всем детям, независимо от пола – на втором году жизни в рамках подготовки к социализации.

Одним из приоритетных методов профилактики инфекций, поражающих дыхательную систему ребенка, признается специфическая иммунопрофилактика [2] с использованием вакцин против H.influencae, гриппа и пневмококков, этиопатогенетической роли которых, по различным данным, отводится от 30% до 80% респираторной патологии у детей [1; 4,107; 5,479; 6,99]. При исходно высокой стоимости вакцин, экономически рациональна персонифицированная иммунопрофилактика детей с высокой предрасположенностью к BALT (Broncho Associated Lymphoid Tissue) патологии. В условиях, когда социализацию предрасположенного к бронхитам ребенка невозможно отложить до 3-4 летнего возраста, формирование стойкой специфической толерантности к бронхотропным возбудителям до начала социальной адаптации у мальчиков необходимо уже на первом году жизни, а у девочек желательно до двух лет жизни.

Библиография

1. Баранов А.А., Брико Н.И., Намазова-Баранова Л.С. Современная клинико-эпидемиологическая характеристика пневмококковых инфекций. Лечащий врач. 2012; 4: [электронный ресурс] http://www.lvrach.ru/2012/04/15435406/
2. Концепция развития системы здравоохранения в Российской Федерации до 2020 г. (проект) // [электронный ресурс] http://nrma.ru/Reform/zdr_conception_2020.shtml
3. Реброва О.Ю. Статистический анализ медицинских данных. Применение пакета прикладных программ STATISTICA М.: МедиаСфера, 2002. 312 с.
4. Klig J. E. Current challenges in lower respiratory tract infection in children. Curr. Opin. Pediatr. 2004; 16(1): 107–12.
5. Marchisio P, Esposito S, Schito GC, Marchese A, Cavagna R, Principi N. Nasopharyngeal carriage of Streptococcus pneumoniae in healthy children: implications for the use of heptavalent pneumococcal conjugate vaccine. Emerg. Infect. Dis. 2002; 8(5): 479-84.
6. Neto A. S. Risk factors for nasopharyngeal carriage of respiratory pathogens by Portuguese children: phenotype and antimicrobial susceptibility of Haemophilus influenzae and Streptococcus pneumoniae. Microb. Drug. Resist. 2003; 9(1): 99–8

Джумагазиев А.А.[1], **Райский Д.В.**[1], **Паньковская О.И.**[2]

Джумагазиев Анвар Абдрашитович, Заслуженный врач РФ, проф., д.м.н., зав. кафедрой поликлинической и неотложной педиатрии ГБОУ ВПО Астраханская государственная медицинская академия;

Райский Дмитрий Валериевич, к.м.н., доц. ГБОУ ВПО АГМА;

Паньковская О.И., гл. врач ГБУЗ АО детская городская поликлиника №1.

[1]- ГБОУ ВПО Астраханская государственная медицинская академия,
[2]- ГБУЗ АО ГДП№1, Астрахань

ЭПИДЕМИОЛОГИЯ СРЕДНИХ ОТИТОВ У АСТРАХАНСКИХ ДЕТЕЙ ОТ 0 ДО 5 ЛЕТ ЖИЗНИ

Резюме

По данным десятилетней статистической отчетности выполнен анализ помесячной инцидентности острых средних отитов у детей первых лет жизни. Установлены возрастные и сезонные особенности показателя, которые следует учитывать при планировании мер специфической профилактики заболевания.

Актуальность

Воспалительные заболевания среднего уха у детей раннего возраста, чаще всего ассоциируются с осложнениями затяжной патологии носоглотки. Их распознавание выходит за пределы компетенций участкового врача и, в ряде случаев, происходит при визуальном оториноларингологическом осмотре либо по факту появления отделяемого из уха, либо при целенаправленном поиске причин затяжной лихорадки у ребенка. Доклиническая диагностика отитов у детей, не достигших возраста, в котором возможна локализация субъективных ощущений, крайне затруднительна. По этой причине знание современных особенностей эпидемиологии отита может стать существенным подспорьем не только в улучшении качества диагностического процесса, но и в планировании методов профилактической направленности, одним из наиболее эффективных небеспочвенно считают активную иммунизацию [1;4]. Помесячная инцидентность (incidence rate) – количество новых случаев заболевания, возникших в выборке за месяц наблюдения, выраженное в отношении к количеству детей в данной выборке, показатель, используя который с позиций доказательной медицины, представляется возможным проследить не только наиболее критичные по риску отитов периоды онтогенеза, но и установить сезонные связи отитов и их осложнений с климатическими факторами, индивидуализировать профилактику отитов у детей, оценить ее фармакоэкономическую эффективность.

Материалы и методы

С целью выявления половозрастных особенностей и сезонной вариативности выполнено одномоментное поперечное исследование помесячной инцидентности острых отитов на 11 педиатрических участках городской поликлиники, обслуживающей детское население в наиболее неблагоприятном по уровням загрязнения техногенными поллютантами районе города Астрахани. Глубина исследования – 10,5 лет (с июля 2003 по январь 2013 гг.). По данным отчетной статистической документации впервые зарегистрированные случаи отитов у детей от 0 до 5 лет с дифференциацией по полу и возрасту помесячно соотнесены к количеству детей соответствующего возраста. Полученные частные, выраженные в промилле, сгруппированы в базу данных с количеством переменных, соответствующих выбранным нозологиям и возрастам с дифференциацией по полу. Количество наблюдений по каждой переменной соответствовало числу месяцев (n=127), подвергнутых анализу. Показатели рассчитывались исключительно для детей первых четырех лет жизни, постоянно проживающих в семье с учетом динамики населения в каждой возрастной группе.

Статистическая обработка выполнена в программе Statistica 6.0 [5,312] с использованием: проверки однородности дисперсий критерием Левена *(Levene's test)*; рангового дисперсионного анализа и конкордации Кендалла (*Kendall*) для множественного сравнения выборок с неоднородной дисперсией; дисперсионного анализа Краскела-Уоллиса (*Kruskal — Wallis*) для независимых групп и критерия Манна-Уитни-Вилкоксона (*Mann — Whitney — Wilcoxon,* U-test) для малых выборок со снижением уровня значимости до *p<0.0005* при множественных сравнениях. Сопоставление усредненных показателей помесячной инцидентности с официальными помесячными усредненными сведениями о температуре, влажности атмосферного воздуха, количестве осадков, облачности, количестве безветренных дней и силе ветра выполнено по данным Астраханской гидрометобсерватории [3] с использованием коэффициента корреляции Pearson.

Результаты и обсуждение

Рисунок 1 наглядно демонстрирует рост заболеваемости по острым отитам у детей первых 5 лет жизни. Сопоставление половозрастной инцидентности острых отитов показало отсутствие значимых гендерных различий в сопоставляемых возрастных группах. Выявлено достоверное различие (*p<0.0005; U-критерий*) в возрастных группах 0-2 (Ме=2,21; Дов.инт. ±95%=2,45-3,22) и 2-5 лет (Ме=5,78; Дов.инт. ±95%=5,31-6,62) для показателей инцидентности средних отитов. Поскольку распространенность данной нозологии у детей приоритетно связана с затяжными расстройствами аэродинамики носа и, в подавляющем большинстве – с гиперплазией аденоидов, которая формируется у предрасположенных к данной патологии детей к 1,5 – 2 годам жизни, гиперплазия аденоидных вегетаций в ряде случаев рассматривается нами, как компенсаторная стрессовая реакция лимфоидного кольца иммунологически малокомпетентного организма в ответ на затяжную антигенную стимуляцию, обусловленную расширением социального окружения, не соответствующего своими темпами адаптивному потенциалу секреторных специфических и неспецифических факторов защиты слизистых. По своей сути, впервые развившийся средний отит у ребенка первых лет жизни следует рассматривать, как условный маркер гиперплазии аденоидных вегетаций у ребенка, а гипертрофию аденоидов, развившуюся в процессе адаптации к новым условиям проживания – как маркер относительной несостоятельности MALT-системы ребенка. Присоединение подострого, либо хронического бактериального воспаления аденоидной ткани является предпосылкой к более частому развитию осложнений у детей.

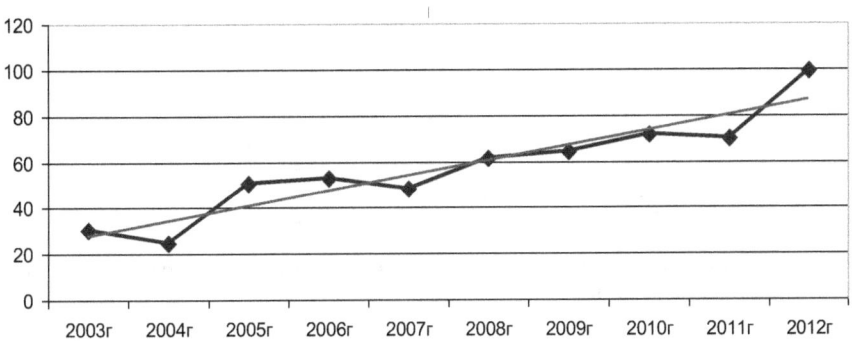

Рис.1. Динамика заболеваемости и тренд острых отитов у Астраханских детей от 0 до 5 лет за период с 2003 по 2012 гг.

Инцидентность гнойных отитов, которые являются, по сути, неблагоприятным исходом поздно диагностированного и нелеченного среднего отита, характеризовалась более низкими величинами, и как видно из рис. 2 доминирует в возрастной категории у детей первого года жизни. Статистическая обработка данных не вывила достоверных различий инцидентности гнойных отитов ни по гендерному, ни по возрастному признакам. Популяционная инцидентность этого заболевания невысока: в отдельные месяцы повышаясь до 5‰, в среднем, для детей от 0 до 5 лет жизни она составляет 0,86±0,56‰ (Ме=0,87‰; Дов.инт. ±95%=0,44-1,31‰). В возрастном диапазоне от 0 до 5 лет жизни нет рубежных периодов, характеризующихся критическим увеличением или снижением предрасположенности к данному заболеванию, что косвенно свидетельствует о том, что частота гнойного отита в большей мере зависит от своевременности диагностики и качества ЛОР помощи на ранних стадиях этого заболевания, поскольку, в отличие от ребенка первого года жизни, дети второго – третьего года жизни уже способны субъективизировать болевые ощущения в ухе. По этой причине превентивные мероприятия должны быть ориентированы на своевременное распознавание отита у детей первого года жизни, а в связи с возрастными особенностями – приоритетно на профилактику этого заболевания.

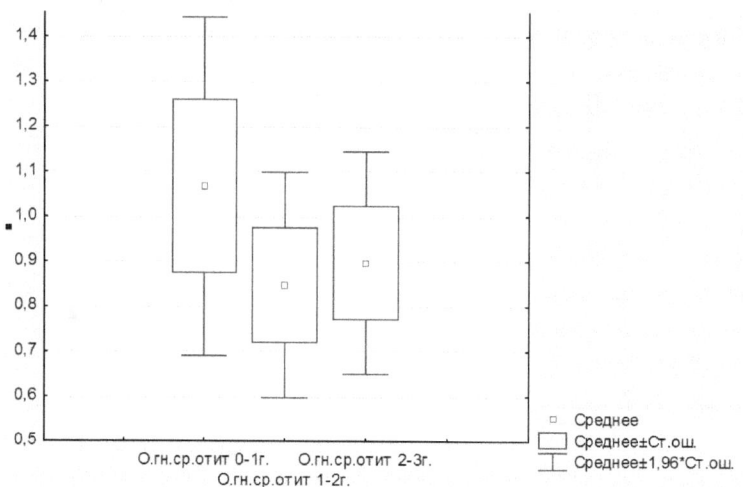

Рис. 2. Сопоставление средних значений инцидентности гнойных отитов у детей различных возрастных групп

Установлены достоверные (р=0.01) сезонные изменения инцидентности острых средних отитов с повышением в осенний период у детей, начиная со второго года жизни. Столь же достоверные сезонные колебания инцидентности отмечены также и на третьем, и на четвертом году жизни. Во всех случаях пиковое повышение инцидентности острых отитов наблюдалось на протяжении 10 лет в октябре месяце. Минимальные значения инцидентности отитов приходились на самые жаркие и самые морозные месяцы года (февраль и июль). В отличие от детей старше года, на первом году жизни инцидентность отитов не подвержена сезонным колебаниям, что, с учетом более высокой частоты осложненных вариантов течения в этот период онтогенеза, предопределяет целесообразность формирования противопневмококкового иммунитета у детей групп риска именно на первом году жизни.

Выводы:

Повышение инцидентности заболеваний среднего уха в возрастной группе детей, старше 2 лет жизни, вероятно, имеет непосредственное отношение к затяжным нарушениям аэродинамики носовых ходов, формирующимся в процессе приобретения ребенком первичного опыта социализации. Ежегодные сезонные повышения инцидентности отитов в преддверии начала отопительного сезона (октябрь) могут быть ассоциированы как с осложненными суперинфекцией случаями затяжного (в т.ч. инфекционно-аллергического) ринита с нарушением аэродинамики носовых ходов, которые сезонно отмечаются у детей Астраханской области с середины августа вплоть до прекращения пыления сорных многолетников, так и с осложняющей тяжелую адаптацию к образовательным учреждениям ясельного типа компенсаторно-приспособительной гиперплазией аденоидной ткани у иммунокомпрометированных детей, предрасположенных к снижению функциональной способности MALT системы. Последнее обстоятельство вкупе с отсутствием сезонных колебаний инцидентности средних отитов на первом году жизни и более высокой частотой гнойных отитов именно на первом году жизни, требует особого внимания в плане индивидуализации подготовки детей, предрасположенных к отитам, к оформлению в ясельные группы дошкольных образовательных учреждений. Для этого необходимо своевременное распознавание соматотипа ребенка с предрасположенностью к отитам на доклиническом уровне, дифференциация аллергического варианта конституции и последующая планомерная подготовка ребенка к социализации с созданием более щадящих режимов адаптации и целенаправленным повышением толерантности к основным возбудителям, поражающим MALT систему. Приоритеты подготовки должны отдаваться специфической иммунопрофилактике заболеваний.

Библиография

1. Баранов А.А., Брико Н.И., Намазова-Баранова Л.С. Современная клинико-эпидемиологическая характеристика пневмококковых инфекций. Лечащий врач. 2012; 4: [электронный ресурс] http://www.lvrach.ru/2012/04/15435406/
2. Борзов Е. В. Факторы риска развития аденоидных вегетаций у детей. Вестник оториноларингологии. 2003; 2: 22-3
3. Климат Астрахани [электронный ресурс] http://www.pogodaiklimat.ru/climate/34880.htm
4. Концепция развития системы здравоохранения в Российской Федерации до 2020г. (проект) // [электронный ресурс] http://nrma.ru/Reform/zdr_conception_2020.shtml
5. Реброва О.Ю. Статистический анализ медицинских данных. Применение пакета прикладных программ STATISTICA М.: МедиаСфера, 2002. 312 с.

Ступина М.В.
аспирантка, Донской государственный технический университет,
г. Ростов-на-Дону, Россия
masamvs@bk.ru

ГЕНДЕРНЫЙ АНАЛИЗ МОТИВАЦИИ СТУДЕНТОВ К ИЗУЧЕНИЮ ИНФОРМАЦИОННЫХ ТЕХНОЛОГИЙ

Информационные технологии являются одной из наиболее динамично развивающихся отраслей в мире, главной движущей силой происходящих на настоящий момент революционных изменений во многих отраслях науки и производства. Стремительно растущий потенциал современных информационных технологий открывает широкий спектр возможностей, воздействуя на все сферы жизни людей.

Получение образования и понимание проблемы мотивации обучения является одной из центральных проблем в педагогике [1,253]. Оптимизация процесса обучения информационным технологиям требует понимания побуждающих к занятиям мотивов, поскольку именно мотивация определяет направление, активность и устойчивость человеческой деятельности.

Современные научные данные говорят о том, что способность восприятия знаний и дальнейшее их использование на практике является одной из важных характеристик человека, включая гендерные особенности. Исторически общественное образование первоначально было исключительно мужским, и общий характер образовательного процесса в его основных характеристиках остался сугубо мужским, не подвергся пересмотру и в связи с появлением смешанных учебных заведений, где девушки и юноши обучаются совместно [2,198]. Традиционно мужской вид деятельности в настоящее время популяризируется и у женского пола: наблюдается активный интерес, повышается спрос на информационные специальности в ВУЗах и рабочие места. На основании выше изложенного, актуальным является изучение мотиваций к изучению информационных технологий в гендерном аспекте.

С целью выявления мотиваций применялся разработанный опросный лист с вариантами ответов на вопросы, связанных с причиной выбора и продолжения изучения дисциплин информационного профиля. Испытуемым (118 студентам направления «Информационные системы и технологии» и «Прикладная информатика в информационной сфере») предлагалось выбрать из списка удовлетворяющий их вариант ответа, либо самостоятельно ответить на вопросы. В качестве критерия оценки значений использовалась шкала от 1 (минимум) до 5 (максимум). Анализ полученных результатов позволил выстроить картину, отражающую структуру мотивационных блоков по гендерному признаку.

При выборе специальности такие факторы как престиж направления, его актуальность и будущая востребованность на рынке труда наибольшее значение имеют у представителей мужского пола. В то время как среднюю и низшую оценку данному фактору отдали представители обоих полов (рис.1 а).

Достижение профессиональных успехов, карьерный рост приобретение значимого социального статуса, развитие именно в области информационных технологий преобладающее значение имеет для представителей мужского гендера (рис.1 б).

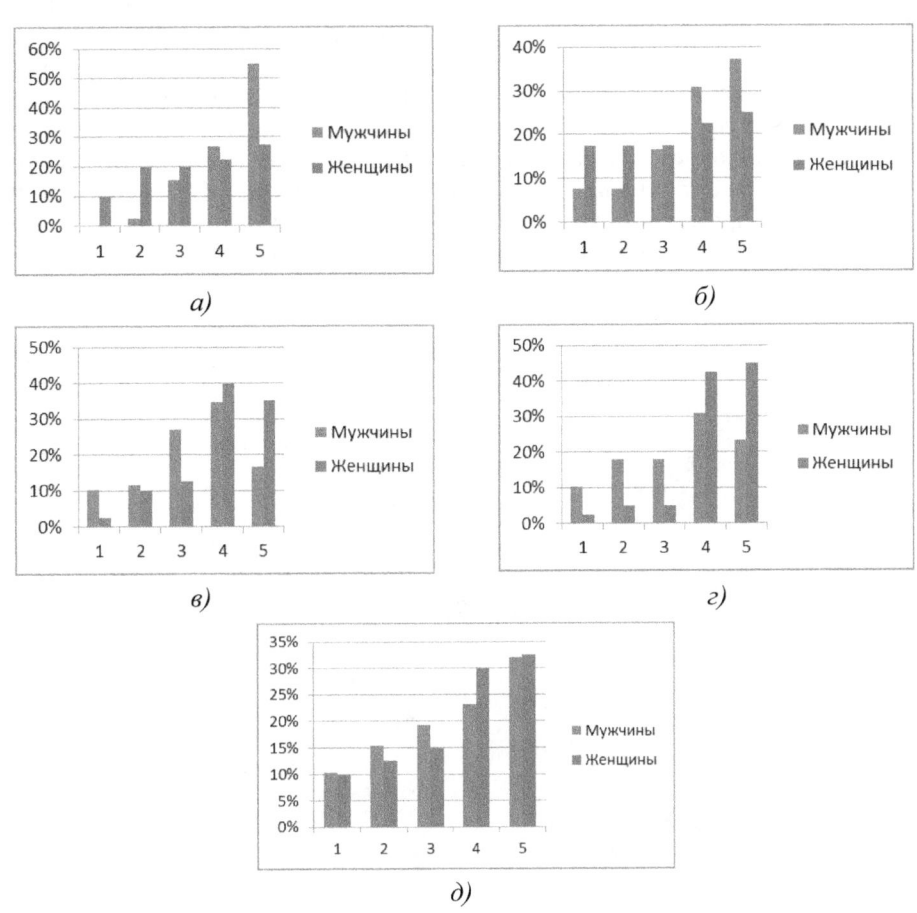

Рисунок 1- Мотивационные блоки:

а - престиж направления; *б*- карьерный рост; *в* - прикладное значение; *г* - внешние удобства; *д* - влияние социального окружения.

При выборе специальности, девушки в большей степени руководствуются мотивами прикладного значения (рис.1 в). Девушки больше мотивированы не на карьеру, а скорее на приобретение прикладных навыков, необходимых для работы в любой области, за счет тесной интеграции и внедрения информационных технологий во все сферы человеческой деятельности.

Также и мотив внешних удобств (комфортные условия обучения и работы) преобладающее значение имеет для девушек (рис.1 г).

В то же время влияние социального окружения существенно для представителей обоих полов, поскольку выпускнику школы тяжело самостоятельно определиться с будущей специальностью (рис.1 д).

Исследование мотивов изучения информационных технологий у юношей (рис.2 а) демонстрирует, что наибольшее значение они отдают престижу и актуальности направления информационных технологий, а также больше ориентированы на достижение высших ступеней карьерной лестницы. Представительницы женского пола (рис.2 б) в большей степени мотивирует прикладное значение информационных технологий, а также немаловажное значение имеет мотив внешних удобств.

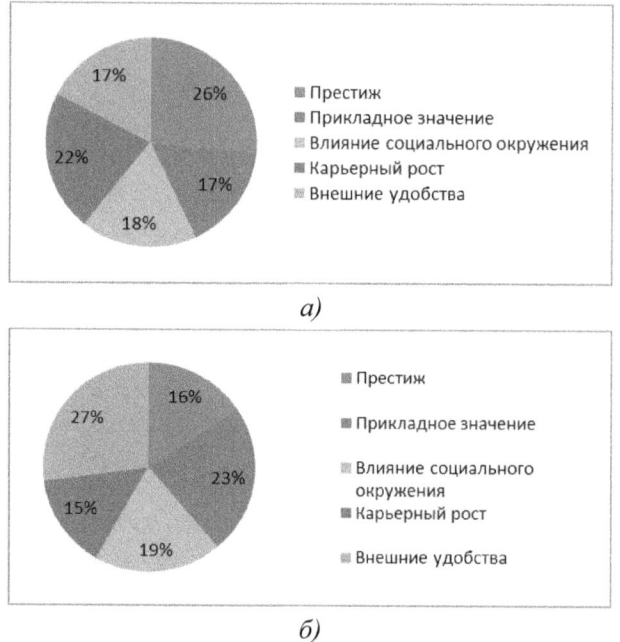

Рисунок 2 – Мотивы изучения информационных технологий:
а - у представителей мужского гендера;
б - у представителей женского гендера.

Прикладное значение и внешние удобства юношей волнуют в гораздо меньшей степени, нежели девушек. Представительницы женского пола наименьшее значение отдают карьерному росту, в отличие от молодых людей.

В ходе проведенного исследования было доказано влияние гендерного фактора на мотивы изучения информационных технологий. Понимание познавательных мотивов необходимо для повышения эффективности процесса обучения и получения качественных результатов.

Источники

1) Ильин Е.П. Мотивация и мотивы. – СПб.: Питер, 2011 -508 с: ил. – (Серия «Мастера психологии»).
2) Ильин Е.П. Дифференциальная психофизиология мужчины и женщины. СПб.: Питер, 2007 – 544 с. (Серия «Мастера психологии»).

Т.А. Майборода
кандидат педагогических наук, доцент, ФГАОУ ВПО «Северо-Кавказский федеральный университет»

ТЕХНОЛОГИИ АКМЕОЛОГИЧЕСКОГО РАЗВИТИЯ БУДУЩИХ ИНЖЕНЕРОВ

Как процесс акмеологическое развитие включает фазы саморазвития и самореализации. На фазе саморазвития осуществляется акмеориентированное преобразование индивидных, личностных и субъектных структур, в результате чего происходят их качественные изменения, появляются новообразования, обеспечивающие расширение социальных и деятельностных возможностей человека, накапливаются акмеологические ресурсы, формируется акмеологический потенциал. На фазе самореализации человек «отдает» накопленные ресурсы, «опредмечивает» свой акмеологический потенциал, осуществляя себя в социально значимой деятельности [3].

Механизмом акмеологического развития является переход от «накопления» психических состояний, способностей, качеств и их реализации в нормативной деятельности в соответствии с заданными извне условиями к качественному преобразованию этих «накопленных» состояний, способностей и качеств в акмеологические ресурсы, которые обеспечивают творческую сверхнормативную активность человека, которыми человек способен целенаправленно распоряжаться и которые может осознанно совершенствовать.

Акмеологические технологии – это вид психотехнологий, направленных на развитие внутреннего потенциала, повышение профессионализма и адаптационных возможностей человека. Целью применения технологий, акмеологического развития будущих инженеров, объединенных нами в единую систему акмеологического сопровождения, является оптимизация этого развития по отношению к субъекту и к его учебной и будущей профессиональной деятельности.

Одной из гипотез нашего исследования [2] являлось положение о том, что акмеологическое развитие будущего инженера будет оптимальным только в том случае, если оно будет направлено на достижение соответствия характеристик профессионального эталона, который есть у личности, профессиональному эталону специалиста, уже имеющемуся в системе промышленного производства. Сравнение и коррекция индивидуального эталона по отношению к тому, который уже существует в системе промышленного производства, позволит определить оптимальность развития будущего специалиста именно для данной системы.

Первым компонентом системы акмеологического сопровождения является когнитивный, так как определение и коррекция (в случае необходимости) представлений на уровне имеющейся у личности информации о своей профессиональной роли, профессионализме в инженерной деятельности и характеристиках профессионала является первоначальным и необходимым начальным этапом ее акмеологического развития.

В ряде исследований [1] показано, что человек всегда производит сравнение своего собственного представления о профессионализме и о себе, как профессионале с тем, который существует в профессиональной системе, но стремится ему соответствовать только в том случае, если объективно значимый эталон имеет для человека личностный смысл. Это обусловило включение в систему акмеологического сопровождения мотивационно-ценностного компонента, так как только развитие профессиональной мотивации и ценностей, соответствующих профессии, позволяет усвоенным ранее знаниям и информации приобрести личностную значимость и ценность. В случае развития мотивационно-ценностной сферы личности у человека возникает чувство ответственности за результаты и последствия своей деятельности, переживания личностной причастности и стремления соответствовать профессиональному эталону инженера.

Так как целью акмеологического развития будущего инженера является достижение им в конечном итоге профессионального «акме», то это обусловило включение в систему акмеологического сопровождения деятельностного компонента.

Каждому компоненту системы сопровождения акмеологического развития инженера соответствует свое содержание.

В когнитивном компоненте в качестве объектов воздействия выступают представления испытуемых о профессиональном эталоне инженера как целостной интегральной характиристике.

В мотивационно-ценностном компоненте объектами воздействия являются характеристики инженера (целеустремленность, стремление к достижению успеха, стремление к независимости, стремление к созданию образов, предметов, идей, не похожих на существующие). Выделение именно этих объектов воздействия обусловлено тем, что они:

- их высокий уровень развития присутствует и инженеров с высоким коэффициентом трудового вклада (КТВ), и у успешных инженеров-новаторов (коэффициент трудового вклада инженеров имеет наиболее высокий показатель корреляции (0,632) с блоком «мотивационные качества»);

- профессиональная мотивация студентов технического вуза в дальнейшем влияет на успешность дальнейшего освоения им выбранной профессии.

В деятельностном компоненте объектами воздействия являются профессионально-важные (ПВК) личности, которые вошли в содержание профессионального «акме» инженеров:

• внимание (способность длительное время сохранять устойчивое внимание, несмотря на усталость и посторонние раздражители; способность быстро переключать внимание с одного вида работы на другой; способность одновременно вести наблюдения за многими характеристиками наблюдаемого объекта, а также за большим количеством объектов одновременно; умение подмечать незначительные (малозаметные) изменения в наблюдаемом объекте);

• память (способность легко запоминать наглядно-образный материал; способность в течение длительного времени удерживать в памяти большое количество информации; способность тут же точно передать раз услышанное; способность точно воспроизводить информацию в нужный момент; способность к узнаванию факта, явления по малому количеству признаков);

• воображение (способность наглядно представлять себе новое, ранее не встречавшееся явление или уже известное, но в новых условиях; способность прогнозировать исход событий с учетом их вероятности; способность находить новые необычные решения);

• стрессоустойчивость (способность к конструктивному поведению в напряженной ситуации, способность быстро принимать решение в напряженных ситуациях и способность перестраиваться в зависимости от ситуации).

Так как система акмеологического сопровождения предназначается для студентов инженерных специальностей технических вузов, то мы также включили такие инвариантные ПВК инженера как:

• наблюдательность (умение выбирать при наблюдении необходимые данные (информацию); профессиональная наблюдательность, целостность восприятия ситуации);

• мышление (способность рассмотреть проблему с нескольких точек зрения; способность отбросить обычные, стандартные методы и решения, ставшие негодными, и искать новые, оригинальные решения; умение делать правильный вывод из противоречивой информации; умение определять характер информации, необходимой для принятия решения; способность принять правильное решение при недостатке необходимой информации или при отсутствии времени на её осмысление).

Алгоритм оптимизации акмеологического развития студента технического вуза включает три этапа, на каждом их которых реализуется один из выделенных компонентов.

Первый этап направлен на реализацию когнитивного компонента системы акмеологического сопровождения. Задачей, реализуемой на данном этапе, являются формирование у студентов целостного представления о системе промышленного производства и особенностях формирования профессионального эталона в ней. Студенты получают знания об исторической динамике развития системы промышленного производства, о ее структуре, компонентах и факторах, а также основных требованиях, которые она предъявляет к инженеру как профессионалу и как личности на современном этапе ее существования.

На втором этапе реализуется мотивационно-ценностный компонент системы акмеологического сопровождения. Задачей данного этапа является создание у студентов системного представления о мотивационно-ценностной сфере своей личности, развитие мотивов и ценностей, определяющих успешность профессиональной деятельности инженера.

Третий этап включает реализацию деятельностного компонента системы акмеологического сопровождения. Задачами данного этапа являются:

• формирование у студентов системного представления о ПВК личности инженера – промышленника, их особенностях и закономерностях их развития;

• диагностика и развитие ПВК, входящих в профессиональный эталон инженера промышленного производства.

На первом этапе реализация поставленной задачи осуществлялась в процессе проведения занятий (лекций и семинаров, включающих опросы и выполнение самостоятельных творческих заданий) со студентами.

Для реализации всех последующих задач (2,3 этап) нами была разработана информационная система акмеологического сопровождения профессионального развития будущего инженера промышленного производства. Программный продукт выполняет функции индивидуального тренера по развитию профессионально-важных качеств инженера и может быть использован в процессе профессиональной подготовки инженеров на производстве и студентов в вузе. В соответствии с проведенным нами ранее исследованием профессионального эталона инженера промышленного производства программа направлена на развитие у пользователей 26 профессионально-важных качеств, сгруппированных в 7 блоков: аттенциональные качества, наблюдательность, мнемические качества, мыслительные качества, имажинитивные качества, мотивационные качества, стрессоустойчивость.

Развитие каждого выделенного нами блока качеств студента являлось комплексным и включало в себя два этапа:

1. Тестирование, в результате, которого пользователь получал данные об уровне развития у себя тех или иных качеств личности;

2. Упражнения, в результате которых пользователь мог самостоятельно прийти к значимым выводам о закономерностях развития этих качеств, а также тренинги, обеспечивающие развитие профессионально-значимых качеств личности пользователя.

В конце каждого теста и упражнения приводится подробный результат, позволяющий сделать обобщающие выводы о характеристиках и уровнях развития изучаемых показателей. Система позволяет сохранить все полученные в процессе исследования данные, на основании которых пользователь имеет возможность самостоятельно сделать общие выводы о собственном акмеологическом развитии и в дальнейшем обсудить полученные результаты с преподавателем дисциплины и (или) психологом (акмеологом).

Необходимым условием проведения курса является установление субъект-субъектных отношений между преподавателем (или психологом) и студентами, добровольный характер их тестирования и участия в тренингах.

Система является универсальной и может применяться как для работающих инженеров различных видов деятельности (инженер-технолог, инженер-конструктор, инженер-организатор), так и для студентов инженерных специальностей технических вузов. Она позволяет диагностировать актуальный уровень развития профессионального «акме» студента, придать ему личностный смысл и перевести на потенциальный уровень развития.

Получены и проанализированы результаты формирующего эксперимента по оптимизации акмеологического развития студентов инженерных специальностей технических вузов. В эксперименте принимали участие 822 человека (410 – экспериментальная группа, 412 – контрольная группа).

Основываясь на полученных результатах сравнительного анализа групповых средних с помощью t-критерия Стьюдента, можно сделать вывод об эффективности системы акмеологического сопровождения личностно-профессионального развития студентов технических вузов.

После проведения формирующего эксперимента в студенческих группах улучшились показатели по таким качествам как:

• способность вести наблюдения за многими характеристиками наблюдаемого объекта, а также за большим количеством объектов одновременно;

• умение подмечать незначительные (малозаметные) изменения в наблюдаемом объекте;

• способность прогнозировать исход событий с учетом их вероятности;

• способность находить новые необычные решения;

• целеустремленность;

• высокая мотивация достижения успеха;

• способность к конструктивному поведению в напряженной ситуации;

•способность перестраиваться в зависимости от ситуации.

•способность наглядно представлять себе новое, ранее не встречавшееся явление или уже известное, но в новых условиях;

•стремление к созданию образов, предметов, идей, не похожих на существующие.

Таким образом, реализация системы акмеологического развития будущих инженеров позволяет оптимизировать этот процесс.

Литература (источники):

1. Деркач, А. А. Акмеология в вопросах и ответах: учебное пособие / А. А. Деркач, Е. В. Селезнева. – М.: МПСИ, 2007. –248 с.

2. Майборода, Т. А. Акмеологическое развитие инженера промышленного производства: теория и практика: монография / Т.А. Майборода; под общ. ред. Деркача А.А.. –М.: Илекса, 2010. – 363 с.

3. Селезнева, Е.В. Сущностная характеристика акмеологического развития /Е. В. Селезнева, Т.А. Майборода // Акмеология. – 2010. – № 1. – М.: РАГС, 2010. С. 20-26.

Пак Л.Н., Бобринев В.П.

Пак Лариса Николаевна, кандидат сельскохозяйственных наук, старший научный сотрудник, Институт природных ресурсов, экологии и криологии СО РАН

Бобринев Виктор Петрович, кандидат сельскохозяйственных наук, старший научный сотрудник, ведущий научный сотрудник, Институт природных ресурсов, экологии и криологии СО РАН

РЕКУЛЬТИВАЦИЯ КАРЬЕРОВ АВТОДОРОГИ «АМУР» М-58 В ЗАБАЙКАЛЬСКОМ КРАЕ

В 2010 году завершено строительство автомобильной дороги «Амур» М-58 Чита – Хабаровск, которая принадлежит к автодорогам с международным статусом и является одним из основных автодорожных коридоров России. Она имеет очень важное оборонное, экономическое и стратегическое значение, так как является составным звеном самой протяженной в мире государственной автомагистрали Владивосток - Москва - Санкт-Петербург (около 10 тыс. км).

В Забайкальском крае трасса проходит по районам: Читинскому, Карымскому, Шилкинскому, Нерчинскому, Чернышевскому, Могочинскому и составляет протяженность 794 км.

Строительство автодороги было связано с изъятием из биологического цикла земель, нарушением природных ландшафтов и формированием карьерно-отвальных комплексов для добычи строительных материалов (песка, гравия и щебня). В результате сформировались техногенные ландшафты, имеющие многостороннее влияние на окружающую среду.

Основными направлениями негативного воздействия являются: загрязнение рек и водоемов; снижение уровня подземных вод и изменение их химического состава; повышение содержания токсических газов, пыли, аэрозолей в атмосфере; развитие эрозионных процессов; заиление и подтопление сельскохозяйственных угодий, прилегающих к отвалам и карьерам; ухудшение состояния лесов; угнетение растительного покрова; повышение степени заболеваемости у населения; увеличение затрат на проведение природоохранных и других мероприятий.

Большой ущерб, наносимый природным ландшафтам, вызывает необходимость проведения мероприятий по хозяйственному освоению нарушенных и отработанных земель, среди которых важное место занимает лесная рекультивация.

С этой целью были проведены исследования в разные годы (начиная с 1978 г., когда началось строительство трассы до 2011 г.) по изучению особенностей возобновления сосны обыкновенной и лиственницы Гмелина в карьерах вдоль автодороги Чита-Хабаровск на территории

Забайкальского края и разработке наиболее дешевых способов их лесной рекультивации.

Объектами исследований явились карьеры размером от 1 до 20-30 га и более, расположенные в речных долинах и высоко в горах, разных лет давности и глубины. Изучалось естественное зарастание карьеров сосной обыкновенной и лиственницей Гмелина. Учет естественного возобновления проводился по породам на пробных площадях. Оценку естественного возобновления хвойных пород и определение необходимости искусственного лесовосстановления проводили по разработанной нами шкале, предложенной для территории Забайкальского края [1, 8].

Натурное обследование карьеров вдоль федеральной автомобильной дороги Чита – Хабаровск показало, что успех естественного возобновления леса зависит от двух факторов: удовлетворительного обсеменения непокрытой лесом площади и благоприятных условий для прорастания семян и роста самосева. При наличии этих факторов песчаные карьеры площадью 15-16 га удовлетворительно зарастают основными лесообразующими породами в течение 3-4 лет. Этому способствуют, прежде всего, процессы, протекающие при замерзании и оттаивании почвы, особенно в позднее-весенний и ранне-осенний периоды, с образованием трещин различной ширины и глубины, имеющих клиновидную форму (широкие вверху (1-2 см) и узкие внизу), глубиной 6-7 см.

Обследование карьеров показало, что весной, в период массового выпадения семян, в образованные в почве трещины попадают, в основном, семена сосны обыкновенной. Осенью - семена лиственницы Гмелина и других пород, созревающих к концу вегетационного периода. Весной почва, подсыхая по краям трещин, осыпается и присыпает семена сосны, в результате трещина уменьшается по глубине в 2-3 раза, а по ширине увеличивается до 4 см. В таком, присыпанном сухой почвой, состоянии семена могут находиться 1,0-1,5 года, практически без потери своей всхожести. Зимой они проходят стратификацию. После наступления благоприятных условий (тепла, влаги), состояние покоя сменяется прорастанием семян. Осенью, опавшие семена лиственницы и других пород не прорастают, им не хватает тепла. Пройдя зимнюю стратификацию в трещинах почвы, весной они дают дружные всходы. Положительным моментом образования трещин в почве песчаных карьеров является сохранность семян от птиц и зверей.

Особенностью роста самосева является то, что в первый год всходы практически не вырастают из трещин выше уровня почвы. На зиму они прикрываются опавшей листвой, травой и снегом. В результате хорошо проходят перезимовку. Весной следующего года трещины дополнительно засыпаются почвой, а у всходов на поверхности остается побег высотой

1,5-2,0 см. В этом случае корневая шейка оказывается на 2-3 см ниже уровня почвы, что не влияет на дальнейший рост самосева.

Гравийные и щебенчатые карьеры зарастают медленнее с задержкой на 3-5 лет. Это связано, прежде всего, с их почвенными условиями. Как правило, опавшие семена древесных растений начинают прорастать после наноса почвенного слоя.

Карьеры 7-8 летней давности зарастают хорошо (количество подроста 4-6 тыс. шт. на 1 га) при наличии в окружении лесных насаждений. Карьеры в возрасте 3-4 лет имеют неудовлетворительное возобновление. Очевидно, сказывается биология древесных пород, поскольку годы с хорошим урожаем семян повторяются через 3-4 года.

Исследования показали, что песчано-грунтовые смеси в большинстве своем лесопригодны. На них хорошо возобновляются основные лесообразующие древесные растения. Естественно произрастающие древесно-кустарниковые породы в песчаных карьерах заметно отстают в росте от лесных насаждений естественно произрастающих на границе карьеров. Здесь сказывается структура грунтосмесей, неустойчивость водного режима, недостаток питательных веществ.

Лесные насаждения на карьерно-отвальных комплексах с течением времени становятся полноценной системой. Опыт создания лесных культур показал, что искусственное лесовосстановление нужно проводить с ориентировкой на виды аборигенной дендрофлоры с учетом почвенных условий. На песчаных склонах нужно высаживать смешанные культуры, состоящие из хвойных и лиственных пород, причем смешение можно проводить рядами или полосами шириной в 8-10 рядов (30-40 м). Из древесных пород здесь можно использовать сосну обыкновенную, лиственницу Гмелина, березу плосколистную, тополь душистый, черемуху азиатскую.

Литература:

1. Бобринев В.П.. Пак Л.Н. Лесовосстановление в горных лесах Восточного Забайкалья. – Чита: Поиск, 2008. – 48 с.

Зольников К.В.

аспирант ФГБОУ ВПО «Воронежская государственная лесотехническая академия»

ПОСЛЕДОВАТЕЛЬНОСТЬ ПРОЕКТИРОВАНИЯ МИКРОСХЕМ С УЧЕТОМ ВОЗДЕЙСТВИЯ РАДИАЦИИ

В настоящее время процесс проектирования уже не укладывается в четкую линейную систему [1-3]. Сейчас на смену этому типу проектирования приходит спиралевидная методология, где работы выполняются одновременно по 4-м направлениям: разработка программного обеспечения, разработка RTL-кода, логический синтез и физический синтез [4-5].

Следует отметить, что проектирование осуществляется на основе системной интеграции - это объединение проектной информации по всем аппаратным блокам и программным составляющим в единый комплект документации для передачи на производство [5].

При этом, при проектировании микросхем четко выделяют четыре основных уровня иерархии: системный уровень, функционально-логический уровень, схематический уровень и топологический уровень.

ПРОЕКТИРОВАНИЕ СБИС НА СИСТЕМНОМ УРОВНЕ

Систмный уровень – начальный этап проектирования СБИС. На системном уровне решаются следующие задачи :

1. Минимизация покрытия логической функции;

2. Создается и анализируется высокоуровневая поведенческая модель всей системы, включая приемно-передающие тракты, каналы связи и т.п. Поведенческая модель системы формируется в виде блок-схемы в графическом редакторе Block Diagram Editor и может включать в себя следующие типы блоков: элементы из основной библиотеки SPW; элементы из дополнительных библиотек SPW; высокоуровневые модели IP-блоков; блоки, описанные на языках программирования C, C++; блоки, описанные на языках VHDL, Verilog, SystemC; математические модели в формате программного пакета MATLAB (M-файлы и MEX-файлы). Сформированная поведенческая модель сохраняется в библиотеке SPW b виде отдельного схемного символа, который имеет свое название, графическое представление и порты для ввода и вывода данных.

3. Выбирается макроархитектура будущей СБИС: программируемые IP-ядра, шины, контроллеры, память и т.д. Этот этап работ, как правило, выполняется совместно представителями заказчика и разработчика СБИС. Также при необходимости здесь производится декомпозиция на программную и аппаратную составляющие.

4. Проводится анализ тестопригодности – одного из наиболее важных показателей, который должен учитываться при проектировании. Низкий уровень тестопригодности изделия приводит к увеличению времени и

ухудшению качества тестирования изделия, как на стадии производства, так и на стадии эксплуатации.

5. Разрабатываются спецификации на проектирование СБИС целиком и отдельных блоков.

ПРОЕКТИРОВАНИЕ СБИС НА ФУНКЦИОНАЛЬНО-ЛОГИЧЕСКОМ УРОВНЕ

СнК может включает в себя несколько программируемых процессорных блоков. Разработчик должен принять решение о том, какие блоки поведенческой модели будут в последствии реализованы на аппаратном уровне, а какие - на программном в виде встроенного в СнК программного обеспечения. Разработка алгоритма функционирования может выполняться автоматизированными средствами SPW и HDS в следующем порядке.

Сначала разрабатывается и верифицируется алгоритм работы блока, построенный из функционирующих элементов с точностью до плавающей десятичной запятой (floating point). Здесь разрешается использовать только элементы библиотек SPW.

На следующем шаге в блок-схеме алгоритма следует заменить элементы типа floating point на элементы, функционирующие с точностью до фиксированного количества знаков после десятичной запятой (fixed point), из библиотеки HDS. Для тех элементов floating point, которые не имеют аналогов в библиотеке HDS, должны быть созданы иерархические структурные описание. На промежуточных стадиях перехода допускается одновременное использование элементов как floating point, так и fixed point. В результате все элементы должны быть только типа fixed point.

Для алгоритма на уровне элементов с фиксированной запятой необходимо установить разрядность блоков. Следует учитывать, что уменьшение разрядности приводит к снижению точности вычислений, а увеличение - в сильной степени затрудняет последующую реализацию на логическом и физическом уровнях. На следующем этапе разработчик формирует архитектуру блока. Т.е. алгоритмической модели на уровне операций ставится в соответствие архитектурная модель на уровне логических элементов из библиотеки HDS. При помощи программных инструментов HDS из описания системы на уровне блоков аппаратной архитектуры производится генерация в описание уровня регистровых передач — RTL. Генерация выполняется в автоматизированном режиме под управлением разработчика. На выходе должно быть получено RTL-описание на языках VHDL или Verilog. Затем идет проектирование цифровых и аналоговых блоков отдельно. При проектировании цифровой части решаются задачи:

1. RTL-кодирование - разработка функционального описания блока на языках VHDL или Verilog — может выполняться как в ручном, так и в автоматизированном режимах.

2. RTL-моделирование – моделирование схемы в терминах потоков сигналов (или пересылок данных) между аппаратными регистрами и логи-

ческими операциями над данными сигналами.

3. Логический синтез — процесс автоматизированного создания электрической (логической) схемы на базе RTL-описания и библиотек элементов логического уровня.

4. Логическое моделирование, которое обычно сводится к статическому временному анализу списка цепей, полученному в результате логического синтеза. В отдельных случаях, когда размерность списка цепей невелика, можно выполнять моделирование на вентильном уровне.

5. Определяются параметры типовых элементов в зависимости от внешнего воздействия ОЯЧ.

Моделирование эффектов радиации на функционально-логическом уровне затрудняется из-за следующих нерешенных задач:

- сложность математического описания перевода процесса со схемотехнического уровня на функционально-логический уровень;

- большие вычислительные затраты, связанные с увеличением числа элементов;

- отсутствие четкой методологии деградирующих элементов и критериев включения их в библиотеку элементов.

ПРОЕКТИРОВАНИЕ СБИС НА СХЕМОТЕХНИЧЕСКОМ УРОВНЕ

Данный этап выполняется в две стадии: до проектирования топологии и после него. Второй этап выполняется с учетом паразитных элементов схемы, полученных автоматически, с помощью программ экстракции, поставляемых в комплекте с программами схемотехнического моделирования. В зависимости от сложности проекта циклы схемотехнического моделирования и проектирования топологии могут выполняться на разных уровнях иерархии проекта, чередуясь с этапами верификации топологии и коррекции электрической схемы. Схемотехническое моделирование заключается в определении времени переключения типовых элементов, нагрузочных способностей, помехоустойчивости и др. в том числе и за счет радиационного воздействия, температуры и других внешних факторов. Это позволяет получить «реальными» значения задержек, нагрузочных способностей и параметров моделирования, соответствующих определенным внешним воздействующим факторам: дозе радиации, температуре и т.п. Именно схемотехнический уровень позволяет получить моделирование типовых элементов микросхемы в зависимости от специального воздействия на этот элемент. Для моделирования радиационного воздействия корректируются характеристики моделей данного уровня: характеристики моделей транзисторов, пороговое напряжение, подвижность. Данные модели в настоящее время требуют корректировки в связи с возникновением новых эффектов вследствие уменьшения проектных норм, а также изменения условий эксплуатации микроэлектроники космического назначения.

Затем производится верификация электрической схемы путем расчетов узлов в ней по SPICE подобным программам.

Учитывая то, что вычислительные возможности не позволяют провести верификацию всей схемы на схемотехническом уровне, проводится повторная функционально-логическая верификация, генерация тестов, поиск и анализ дефектов, уже с реальными параметрами элементов, соответствующими их деградации при определенных уровнях облучения, температуре окружающей среды и т.п.

Проектирование аналоговой части сводится фактически только к схемотехническому анализу и моделированию.

ПРОЕКТИРОВАНИЕ СБИС НА ТОПОЛОГИЧЕСКОМ УРОВНЕ

Процедура верификации топологии выполняется в три стадии: контроль технологических норм, проверка на соответствие топологии исходной схеме, экстракция паразитных элементов и последующее моделирование. Процедура подготовки блока к интеграции в большой степени зависит от специфики всей разрабатываемой системы и технологии ее изготовления. Часто сюда входит добавление в топологию специальных экранирующих областей для защиты от «сильношумящей» цифровой части, добавление в топологию технологических символов и т.д. [11,12]. На выходе маршрута должны быть получены: топология (GDSII или DFII), список цепей (EDIF, Verilog, VHDL, DFII) и производственные тесты. Кроме того, в ходе реализации проекта должны быть получены IP блоки.

ЛИТЕРАТУРА

1. Конарев,. М.В.. Учет радиационного воздействия при верификации объектов проектирования на разных этапах маршрута проектирования / М.В. Конарев // Моделирование систем и процессов. – Воронеж: Издательство типографии Воронежского государственного университета. – 2009. - № 1,2. – С. 36-42.

2. Зольников, В.К.. Формирование библиотек типовых элементов и СФ блоков / В.К. Зольников // Моделирование систем и процессов. 2011. № 3. С. 27-29.

3. Зольников, В.К.. Разработка схемотехнического и конструктивно-технологического базиса ЭКБ / В.К.Зольников, А.А. Стоянов // Моделирование систем и процессов. 2011. № 1-2. С. 28-30.

4. Яньков, А.И. Методы обеспечения сбоеустойчивости к одиночным событиям в процессе проектирования для микропроцессоров К1830ВЕ32УМ и 1830ВЕ32У / А.И.Яньков, В.А.Смерек, В.П.Крюков, В.К. Зольников // Моделирование систем и процессов. 2012. № 1. С. 92-95.

5. Зольников, В.К. Проектирование современной микрокомпонентной базы с учетом одиночных событий радиационного воздействия / В.К. Зольников // Моделирование систем и процессов. 2012. № 1. С. 27-30.

Зольников В.К.

д.т.н., проф., заведующий кафедрой ФГБОУ ВПО «Воронежская государственная лесотехническая академия»

РЕАЛИЗАЦИЯ ЗАЩИТЫ МИКРОСХЕМ ОТ ВОЗДЕЙСТВИЯ ТЯЖЕЛЫХ ЗАРЯЖЕННЫХ ЧАСТИЦ

Известно, что первым этапом для применения методов зашиты от сбоев при проектирования сложных СБИС является выделение определенных функциональных блоков. Затем необходимо оценить имеющихся средств защиты с точки зрения не превышения ограничений [1-3].

Одной из первых областей, на которой следует сосредоточиться внимание, прежде всего, является ячейки ОЗУ. Они наиболее критичны к одиночным сбоям, из-за относительно большой пощади и «тяжести отказа» - потери информации. Вначале проводится оценка площади ОЗУ без средств защиты ячеек, затем со «специальными» ячейками - т.е. с применением схемотехнических методов и, наконец, оценивается возрастание площади при резервирования ячеек, которые в общем случае могут быть как обычные, так и «специальные». После этого следует принять решение каким методом следует воспользоваться.

Для организации ОЗУ СБИС 1830ВЕ32У применялись стандартные, незащищенные блоки памяти. Схема состоит из трех блоков ОЗУ и блока определения ошибки.

При чтении данных микрокомандой ядра микроконтроллера происходит одновременное считывание информации сразу трех блоков. Комбинационные элементы, содержащиеся в схеме выбора, определяют значение, передаваемое на свой выход, по двум совпадениям. Недостатком данной организации является то, что в случае сбоя ячейки памяти в любом из блоков ОЗУ и обнаружения соответствующей ошибки, не происходит коррекции испорченных данных. Если ячейка памяти (в случае соответствующей организации программы) долгое время не переписывается, то возможен сбой уже в двух блоках, что приведет к тому, что схема выбора выдаст на выход неправильное значение. Данный механизм защиты применялся в радиационно-стойком МК производства ФГУП «НИИЭТ» 1830ВЕ32У. Модификация данного метода может производиться путем добавления блока мониторинга [4]. Этот блок в моменты времени, когда нет обращения к ОЗУ микрокомандами, производит последовательное чтение и перезапись данных памяти. В случае, когда возникает сбой в одном из блоков ОЗУ, производится перезапись всех блоков ОЗУ правильным значением. С такой организацией защиты, ситуация, когда данные долгое время не модифицировались, невозможна. Блок коммутации предназначен для переключения между входными данными, поступающими в ОЗУ от микропроцессорного ядра, и поступающими от блока мониторинга.

Таким образом, организована защита от одиночных сбоев ОЗУ ИМС К1830ВЕ32УМ.

Блок мониторинга состоит из управляющего регистра, предназначенного для переключения между режимами работы, регистра, в котором хранится значение ячейки ОЗУ, счетчика адреса ячейки, содержащего информацию об адресе ячейки, требующей чтения, блока определения простоя шины данных, генератора внутренних сигналов управления СФ-блоками ОЗУ. Счетчик адреса в случае простоя шины данных перебирает всю область адресов ОЗУ. Значения, читаемые из 3-х блоков ОЗУ, сравниваются между собой, и схема выбора принимает решение по двум совпадениям. Правильное значение сохраняется в регистре. В случае если значение одного из трех блоков, отличается от двух других, происходит перезапись всех трех блоков сохраненным в регистре значением.

Следующей рассматриваемой областью может быть ПЗУ. Так как в современных схемах объем ПЗУ играет определяющую роль в формировании потребительских свойств СБИС, методы тройного резервирования (TMR) для защиты от сбоев в них использовать нецелесообразно. Самым оптимальным видится использование корректирующих кодов Хэмминга. При организации ПЗУ схемы 1830ВЕ32У блоками по 1024 слов по 16 бит (1024x16), для каждого блока необходимо ввести дополнительные 1024 слов по 8 бит (1024x8), для того, чтобы осуществлялось исправление одной и фиксации двух ошибок в слове данных. В области ПЗУ могут храниться неоперативные данные (поправочные коэффициенты, состояния устройств и т.д.) и пользовательские программы. Сбой программы может привести к неконтролируемым последствиям, что в системах реального времени нежелательно (требуется время, чтобы неправильно функционирующую программу сбросил сторожевой таймер). В ИМС К1830ВЕ32УМ использовались СФ-блоки памяти EEPROM со встроенной защитой данных кодом Хэмминга [5].

При использовании методов тройного резервирования ОЗУ в схемах разработки ФГУП «НИИЭТ», в СБИС 1830ВЕ32У рост площади кристалла составил 14%, а в СБИС К1830ВЕ32УМ – 2%.

Общая занимаемая площадь ПЗУ на кристалле составляет 42%, из них на долю проверочной информации приходится 13% от общей площади занимаемой всеми элементами.

Затем необходимо рассмотреть регистры, которые представляют собой совокупность триггеров, объединенных общей функциональностью. Для защиты от сбоев некоторые разработчики используют помехоустойчивое кодирование (бит четности или код Хэмминга) [6]. Недостатком является необходимость прописывать данную защиту в HDL-коде и недостаточный охват такой защиты всех триггерных элементов. Это означает, что все равно возможны сбои в отдельных, не сгруппированных в регистры триггеров. Выходом является использование специальных библиотечных триггерных элементов с защитой от одиночных сбоев. В случае если специальных триггерных элементов с защитой от сбоя в библиотеке нет, возможно создание управляющей программы (скрипта), который будет автоматически заменять библиотечные триггера на систему триггеров, защищенных от одиночных сбоев. Такая методика применялась во ФГУП НИИЭТ при разработке СБИС К1830ВЕ32УМ [5]. Скрипт запускался после загрузки gate-нетлиста в программу синтеза топологии. Результирующая схема, состояла из трех эквивалентных триггеров, схемы выбора и инверторов, предназначенных для разнесения по времени процесса записи (временная избыточность). Площадь составной ячейки превышает площадь одного триггера в 4-5 раза. Так как общая площадь под всеми триггерными элементами (12616 шт.) в ИМС К1830ВЕ32УМ составляет 12% от общей площади под элементами, то применение данного метода привело к увеличению общей занимаемой площади всего примерно на 4-6% процента. Достоинством данного метода является то, что все триггера в ИМС защищены от сбоев, данная методика применима для различных технологий и не требует создания специальных ячеек.

Наконец рассмотрим реализованные методы защиты комбинационной логики. При попадании ТЗЧ в элементы комбинационной логики возможно возникновение переходного процесса (иголки) на выходе. Так как входные сигналы (выходы соответствующих триггеров) в результате сбоя не изменяются, через некоторое время после сбоя на выходе комбинационной логики устанавливается правильное значение. Резервирование, например TMR, для таких элементов не всегда эффективно, так как требует очень много площади, поэтому для защиты от сбоев элементов комбинационной логики лучше использовать методы временной избыточности, а именно уменьшение тактовой частоты устройства.

Максимальная тактовая частота ИМС определяется временем выполнения самой долгой операции. Ограничение на частоту накладывает самый долгий (по времени) комбинационный путь в схеме. Если произойдет попадание ТЗЧ и возникновение иголки в самом длинном (по времени) пути, то у комбинационной логики не будет запаса по времени для восстановления правильного значения на своем выходе. В случае правильной разработки ИМС таких длинных по времени путей большое множество. Выходом является заложение запаса (30%-50%) от максимальной тактовой частоты ИМС.

Микросхема К1830ВЕ32УМ представляет собой быстродействующий, экономичный, 8-разрядный КМОП микроконтроллер, производимый по технологии КМОП с проектными нормами 0,35 мкм. Микросхема обеспечивает работу с частотой от 1,25МГц до 33 МГц и поддерживает два, выбираемых программно, режима экономии мощности. Этим она обеспечивает достаточно высокую сбоеустойчивость за счет временной избыточности.

Все предложенные решения были проверены путем экспериментальных исследований. Испытания проводились на микросхемах 1882ВЕ53У, выполненные по технологии КМОП 0,35 мкм (без применения защиты ОЗУ и ПЗУ), 1882ВЕ53УМ технология - 0,35 КМОП X-Fab (резервирование ОЗУ - три блока по 512 байт, "регенерация" ОЗУ - постоянное чтение и перезапись в случае обнаружение ошибки, резервирование всех триггеров, защита кодом Хэмминга памяти данных и памяти команд) и 1830ВЕ32У (Танк-5) выполненные по технологии 0,5 мкм КМОП/КНИ НИИСИ РАН (резервирование ОЗУ - три блока по 256 байт).

Результаты испытаний показали повышение сбоеустойчивости микросхем 1882ВЕ53УМ по сравнению с остальными, присутствующими в эксперименте. Так при воздействии ионов Kr_{84} с ЛПЭ(Si) - 40 МэВ на микросхему 1882ВЕ53УМ были зафиксированы только тиристорные эффекты. При воздействии ионов Kr_{84} с ЛПЭ(Si) - 40 МэВ на микросхему 1882ВЕ53У были зафиксированы и одиночные сбои, и тиристорные эффекты. При воздействии ионов Xe_{131} с ЛПЭ(Si) – 60 МэВ на микросхему 1830ВЕ32У были зафиксированы только одиночные сбои [6].

ЛИТЕРАТУРА

1. Стешенко В. и др. Проектирование СБИС типа "Система на кристалле". Маршрут проектирования. Синтез схемы. // Электронные компоненты. 2009. №1.

2. Яньков, А.И.. Состояние и перспективы разработки радиационно-стойкой элементной базы во ФГУП «НИИЭТ» / А.И.Яньков, В.П.Крюков, Д.Е. Чибисов // Научно-технический журнал «Моделирование систем и процессов». Выпуск 1-2. – ВГЛТА: 2010. –С. 99-102.

3. Зольников, В.К.. Формирование библиотек типовых элементов и СФ блоков / В.К. Зольников // Моделирование систем и процессов. 2011. № 3. С. 27-29.

4. Зольников, В.К.. Разработка схемотехнического и конструктивно-технологического базиса ЭКБ / В.К.Зольников, А.А. Стоянов // Моделирование систем и процессов. 2011. № 1-2. С. 28-30.

5. Яньков А.И. Методы обеспечения сбоеустойчивости к одиночным событиям в процессе проектирования для микропроцессоров К1830ВЕ32УМ и 1830ВЕ32У / А.И.Яньков, В.А. Смерек, В.П.Крюков, В.К. Зольников // Моделирование систем и процессов. 2012. № 1. С. 92-95.

6. Зольников В.К. Проектирование современной микрокомпонентной базы с учетом одиночных событий радиационного воздействия / В.К. Зольников // Моделирование систем и процессов. 2012. № 1. С. 27-30.

Кононов В.С.

аспирант фГБОУ ВПО «Воронежский государственный технический университет»

РАЗРАБОТКА ЦУГОВЫХ ЦАП

Цуговые ЦАП, как известно [1], отличаются хорошей монотонностью и малыми искажениями. Однако использование классических цуговых ЦАП в низковольтных КМОП-АЦП сопряжено с определенными частотными и технологическими ограничениями.

Частотные ограничения обусловлены высокими сопротивлениями проходных ключей, составляющих основу ЦАП. Высокие сопротивления ключей определяются схемой включения и характером изменения напряжений на электродах составляющих РМОП и NМОП-транзисторов. По отдельности эти транзисторы имеют достаточно высокое быстродействие при включении по схеме «с общим истоком» даже с учетом того факта, что пороговые напряжения транзисторов составляют по абсолютной величине около половины напряжения питания ($|U0| \approx 0,8...0,9$ В при $U_п = 1,8$ В $\pm$ 5%).

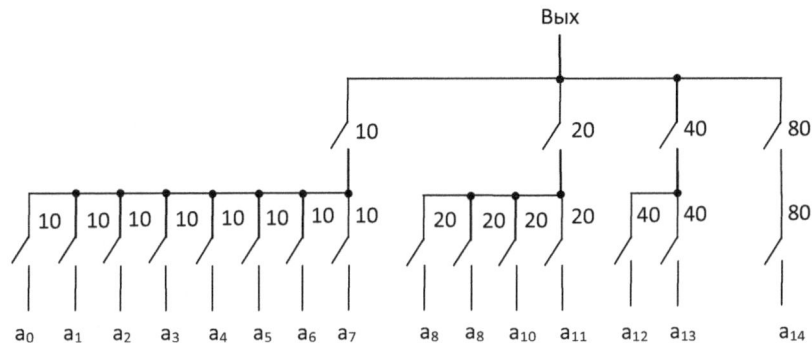

Рис. 1. Двоично-взвешенный 4-разрядный ЦАП:
$a_0...a_{14}$ — опорные входы;
$W = 10...80$ мкм – ширина канала NМОП-транзисторов;
$L = 0,18$ мкм – длина канала

Технологические ограничения связаны с влиянием подпороговых и периферийных токов утечки вдоль бокового и скрытого диэлектриков, которые обычно выше по сравнению с аналогичными токами в транзисторах на объемном кремнии. По этой причине быстрое преобразование входных напряжений в верхней половине шкалы (~0,35...0,7 В) оказывается затруднительным.

При использовании двоично-взвешенных ключей на NМОП-транзисторах в двухярусном 4-разрядном ЦАП с $U_п$ = 1,8 В ± 5% и шкалой 0...0,7 В (рис. 1) удалось устранить отмеченные ограничения и достигнуть времени установления выходного напряжения с точностью ±10 мкВ не более 0,746 нс при температуре кристалла -40...110 °C.

ЛИТЕРАТУРА

1. Кестер У. Аналого-цифровое преобразование. – М.: Техносфера. – 2007. – 1016 с.

Кононов В.С.

аспирант ФГБОУ ВПО «Воронежский государственный технический университет»

МОДЕЛИРОВАНИЕ ВХОДНЫХ СИГНАЛОВ В МНОГОРАЗРЯДНЫХ КМОП-АЦП НА КНИ-ПОДЛОЖКАХ

Разработан новый способ цифрового прогнозирования входных сигналов в КМОП-АЦП, который по сравнению с известными способами [1, 2] обеспечивает высокую точность преобразования и эффективно реализуется в низковольтном исполнении.

Определение прогнозного значения входного сигнала осуществляется в следующей последовательности (рис. 1, а):

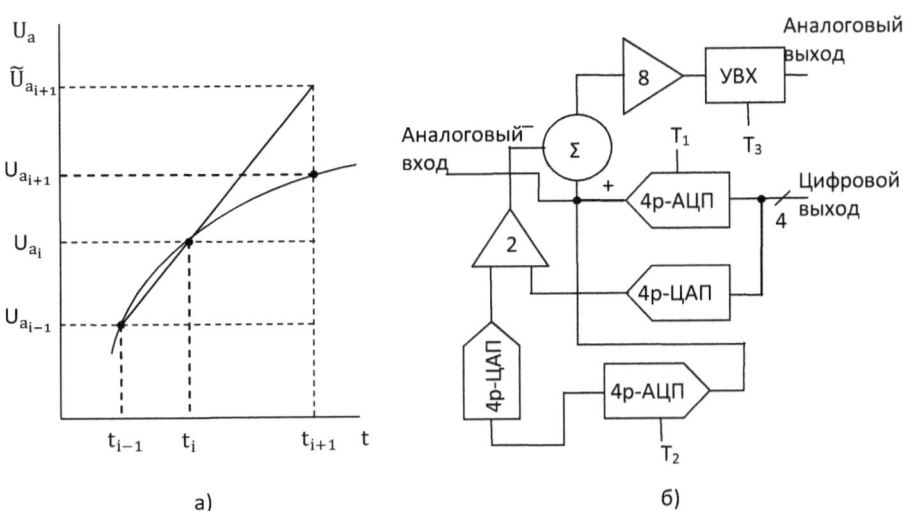

Рис. 1. Иллюстрация способа (а) и блок-схема устройства (б) прогнозирования входного сигнала

— в момент t_{i-1} с помощью малоразрядных (3...4 бит) АЦП и ЦАП производится цифровая оценка Ua_{i-1} ($U_{ц_{i-1}}$) и обратное преобразование (см. рис. 1, б) $U_{ц_{i-1}}$ в аналоговую форму (Ua_{i-1}^*) по, так называемой, грубой шкале. Вычисленные таким образом значения $U_{ц_{i-1}}$ и Ua_{i-1}^* запоминаются;

— в момент t_i аналогичным образом определяется Ua_i^* и, одновременно, вычисляется и запоминается аналоговый прогноз на момент t_{i+1}:

$$Ua_{i+1}^* = Ua_{i-1}^* + 2(Ua_i^* - Ua_{i-1}^*),$$

который в общем случае отличается от своего точного эквивалента $\tilde{U}a_{i+1}$ (см. рис. 1, а);

— в момент t_{i+1} вычисляется сигнал ошибки

$\Delta Ua_{i+1} = Ua_{i+1} - Ua_{i+1}^*$.

Затем этот сигнал усиливается и фиксируется во внутреннем устройстве выборки/хранения (см рис. 1, б).

ЛИТЕРАТУРА

1. U.S. Patent №5.266.952 (1993): Feed Forward predictive ADC.

2. U.S. Patent №6.100.834 (2000): Recursive multi-bit ADC with predictor.

Стоянов А.А.

аспирант ФГБОУ ВПО «Воронежский государственный технический университет»

ИССЛЕДОВАНИЕ ТЕПЛОВЫХ И ТЕРМОМЕХАНИЧЕСКИХ ЭФФЕКТОВ В КОРПУСЕ МИРОСХЕМЫ

Для моделирования тепловых и термомеханических эффектов, возникающих в конструкции микросхем и блоков при воздействии рентгеновского излучения, разработан комплекс программ, состоящий из пяти модулей. Основное окно интерфейса показано на рисунке 1. Результаты расчета могут быть переданы в файл стандартный для Excel (рисунок 2).

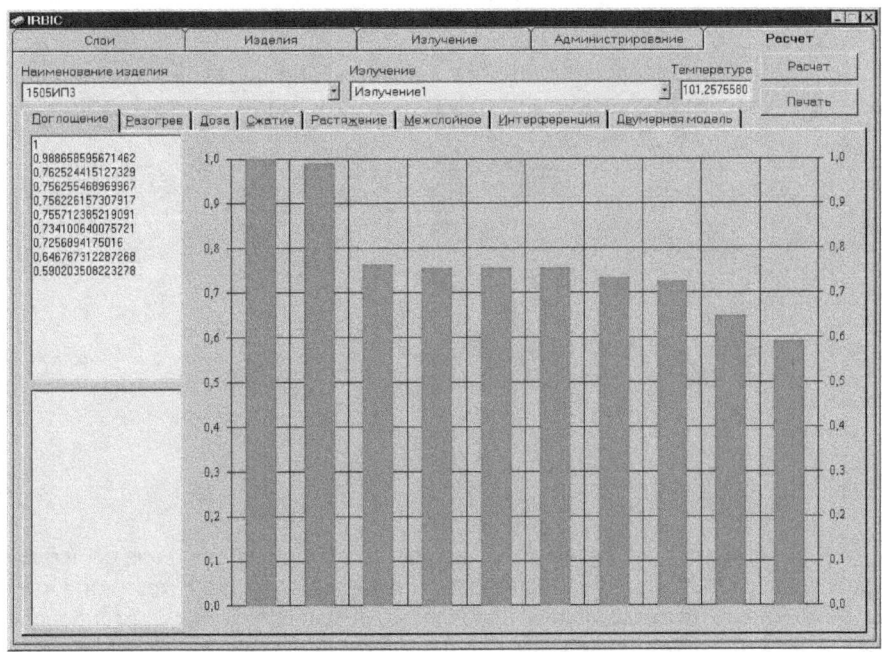

Рисунок 1. Окно интерфейса.

Разработанный программный комплекс использовался для расчетов тепловых и термомеханических эффектов большого количества изделий микроэлектроники. Были протестированы изделия семейства больших интегральных схем серий 1554, 1830, 1867, 1874, 1578, транзисторные сборки 2П812А92, 2П769В1, 2П790А1, 2П790А92, 2П 813А1, 2П793А1, 2П793А92, 2П809А1, 2П794А1, 2П794А92, 2П770К1, 2П770К92, 2П809Б1,

2П795А1, 2П795А92, диодные сборки 2Д641ВС91, Д2678БС93 и др., которые широко используются в аппаратуре гражданского и военного назначения. Внедрение разработанных средств подтвердило высокую эффективность предложенных методов, математических моделей и алгоритмов и адекватность проведенных расчетов.

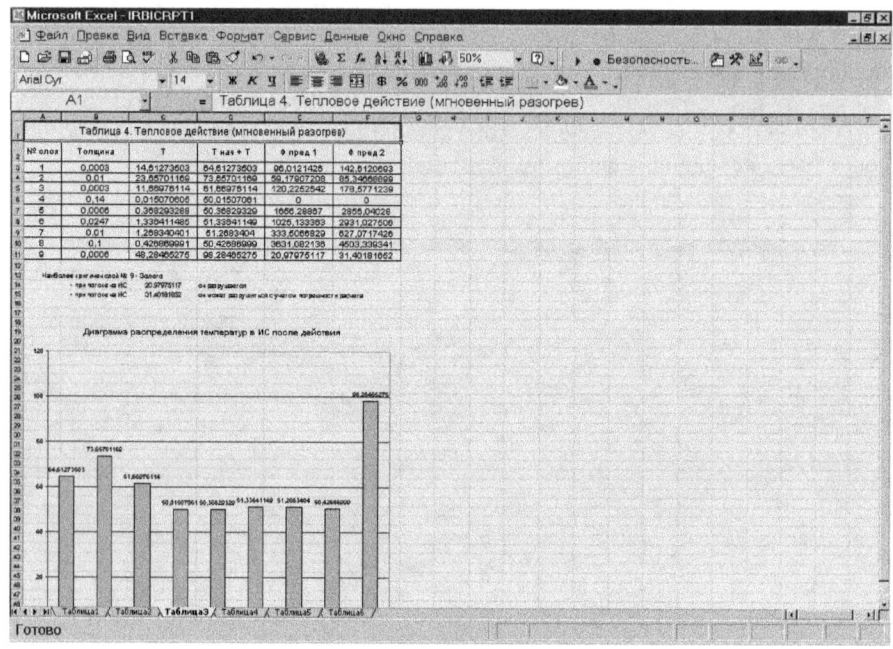

Рисунок 2. Результаты расчета.

Для оценки эффективности построенных моделей и алгоритмов были проведены расчеты для ряда типовых изделий электронной техники. Оценка результатов производилась по следующим направлениям: распределение мгновенной температуры, изменение температуры во времени, катастрофические отказы и ВПР, распределение напряжений, максимальные термомеханические напряжения и разрушение конструкции.

ЛИТЕРАТУРА

1. Зольников, В.К.. Разработка схемотехнического и конструктивно-технологического базиса ЭКБ / В.К.Зольников, А.А. Стоянов // Моделирование систем и процессов. 2011. № 1-2. С. 28-30.

2. Зольников В.К. Проектирование современной микрокомпонентной базы с учетом одиночных событий радиационного воздействия / В.К. Зольников // Моделирование систем и процессов. 2012. № 1. С. 27-30.

Анциферова В.И.

к.т.н., доц., доцент ФГБОУ ВПО «Воронежская государственная лесотехническая академия»

РАЗВИТИЕ ОБРАЗОВАТЕЛЬНЫХ ТЕХНОЛОГИЙ В ОБЛАСТИ МИКРОЭЛЕКТРОНИКИ В СОВРЕМЕННЫХ УСЛОВИЯХ

Известно, что развитие системы образования является основой развития всех сфер жизни любой страны. Именно система образования является одним из главных обеспечивающих факторов для достижений целого ряда целей развития государства практически в любой области. Следует отметить, что немедленной отдачи от мероприятий направленных в сферу образования жать нельзя. Они проявляется через одно-два десятилетия. Поэтому цена ошибки в данном направлении колоссальна. Если цели и приоритеты выбраны неправильно, либо неверно реализованы мероприятия образовательных услуг, недостаточно обеспечено ресурсное обеспечение, буксует административное управление – это приводит к ошибкам которые скажутся через 10-20 лет. При этом, изменить что либо будет крайне сложно – так как придет новое поколение, на котором как раз и скажутся плоды «нового образования» и которое с большим трудом сможет внести соответствующие коррективы для улучшения образования.

В этих условиях правомочно поставить вопрос – а может не надо никакой модернизации образования? Особенно применительно к нашей стране. Ведь действительно, подготовка кадров, прежде всего, обладающих целым рядом фундаментальных знаний позволило нашей стране завоевать передовые позиции в мире: в науке, высокой технологии отдельных областей промышленности (прежде всего оборонном комплексе и космосе) решение целого ряда народо-хозяйственных задач (обеспечения энергетических программ, освоения северных территорий, разведке и реализации сырьевых ресурсов и т.п.). [1].

Очевидно, что изменение концепции образовательного процесса должно не утратить традиционного подхода, который традиционно сложился в нашей стране и которому мы обязаны тем, что наша страна вышла на уровень сверхдержавы на рубеже 80-х годов прошлого века. Традиционно, Российская стратегия опирается на мировой опыт и учитывает традиции отечественного образования, такие как непрерывность образования, междисциплинарность, фундаментальность и комплексность [2,3]. Эти традиции нельзя утрачивать ни при каких обстоятельствах.

В новой стратегии образования, поэтому, ставиться задача оценивать качество знания выпускника ВУЗа на основе не просто суммы знаний умений и навыков, а на основе компетенций, которые комплексно сочетают в себе эти показатели. Далее ставиться задача на ориентацию на конкретные компетенции, необходимые современному производству и возможности их пополнения и преобразования в зависимости от уровня развития современной экономики.

При этом важно не допустить утрату фундаментальности знаний, которое может произойти, при сокращении числа специальных основополагающих предметов еще в школе, например, математики. Второй важной составляющей является обеспечение социальной защищенности населения при получении знаний. Важно чтобы все население было обеспечение высоким уровнем образования независимо от социального положение – это основной постулат для развития любого государства. Если рассматривать историю развития нашей страны, можно утверждать, это было именно тем механизмом, который обеспечил ее опережающее развитие после событий 1917 года. Ведь колоссальный отток наиболее знающего населения нашей страны, который произошел в это время, мог бы привести к краху государства. В те годы недостаток в высококвалифицированных кадрах мог подорвать развитие промышленности, особенно в передовых областях и навсегда отбросить Россию на «обочину» мирового развития. Однако широкое привлечение практически всех слоев населения к высококачественному образованию привело к тому, что в достаточно короткий сток (фактически измеряемый годами взросления одного поколения) были подготовлены кадры, которые в последствие и создали отечественную науку и промышленность.

Суть образовательной стратегии можно сформулировать так – перейти от простой передачи знаний, умений и навыков, необходимых для существования в современном обществе, к готовности действовать и жить в быстроменяющихся условиях, участвовать в жизни государства и планировании социального развития, учиться предвидеть последствия предпринимаемых действий и корректировать их при необходимости. Основная цель концепции образования - переход от традиционного комплекса знаний, умений и навыков на новую ступень интеграции образования, науки и инновационной деятельности - как учебно-научно-инновационного комплекса, глубоко интегрированного в реальный сектор экономики.

Задачи образования

1. Создание и развитие многоуровневой системы подготовки студентов, интегрированной в мировое единое образовательное пространство с учетом Болонских соглашений.

2. Развитие учебно-методической базы образовательной деятельности с применением всех современных форм образования с ориентацией на передовые образовательные технологии современных образовательных и научных организаций.

3. Развитие научной базы образовательной деятельности с ориентацией на передовые технологии современных наукообразующих промышленных предприятий и иных организаций и реального вовлечения студентов в научный процесс.

4. Выделения основных направлений развития образования и возможности обеспечить различные образовательные цели для студентов разного уровня мышления, подготовки и индивидуального стремления к определенному направлению деятельности.

Реализация образования в области радиоэлектроники в современных условиях

Для обеспечения высоких требований в области радиоэлектроники предлагается следующая схема подготовки студентов.

Основы физико-математической подготовки должны быть заложены еще в средней школе. Это сейчас делается повсеместно, с помощью создания специализированных физико-математических классов. Лучшие из этих выпускников выдерживают экзамен и поступают в ВУЗ.

В ВУЗе обязательно должен быть создан научно-производственных центр на базе специалистов ВУЗа и наиболее передовых предприятий электронной промышленности. Как правило это достигается с помощью создания на предприятиях и научно-исследовательских институтов филиалов выпускающих кафедр. Само образование проходит несколько ступеней с выдачей на каждой ступени соответствующего диплома. Этого можно достичь сочетанием бакалавриата, магистрата и дополнительного образования с общей продолжительностью обучения более 1000 часов [3,4].

Вначале на базе направления подготовки бакалавров в области информационных систем студентам даются знания по общематематических и физических наук. Затем студенты получают знания в области информационных технологий и современной электронной компонентой базы. Если на этой стадии студенты начинают испытывать затруднения в освоении дисциплин, то они получают диплом бакалавра и основная сфера применения их знаний является менеджмент по продажам электронных компонентов и по продвижению радиоэлектронной и бытовой аппаратуры. Знание информационных технологий позволяет им устроиться в области применения информационных технологий на различных предприятиях и , прежде всего радиоэлектронного профиля.

Если уровень освоения дисциплин позволяет им обучаться дальше, тони выбирают усиление своих знаний в области электронной коммерции или осваивают магистерские программы.

Обучение в области электронной коммерции осуществляется с помощью дополнительного образования «Разработчик профессионально-ориентированных компьютерных технологий» со специализацией электронная коммерция. Освоив данное образование, выпускник получает еще один диплом государственного образца и может уже более шире применять свои знания. Многим наиболее активным студентам такая специальность придется по душе, и они достигнут значительных успехов в этой области. Тем же студентам, которые будут продолжать обучение по магистерским программам, будут даны углубленные знания в области логистики, радиоэлектроники, методах проектирования. При этом основная доля обучения должна осуществляться на базовых предприятиях с привлечением наиболее авторитетных специалистов предприятия и современных программных средств. Здесь стоит подчеркнуть, что необходимо использовать передовую технологическую и техническую базу предприятий. ВУЗы не в состоянии ее не только закупить, но и содержать. Совместная же подготовка специалистов позволить обучать студентов на передовых технических средствах. Кроме того, предприятия способны закупить еще и современное программное обеспечение передовых стран, которое стоит миллионы рублей. Тогда можно в корне переломить ситуацию подготовки таких специалистов. Они будут готовиться поэтапно и на каждой ступени получать дипломы. При этом студенты займут свои ниши, и ни один не будет «выброшен» из процесса обучения.

Такой подход сейчас осуществляется в Воронежской государственной лесотехнической академии на кафедре вычислительной техники и информационных систем. Организован филиал кафедры в НИИ Электронной техники, который организовал учебно-научную лабораторию и закупил лицензионное программное обеспечение фирмы Cadence Design System для обучения.

ЛИТЕРАТУРА

1. Анциферова, В. И. Концепция подготовки специалистов в области радиоэлектроники в современных условиях [Текст] / В. И. Анциферова // Межвузовский сборник научных трудов «Моделирование систем и информационные технологии».– Воронеж: Издательство «Научная книга». - 2010. - Вып.6. – С. 116-119.

2. Анциферова, В. И. Формы реализации инновационной образовательной программы в вглта, как в университетском образовательном комплексе / В. И. Анциферова [Текст] // Моделирование систем и процессов. 2012. № 1. С. 10-14.

3. Анциферова, В. И. Методология разработки учебных планов программ дополнительного образования, связанных с информационными технологиями [Текст] / В. И. Анциферова // Моделирование систем и процессов . – 2011. – № 1-2. – С. 14-19.

4. Анциферова, В. И. Математическое моделирование поиска документов [Текст] / В. И. Анциферова // Системы управления и информационные технологии. - N1.2(35). - 2009. - С. 212-215.

5. Анциферова, В. И. Моделирование поиска документов [Текст] / В. И. Анциферова // Информационные технологии моделирования и управления. - 2009. – № 3(55). – С.353 - 358.

Макаров С.С., Чекмышев К.Э.*

к.т.н., доцент, заведующий лабораторией «Термодеформационных процессов» ИМ УрО РАН г. Ижевск, тел. (3412) 202925,
e-mail: *ssmak15@mail.ru*
*аспирант ИМ УрО РАН г. Ижевск, тел. (3412) 202925,
e-mail: *chekk.90@mail.ru*

МАТЕМАТИЧЕСКОЕ МОДЕЛИРОВАНИЕ ОХЛАЖДЕНИЯ ПРИ ЗАКАЛКЕ ЦИЛИНДРИЧЕСКИХ ЗАГОТОВОК ПОТОКАМИ ВОДЫ И ВОЗДУХА В ПРОЦЕССЕ ВТМО ВО

Технологический процесс получения цилиндрических заготовок высокотемпературной термомеханической обработкой с винтовым обжатием (ВТМО ВО) основан на совмещении горячей деформации в трех тангенциально расположенных гладких деформирующих роликах с последующей закалкой. Способ винтового обжатия, разработан профессором Шавриным О.И. с сотрудниками, является разновидностью поперечно-винтовой прокатки, разработанной во ВНИИМЕТМАШ академиком А.И. Целиковым. Этот способ деформации может быть использован как при производстве упрочненного сортового круглого проката, так и штучных заготовок, в т.ч. трубчатых с повышенными показателями качества, таких как трубы, валы, оси, втулки, пальцы и т.д.

Классическая схема упрочнения цилиндрических заготовок в режиме ВТМО ВО производится по схеме [1].

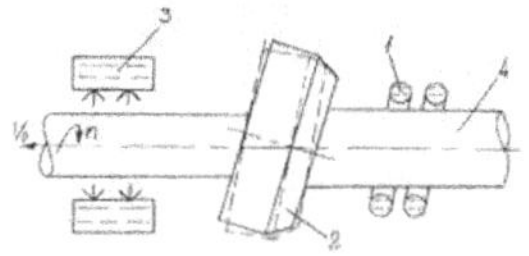

1-индуктор; 2-деформирующие ролики; 3-спрейер; 4-заготовка

а)   *б)*

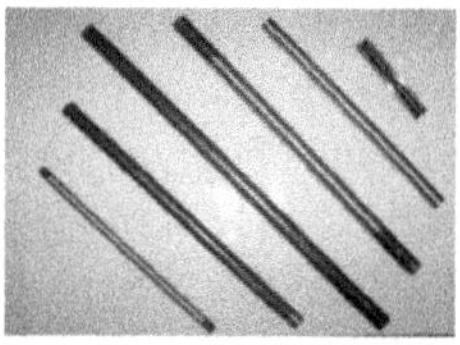

а) – классическая схема ВТМО ВО; б) – заготовки после обработки
Рисунок 1. – Технология упрочнения цилиндрических заготовок

Сущность процесса заключается в нагреве заготовки токами высокой частоты в индукторе *1* до температуры аустенизации, деформации в трех неприводных роликах *2* до заданного размера путем принудительного перемещения со скоростью *V*, вращением с частотой *n* и охлаждении в спрейерном устройстве *3*.

В зависимости от материала и режимов обработки на завершающем этапе технологического процесса требуется назначать условия охлаждения, которые позволяют получать требуемые физико-механических характеристики заготовки. Выбор параметров охлаждающей среды и условия подачи определяются многими теплофизическими и технологическими факторами процесса охлаждения.

В статье приводится математическая модель и результаты численного решения задачи охлаждения закаливаемых цилиндрических металлических заготовок квазистационарным потоком охлаждающей среды, алгоритм решения может быть применен в расчете параметров закалочного охлаждения при ВТМО ВО или иных технологических операциях с применением в качестве охлаждающих сред потоков воды и воздуха.

Математическая модель

Рассмотрим случай, когда поверхность высокотемпературной цилиндрической заготовки обтекает квазистационарный одномерный поток сжимаемого невязкого газа, для которого справедливо уравнение состояния:

$$p = \rho R T_l,$$ (1)

где p - давление; ρ - плотность; R - удельная газовая постоянная.

- уравнение неразрывности: $F\rho V = const$, (2)

где F - площадь поперечного сечения потока. Обозначим $\rho V = a$.

- уравнение движения по направлению вдоль продольной оси x:

$$\frac{d}{dx}\left(F\rho V^2\right) + F\frac{dp}{dx} = -\Pi\tau,$$ (3)

где Π - смоченный периметр поперечного сечения потока; τ - напряжение трения, возникающие в газе при его контакте со стенкой.

-уравнение сохранения энергии: $\dfrac{d}{dx}F\rho V\left(E + \dfrac{p}{\rho}\right) = -\Pi\alpha(T_l - T_m)$ (4)

Для несжимаемой жидкости (вода) тоже используем квазистационарные соотношения. Тогда уравнение движения с учетом равенств $F\rho V = const$, $F = const$ и $\rho = const$, имея $V = const$, примет вид:

$$\frac{dp}{dx} = -\frac{\Pi\tau}{F}.$$ (5)

- уравнение сохранения энергии запишем, пренебрегая потерями на трение так: $\dfrac{dT_l}{dx} = \dfrac{\Pi\alpha(T_m - T_l)}{c_l F a},$ (7)

где c_l - удельная теплоемкость воды; α - коэффициент теплоотдачи; T_m - температура поверхности заготовки; T_l - температура охлаждающего потока среды. В результате можно рассчитать изменение температуры потока охлаждающей среды воздуха и воды.

Связь величин температур T_l охлаждающего потока среды и $T_m = f(x, r, t)$ охлаждаемой металлической заготовки осуществляется путем решения сопряженной задачи охлаждения осесимметричных металлических заготовок одномерным квазистационарным потоком среды по методике, изложенной в [2], при граничных условиях III рода.

Коэффициент теплоотдачи определяется по формулам конвективного теплообмена для потока воды и воздуха, приведенным в [3,4].

Результаты численного расчета

На рисунках приведены результаты численного расчета закалочного охлаждения цилиндрической заготовки при режимах ВТМО ВО. Заготовка из стали 60С2 диаметром 40 мм, длиной 100 мм, с начальной температурой $T_m = 950\,^\circ C$, охлаждается потоком воды и воздуха с начальной температурой $T_l = 20\,^\circ C$ и скоростью 10 м/с.

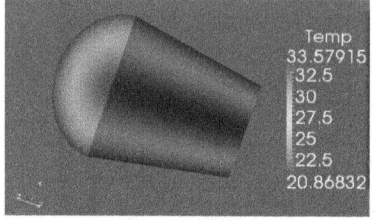 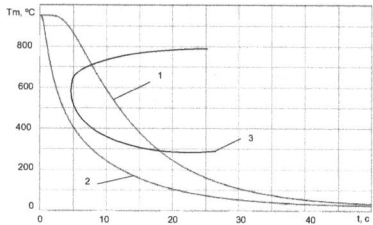

а) – поле температур в заготовке за 50 с; б) – температура на оси (1) и поверхности (2) в центре заготовки, (3) - С-кривая охлаждения
Рисунок.2 – Параметры охлаждения потоком воды

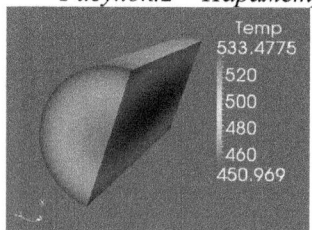 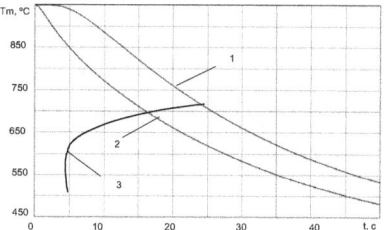

а) – поле температур в заготовке за 50 с; б) – температура на оси (1) и поверхности (2) в центре заготовки, (3) - С-кривая охлаждения
Рисунок.3 – Параметры охлаждения потоком воздуха

Качественное и количественное сопоставление численных результатов с экспериментом дают хорошее согласование, как в случае водяного, так и воздушного охлаждения.

Литература

1. Шаврин О.И., Дементьев В.Б., Маслов Л.Н., Засыпкин А.Д. Качество поверхности цилиндрических изделий с термомеханическим упрочнением – Ижевск: ИПМ УрО РАН, 2006.- 178 с.

2. Липанов А.М., Макаров С.С. Численное решение задачи охлаждения высокотемпературного сплошного металлического цилиндра // Машиностроение и инженерное образования – Москва, 2012. - № 4. – С. 33 – 40.

3. Кадинова А.С., Хейфец Г.Н., Тайц Н.Ю. О характере теплообмена при струйном охлаждении // Инженерно – физический журнал, 1963. – Том VI - № 4. - С. – 46 – 50.

4. Михеев М.А., Михеева И.М. Основы теплопередачи. - М.: Энергия, 1977 - 344 с.

Козлитин А.М.

доктор технических наук, профессор Саратовского государственного технического университета имени Гагарина Ю.А., г. Саратов,
e-mail: kammov@gmail.com

Козлитин П.А.

кандидат технических наук, докторант Саратовского государственного технического университета имени Гагарина Ю.А., г. Саратов,
e-mail: kapovof@mail.ru

МЕТОДЫ АНАЛИЗА И КОЛИЧЕСТВЕННОЙ ОЦЕНКИ РИСКА ТЕХНОГЕННЫХ СИСТЕМ

Безопасность техносферы трактуется в научной и нормативной литературе, как степень защищенности реципиента (человека, материальных объектов, экосистем) от чрезмерной опасности, исходящей от созданных и функционирующих сложных технических систем при возникновении и развитии аварийных ситуаций.

Свидетельство этому трагедии Бхопала и Базеля, утечка нефти в Мексиканском заливе и ядовитого шлама в Венгрии, беда Чернобыля и Фукусимы, катастрофа Саяно-Шушенской ГЭС, взрывы на заводе удобрений в Техасе и вагонов-цистерн с нефтепродуктами в Ростовской области (Россия) и в провинции Квебек (Канада).

В этих условиях одной из ключевых проблем промышленной безопасности становится анализ и количественная оценка рисков опасных производственных объектах техносферы и принятие на этой основе научно обоснованных решений по уменьшению и предупреждению возможных аварий. Но для этого необходимо иметь математические модели и соответствующие аналитические методы квантификации рисков.

Учитывая тот факт, что в результате реализации опасности нанесенный ущерб складывается из социальных $У_С$, материальных $У_М$ и экологических $У_Э$ потерь, нами предложена [1, 40-42; 2, 32-33; 3, 25-26] и используется при расчетах математическая модель интегрированного риска $R(У_\Sigma)$, как комплексного показателя опасности сложной технической системы, выраженного в едином стоимостном эквиваленте и объединяющего в себе риски социального $R(У_С)$, материального $R(У_М)$ и экологического $R(У_Э)$ ущербов

$$R(У_\Sigma) = R(У_С) + R(У_М) + R(У_Э). \tag{1}$$

В основу k-й составляющей $R(У_k)$ интегрированного риска положена формула математического ожидания соответствующих потерь

$$R(Y_k) = \sum_{i=1, j=1}^{n} \sum_{r=1}^{m} \sum_{s=1}^{\eta} R_{rsk}(x_i, y_j) \cdot Y_{rsk}(x_i, y_j). \tag{2}$$

Данная зависимость функционально связывает вероятность реализации неблагоприятного события и ущерб, нанесенный данным неблагоприятным событием. Ущерб $У_k(x,y)$, наносимый k-му реципиенту воздействия, зависит от вида реципиента, типа реализуемой r-й опасности на рассматриваемых элементарных площадках территории с ij-координатами, s-й степени поражения реципиента вследствие воздействия поражающего фактора и выражается в едином стоимостном эквиваленте.

Потенциальный риск R(x,y), входящий в качестве множителя в уравнение (2), является вероятностной величиной и характеризует потенциал возможной опасности поражения реципиента на рассматриваемой ij-й элементарной площадке территории при условии возникновения аварийной ситуации на опасном производственном объекте (ОПО). При этом уровень потенциального риска на указанной элементарной площадке, прилегающей к объекту территории, зависит от целого ряда случайных событий, совокупность которых может привести к поражению реципиента. Основываясь на сказанном, потенциальный риск представлен интегральной формулой полной вероятности [1, 50-51; 2, 40-41], отвечающей существу проблемы анализа потенциальной опасности промышленного объекта и позволяющей рассчитать риск на любой заданной площадке рассматриваемой территории с учетом технологических и технических особенностей, схемных решений, специфики возникновения и развития аварийных ситуаций. В общем случае потенциальный риск выражается следующей зависимостью:

$$R(E) = \int_{M_{min}}^{M_{max}} f(M) \cdot P(\Gamma / M) dM, \qquad (3)$$

где f(M) - плотность распределения аварийных выбросов на объекте; P(Г/M) - вероятность поражения реципиента в рассматриваемой точке территории при условии аварийного выброса опасного вещества (определяется координатным законом поражения реципиента); Г – расстояние от места аварии до рассматриваемой точки территории; M - масса аварийного выброса опасного вещества; [M_{min}, M_{max}] - диапазон изменения массы аварийных выбросов на потенциально опасном объекте.

Функция f(M), построенная для различных сценариев аварий с учетом массива данных по вероятности $\|P_{ij}\|$ и массе аварийного выброса $\|M_{ij}\|$, является базовой характеристикой технической системы, определяющей опасность объекта как источника аварийных выбросов. Для определения величин P_{ij} использованы инженерные методы оценки вероятности аварии и методы анализа статистических данных. Авторами разработана, обоснована и практически используется оригинальная методика [1, 53-60; 2, 41-47; 5, 116-118], позволяющая на основе декомпозиции возможной аварийной ситуации и метода регрессионного анализа определить для рассматриваемой сложной технической системы модель и параметры функции f(M).

На следующем этапе количественной оценки потенциального риска R(x,y) рассматриваются события, связанные с воздействием поражающих факторов аварии на реципиента (человека, материальные объекты, экосистемы) в рассматриваемой ij-й области прилегающей территории. При этом вероятность поражения реципиента в этой области определяется принятым в расчетах параметрическим законом поражения, зависящего от характера процесса и параметров поражающего фактора в рассматриваемой области территории.

В работах [1, 70-74; 2, 54-58; 4, 38-40] показано, что задачи оценки последствий воздействия поражающих факторов на реципиента могут быть сведены к моделированию ситуации с помощью трехпараметрического распределения Вейбулла. Выполнен анализ эмпирико-статистических данных о характере воздействия поражающих факторов на человека, технологическое оборудование, здания и сооружения и получены аналитические зависимости параметрических законов поражения реципиента, в основу которых положено трехпараметрическое распределение Вейбулла. Определены численные значения параметров соответствующих параметрических законов поражения реципиента [1, 72; 1, 97; 1, 110; 2, 56; 2, 75; 2, 86].

Зная параметрический закон поражения человека, мы не можем судить о характере распределения потенциального риска на прилегающей территории. Для оценки последствий аварий необходимо знать, как изменяется вероятность поражения человека по мере удаления от источника опасности, то есть от параметрического закона необходимо перейти к координатному закону поражения человека. Для решения данной задачи использовались математические модели распространения поражающих факторов (дозы D [6, 83-84] или избыточного давления ΔP_ϕ [6, 36-37]) и метод обратных функций распределения. На основе вышесказанного авторами получены аналитические зависимости для координатных законов токсического и фугасного поражения человека, представленные функциями распределения следующего вида:

а) для токсического поражения

$$P(\Gamma) = \begin{vmatrix} 1 & \text{при} & 0 < \Gamma \leq \Gamma_{LCt_{100\%}} \\ 1 - \exp\left[-\left(\dfrac{\psi(\Gamma) - PCt}{\sigma}\right)^\gamma\right] & \text{при} & \Gamma_{LCt_{100\%}} < \Gamma \leq \Gamma_{PCt}, \end{vmatrix} \tag{4}$$

б) для фугасного поражения

$$F(\Gamma) = \begin{vmatrix} 1 - \exp\left[-\left(\dfrac{\Delta P_{max}}{\eta}\right)^\xi\right] & \text{при} & 0 < \Gamma \leq r_{обл} \\ 1 - \exp\left[-\left(\dfrac{\Delta P(\Gamma) - \Delta P_{пор}}{\eta}\right)^\xi\right] & \text{при} & r_{обл} < \Gamma \leq \Gamma(\Delta P_{пор}), \end{vmatrix} \tag{5}$$

где σ, γ, PCt и η, ξ, $\Delta P_{пор}$ - параметры трехпараметрических законов распределения Вейбулла соответственно для токсического и фугасного поражения; $r_{обл}$ - радиус облака газопаровоздушной смеси (ГПВС).

В пределах зоны абсолютной смертности $0 > \Gamma \le \Gamma_{LCt_{100\%}}$, при получении человеком токсодоз $\psi(\Gamma) \ge LCt_{100\%}$, превышающих абсолютно смертельную для рассматриваемого ядовитого вещества, летальный исход вследствие возможной аварии на ОПО можно считать достоверным событием с вероятностью $P(\Gamma) = 1$.

При взрывах газопарового облака в «открытых», неограниченных пространствах максимальное избыточное давление может изменяться в широких пределах и зависит в значительной степени от вида горючего вещества и режима взрывного превращения облака ГПВС. В этой связи, для координатных законов фугасного поражения человека, вероятности летального исхода $F(\Gamma)$ даже в пределах быстро сгорающего газопарового облака (дефлаграция) могут оказаться значительно меньше единицы. Данная особенность координатных законов фугасного поражения человека существенно отличает их от координатных законов токсического поражения.

При решении проблем промышленной безопасности обоснование показателей риска от какого-либо объекта проводится в пределах зоны острых воздействий – круга вероятного поражения (КВП). В качестве КВП при авариях на опасных производственных объектах рассматривается территория, ограниченная изолинией с пороговыми значениями рассматриваемого поражающего фактора (ПФ) для токсодозы PCt или избыточного давления $\Delta P_{пор}$. С учетом сказанного в уравнения (4) и (5) введены параметры граничного, порогового воздействия: PCt – пороговая токсодоза для рассматриваемого ядовитого вещества и $\Delta P_{пор}$ – порог поражения избыточным давлением.

Для решения задач прогнозирования фугасного воздействия взрыва на объект получен на основе трехпараметрического распределения Вейбулла параметрический закон разрушений

$$G_{kj}(\Delta P_{ф}) = 1 - \exp\left[-\left(\frac{P_{n_{kj}}(\Delta P_{ф}; \Delta P_{lim}) - \delta_{kj}(\Delta P_{lim})}{r_{kj}(\Delta P_{lim})}\right)^{\varphi_k}\right], \qquad (6)$$

где $G_{kj}(\Delta P_{ф})$ - функция распределения вероятностей получения k-й степени разрушения j-м объектом в зависимости от давления $\Delta P_{Ф}$; $r_{kj}(\Delta P_{lim})$, $\delta_{kj}(\Delta P_{lim})$, φ_k - параметры параметрического закона для k-й степени разрушения j-го объекта; $P_{n_{kj}}(\Delta P_{ф}; \Delta P_{lim}) = \dfrac{\Delta P_{ф}}{\Delta P_{lim_{kj}}}$ - коэффициент устойчивости j-го объекта к воздействию избыточного давления при рассматриваемых условиях; $\Delta P_{lim_{kj}}$ - предельная величина избыточного давления для k-й степени разрушения j-го объекта.

Параметры параметрического закона получены авторами [1, 110; 2, 86] и представлены функциями аргумента предельной величины избыточного давления ΔP_{lim} для k-й степени разрушения j-го объекта:

$$
\begin{cases}
r_{kj}(\Delta P_{lim}) = \dfrac{\eta_{kj}(\Delta P_{lim})}{\Delta P_{limkj}}; \quad \eta_{kj}(\Delta P_{lim}) = \dfrac{(\Delta P_{limkj} - \Delta P_o)}{\ln\left(\dfrac{1}{1-\kappa}\right)^{\frac{1}{\varphi_k}}}; \\[4ex]
\delta_{kj}(\Delta P_{lim}) = \dfrac{\Delta P_o}{\Delta P_{limkj}},
\end{cases}
\tag{7}
$$

где ΔP_o – порог разрушения рассматриваемого объекта; к - константа масштабного параметра $\eta_{kj}(\Delta P_{lim})$ распределения Вейбулла.

Полученные параметрические и координатные законы токсического и фугасного поражения реципиента позволяют ранжировать прилегающую территорию по уровню риска.

В плане развития теории техногенного риска предложена методология картирования коллективного риска и на ее основе для объектов нефтегазового комплекса разработана методика, позволяющая на топографической карте получить распределение ожидаемого количества пораженных [1, 147; 2, 118]. Характер изолиний коллективного риска позволяет исследователю видеть наиболее опасные участки территории и, исходя из этого, принимать соответствующие организационные, управленческие и инженерные решения. Описанный алгоритм методики картирования потенциального, индивидуального и коллективного риска иллюстрирует рис. 1.

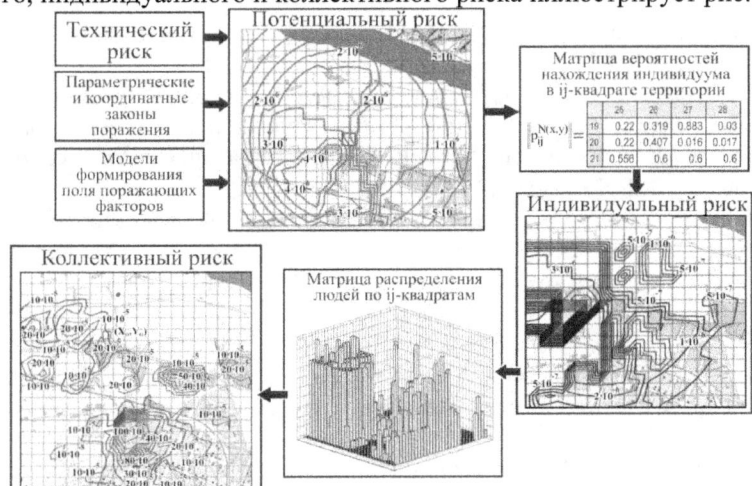

Рис. 1. Алгоритм методики картирования потенциального, индивидуального и коллективного риска

Характер поля коллективного риска отражает реальную картину ожидаемых последствий возможных аварий на потенциально опасных объектах нефтегазового комплекса. Изолинии коллективного риска позволяют выделить на карте те ij-квадраты территории, где наиболее неблагоприятным образом сочетаются составляющие коллективного риска – вероятность летального исхода в год $R(x_i, y_j)$ и численность групп людей $N(x_i, y_j)$, объединенных одинаковыми условиями поражения и временем пребывания с соответствующими вероятностями $P(N, x_i, y_j)$ нахождения данных групп людей в рассматриваемых квадратах.

Описанные методы количественного анализа риска позволяют получить объективную информацию о степени опасности объекта, ранжировать прилегающую территорию по уровню индивидуального, потенциального и коллективного риска, выявить, при наличии законодательно установленных критериев социального и индивидуального риска, зоны и территории, где уровни риска достигают или превышают значения, при которых необходимо ужесточение контроля или принятие определенных мер по снижению риска и обеспечению безопасности производственного персонала и населения.

Литература:

1. Козлитин А.М. Интегрированный риск техногенных систем. Теоретические основы, методы анализа и количественной оценки: монография / Анатолий Козлитин. Saarbrücken: Palmarium Academic Publishing, 2012. 260 с. ISBN 978-3-8473-9869-1.

2. Козлитин А.М. Теория и методы анализа риска сложных технических систем: монография / А.М. Козлитин. Саратов: Сарат. гос. техн. ун-т, 2009. 200 с. ISBN 978-5-7433-2073-8.

3. Козлитин П.А. Теоретические основы и методы системного анализа промышленной безопасности объектов теплоэнергетики с учетом риска: монография / П.А. Козлитин, А.М. Козлитин. Саратов: Сарат. гос. техн. ун-т, 2009. 156 с. ISBN 978-5-7433-2034-9.

4. Козлитин А.М. Совершенствование методов расчета показателей риска аварий на опасных производственных объектах / А.М. Козлитин // Безопасность труда в промышленности. 2004. №10. С. 35-42. ISSN 0409-2961.

5. Козлитин А.М. Развитие теории и методов количественной оценки риска аварий сложных технических систем / А.М. Козлитин // Вестник Саратовского государственного технического университета. 2011. №4 (61). С. 115-124. ISSN 1999-8341.

6. Козлитин А.М. Чрезвычайные ситуации техногенного характера. Прогнозирование, анализ и оценка опасностей техносферы: учеб. пособие / А.М. Козлитин, П.А. Козлитин. Саратов: Издательский Дом «Райт-Экспо», 2013. 136 с. ISBN 978-5-4426-0013-1.

Сурова Л.В.
доцент, к.б.н., каф. БЖД, ГОУ ВПО «Казанский государственный
энергетический университет», г. Казань, surova58@mail.ru

РИСКИ В СОЦИОТЕХНИЧЕСКИХ СИСТЕМАХ

Важнейшей характеристикой индустриального этапа общественного развития является возрастанием значимости рисков для человека труда. На протяжении последних 150 лет наблюдается расширенное применение сложной техники и технологий, химических и биологических веществ, различных видов энергии и проникающего излучения. Это приводит к появлению новых видов рисков, природа которых все более сложная, а воздействие на человека оценить весьма затруднительно.

По данным Ростехнадзора основные фонды поднадзорных взрывоопасных и химически опасных производств и объектов введены в эксплуатацию 40–50 лет назад. На этих ОПО эксплуатируются около 70 % технических устройств (включая приборы контроля и автоматики, системы сигнализации и противоаварийной защиты, электротехнические устройства), отработавших установленный ресурс безопасной эксплуатации. Продолжается старение технических устройств, зданий и сооружений химических предприятий. Значительная часть оборудования выработала нормативный ресурс безопасной эксплуатации на 60–70 %. Например, действующие хлорные объекты водоканалов многих небольших городов практически не претерпели серьезной реконструкции с 60–70-х годов прошлого века, а уровень обеспечения безопасности процесса обращения хлора на ОПО как, и оснащение объектов системами противоаварийной защиты и табельными средствами, весьма невысок и не отвечает установленным требованиям. Доля оборудования, находящегося в эксплуатации более 20 лет, остается все еще очень высокой и составляет около 75 % на объектах нефтехимии и нефтегазопереработки, 80 % — на объектах нефтепродуктообеспечения и до 85 % — на предприятиях, эксплуатирующих мазутные хозяйства. По данным Ростехнадзора средний срок амортизации оборудования на нефтеперерабатывающих заводах достигает 80% при 86% загрузке мощностей НПЗ. В среднем по стране около 15% действующих котлов и сосудов, работающих под давлением, отработали нормативный срок службы.

От аварий на опасных объектах ежегодно в России получают вред 200 тыс. человек, а погибает в результате аварий и катастроф, включая дорожно-транспортные происшествия, более 50 тыс. человек. Общий экономический ущерб от ЧС в год достигает 6-7% валового внутреннего продукта (ВВП) страны. За последние 30 лет в нашей стране пострадало более 10 млн. человек, из них погибло более 600 тыс. человек. Суммарный экономический ущерб за этот период сопоставим со среднегодовым ВВП

России. Средний годовой рост социальных и экономических потерь от природных и техногенных ЧС за это период составил: по числу погибших – 4,3%, пострадавших – 8,6% и материальному ущербу – 10,4%. Для создания надежной основы перехода РФ к устойчивому развитию необходимо предпринимать более интенсивные усилия в области снижения рисков ЧС.

Случаи со смертельным исходом на производстве – это лишь верхушка айсберга. В зависимости от вида выполняемой работы на каждый случай гибели приходится от 500 до 2000 менее серьезных травм. Исследования, проведенные в США и Финляндии, говорят о том, что на каждый случай производственного травматизма со смертельным исходом приходится более 1000 случаев травматизма на производстве, ведущих к временной потере трудоспособности пострадавшего на срок более трех дней. В Германии это соотношение составляет 1:1200, а по травмам, в результате которых работник отсутствует на рабочем месте более одного дня, 1:2 400. Соотношение числа случаев со смертельным исходом и травм, требующих оказания первой медицинской помощи равно 1:5 000. Предпосылки к несчастным случаям на производстве возникают гораздо чаще. На каждый случай со смертельным исходом регистрируется 70 тысяч случаев возникновения предпосылок к происшествию на производстве. Для того чтобы сократить число несчастных случаев, требуется систематическая и кропотливая работа по устранению факторов, вызывающих такое большое число случаев возникновения предпосылок к происшествию на производстве. Каждый из таких потенциально опасных случаев при одновременном совпадении ряда причин и факторов может привести к более серьезным последствиям.

Наука о безопасности человека в техносфере возникла как социальный заказ общества на теорию, способную дать ответ на возникновение новой комплексной проблемы – обеспечение безопасности человека и общества в современном мире.

Безопасность социально-экономической деятельности складывается из различных видов безопасности. Под тем или иным видом безопасности понимается защищенность жизненно важных интересов личности, общества и государства от угроз данного вида, тесно связанных с интересами вида деятельности (образование, экономика, транспорт, и др.).

Науки о рисках и безопасности охватывают широкий круг человеческих знаний – уже систематизированных, а также систематизирующийся в настоящее время в виде отдельных, подчас непосредственно не связанных между собой наук. Это и теории рисков и катастроф, имеющие свой специфический математический аппарат; это и прикладные науки, работающие в различных областях управления безопасностью жизнедеятельности человека, разномасштабных социумов, объектов экономики, регионов и т. д. с позиций различных видов безопасности: военной, экологической, экономической, технологической, социальной, политической, финансовой и т.п.

Так как угрозы возникают в самых разнообразных предметных областях, то появился широкий спектр направлений обеспечения безопасности - социальной, экономической, финансовой, экологической, военной и т.д. и т.п. Более того, указанные направления стали декомпозировать по масштабам, классифицировать по территориальному признаку, что повлекло за собой выделение глобальной, государственной, региональной безопасности, безопасности личности, коллектива, мегаполиса, популяции и др. (рис.1).

Весь цикл физического освоения людьми природной среды – производства, распределения и потребления, материальных благ – совершается в определенных социально-организованных структурах. Структура определяется как форма организации общества, внутренняя упорядоченность, согласованность взаимоотношений различных его частей. Понятие «структура» отражает форму устойчивых связей, отношений, совокупность сложившихся на их основе социальных групп и институтов, обеспечивающих целостность общества и сохранность его свойств при различных внутренних и внешних изменениях.

Социотехническая система представляет собой такой способ организации социальной деятельности людей, при котором элементами системы выступают не только сознательно действующие социальные субъекты (человек, коллектив), но и элементы «второй природы» – техника, материалы, информационные системы, технологии [1,14].

Для более ясного понимания проблемы обеспечения безопасности, социотехническую систему целесообразно представить как совокупность двух подсистем: технической и социальной (или личностной, человеческой), которые в совокупности взаимодействуют с внешней средой. Эти подсистемы осуществляют принципиально отличные функциональные действия, что позволяет их охарактеризовать как «жесткую» и «мягкую» соответственно.

Техническая подсистема - жесткая, поскольку ее действия (т.е. реакция объекта управления на получаемые от органа управления приказы, программы по реализации цели) являются предсказуемыми и в высшей степени контролируемыми.

Реакция и действия людей на поступающие команды управления не являются столь однозначными и точно предсказуемыми результатами, поскольку производственные функции людей определяются не только законами механики, но и законами психики, без учета действия которых управление социальными системами будет неэффективным. Поэтому в противоположность жестким техническим системам системы социальные обычно называются мягкими.

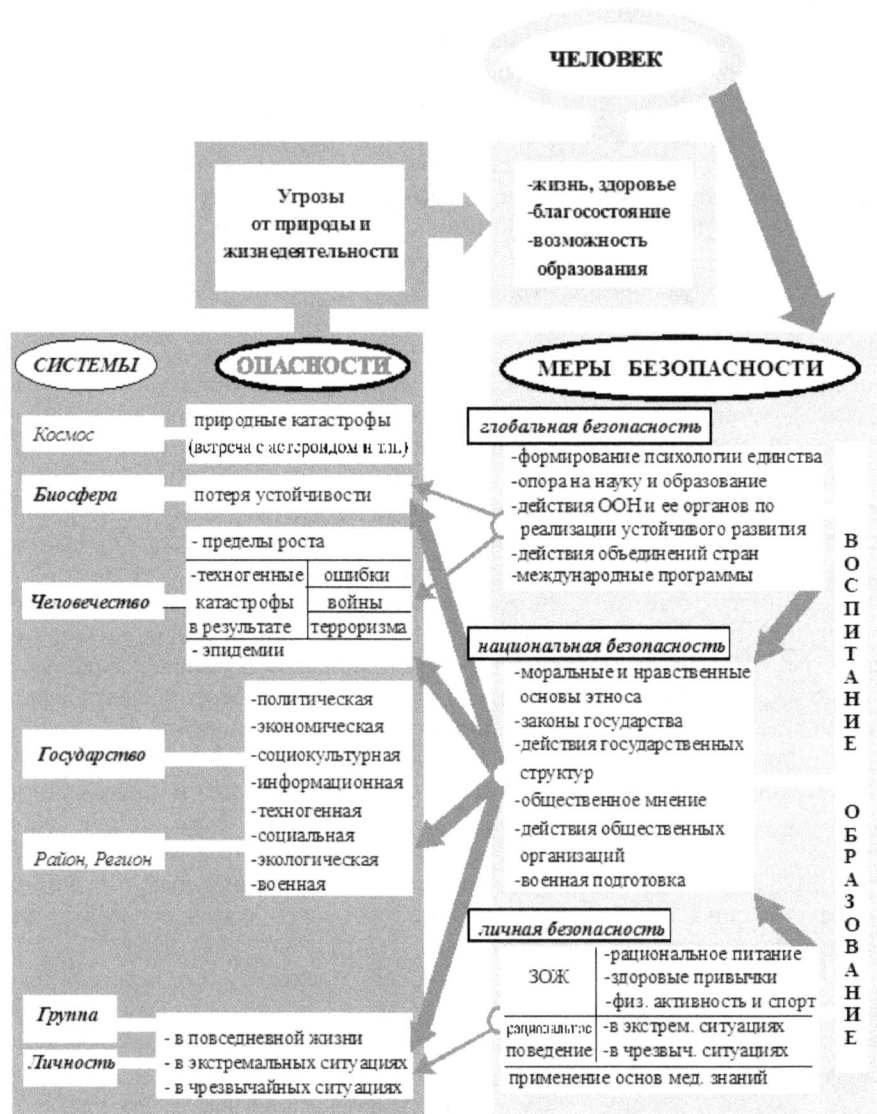

Рис.1. Современный комплекс проблем безопасности

Категория безопасности в социотехнической системе – это аналог функции надежности в технической системе. Если надежность есть обобщенная характеристика качества технической системы, то безопасность – обобщенная характеристика качества социально-технической системы. Управлять функцией безопасности, это значит, создавать условия, в которых система выживает, значит – снижать риск граничных условий среды, при которых развитие затруднено или невозможно. Отдельные ее свойства, как безопасность профессиональной деятельности, технических устройств и технологий, информационная, экологическая безопасность и др., характеризуют состояние отдельных, имеющих свою специфику, сфер деятельности. Эти свойства и выражаются в соответствующих обобщающих показателях безопасности, которые, в свою очередь, могут делиться на более мелкие единичные показатели безопасности, разнообразных и завязанных на различные структурные составляющие характеристик (свойств) объекта.

Общее в определении показателей безопасности, независимо от подхода, состоит в знании наиболее актуальных источников опасности. Подобные сведения до сих пор остаются достаточно фрагментарными, информационные системы по этим данным отсутствуют, современная квалиметрия уровней безопасности видов деятельности только зарождается. Об этом говорит тот факт, что данные государственной статистики во всех сферах жизнедеятельности и во всех странах не ориентированы на показатели безопасности.

Наиболее обоснованным с методологической точки зрения подходом к оценке уровня безопасности социотехнических систем в целом и по каждому конкретному виду деятельности следует признать метод определения уровня защищенности жизненно важных интересов личности в процессе трудовой деятельности [2,52]. Однако решение этой задачи представляет собой весьма сложный процесс, требующий разработки, прежде всего, системы, количественно-качественных показателей, отражающих содержание жизненно важного интереса в конкретной сфере и для конкретных его носителей.

Развитие теории и практики управления безопасностью социотехнических систем до последнего времени шло, в основном, по пути предъявления экстраординарных требований к качеству оборудования, систем управления и персоналу, ограничивающих возможные негативные техногенные воздействия на окружающую среду и человека. Перспектива представляется как движение внутрь сложной социотехнической системы, к проектированию ее по критериям безопасности. Осознание обществом этого факта привело к созданию современной концепции «приемлемого риска» на основе вероятностных подходов.

Общее в определении показателей безопасности системы, независимо от подхода, состоит в знании наиболее актуальных источников опасности объекту. Подобные сведения до сих пор остаются достаточно фрагментарными, несмотря на определенные продвижения в этом направлении[3,98]. Информационные системы по этим данным отсутствуют, современная квалиметрия уровней безопасности видов деятельности только зарождается.

Синтез показателей безопасности связан с формализацией функции безопасности, формализацией различных рисков в различных сферах деятельности, созданием системы количественно-качественных показателей, отражающих содержание жизненно важного интереса в сфере деятельности для конкретных его носителей. Их оценка, а также оценка вклада отдельных видов безопасности в безопасность системы, задача совершенно новая для современных моделей управления безопасностью общества.

Библиография

1. Левашов С.П. Методика экспертной оценки профессионального риска / С.П. Левашов // Безопасность жизнедеятельности. – 2009. – № 1.

2. Левашов С.П. Безопасность человека в техносфере: теоретические и прикладные проблемы анализа: Монография / С.П. Левашов. – Курган: Изд-во Курганского гос. ун-та, 2009.

3. Сурова Л.В. Техногенные опасности и риски: теоретические и прикладные проблемы анализа: Монография / Л.В. Сурова. – Казань: Казан. гос. энерг. ун-т, 2012. – 136 с.

Тиняков С.Е.

канд. техн. наук, Филиал ФГАОУ ВПО «Сибирский федеральный университет» в г. Железногорске, г. Железногорск Красноярского края, Россия

ООО «Агро-Промышленная компания «ПаК», г. Красноярск, Россия

МАТЕМАТИЧЕСКОЕ МОДЕЛИРОВАНИЕ ПРОЦЕССОВ ПЕРЕНОСА ТЕПЛА И ВЛАГИ В ОПЕРАЦИЯХ ОБЖИГА ПРИ ПРОИЗВОДСТВЕ КЕРАМИЧЕСКИХ БЛОКОВ

В общем случае обжиг керамического материала является сложным тепломассообменным процессом, причем график обжига и время достижения заданной конечной влажности, в конечном счете, определяют качество готового продукта. При этом кинетика обжига определяется, в основном, закономерностями внутреннего переноса влаги и теплоты. Посредством явления массопроводности, влага из внутренних слоев материала продвигается к внешней границе тела (к поверхности испарения). При конвективном способе обжига высокотемпературным теплоносителем процесс может осложняться термовлагопроводностью и внутренним испарением влаги.

В качестве теоретической основы понимания процессов тепло- и влагопереноса при обжиге керамических блоков из глины, представляющих собой капиллярно-пористые тела, в настоящем исследовании используется известная модель, разработанная А.В. Лыковым на основе принципов неравновесной термодинамики. Эта модель представляет собой систему двух взаимосвязанных дифференциальных уравнений в частных производных, описывающих нестационарную динамику изменения во времени и пространстве градиентов температуры и влажности в массе капиллярно-пористого тела.

Согласно Лыкову, нестационарные поля влагосодержания и температуры описываются системой двух нелинейных дифференциальных уравнений нестационарного внутреннего влаго- и теплопереноса, которая для процесса обжига керамического материала принимает следующий вид (для удобства рассматривается одномерное пространство $0 < x < 1$):

$$\frac{\partial M(x,t)}{\partial t} = k \frac{\partial^2}{\partial x^2} M(x,t) + k\delta \frac{\partial^2}{\partial x^2} T(x,t), \tag{1}$$

$$\frac{\partial T(x,t)}{\partial t} = a \frac{\partial^2}{\partial x^2} T(x,t) + \varepsilon\beta \frac{\partial}{\partial t} M(x,t) \tag{2}$$

Здесь:

t – время обжига;

x – пространственная координата;

M(x,t) – поле влагосодержания;

T(x,t) – температурное поле;

k – коэффициент влагопроводности;

a – коэффициент температуропроводности;

δ – термоградиентный коэффициент;

ε – коэффициент фазовых изменений;

$\beta = R/(c\,\rho)$ - , где

R – удельная энтальпия фазовых превращений;

c – удельная теплоемкость;

ρ – удельная плотность.

При этом начальные условия определяются как:

M(x,0)=Mi(x)=Mi, T(x,0)=Ti(x)=Ti. (3)

Граничные условия определяются как:

M(0,t)=Me(l,t)=Me, T(0,t)=T(l,t)=Te. (4)

Обычные подходы к решению системы дифференциальных уравнений в частных производных (1)–(4) состоят в применении известных интегральных преобразований для сведения рассматриваемой проблемы к более простым дифференциальным уравнениям. Однако, исследования показали, что преобразования Лапласа и Фурье не упрощают задачу. Преобразование Фурье не очень пригодно, в условиях конечных размеров рассматриваемых в качестве объектов для обжига пространственных тел, а преобразование Лапласа не может быть использовано, из-за недостатка информации, связанной с производными переменных задачи на границах пространственной области.

Для получения полезных результатов решения системы (1)-(4), в итоге, выбран метод, базирующийся на использовании собственных значений и собственных чисел. При этом, процедура решения дифференциального уравнения в частных производных вида

$$\frac{\partial F(x,t)}{\partial t} = \gamma \frac{\partial^2 F(x,t)}{\partial x^2} + D(x,t) \qquad (5)$$

относительно F(x,t) при соответствующих граничных и начальных условиях сводится к определенной последовательности шагов (γ – константа, а D(x,t) – возмущающий негомогенный член).

Чтобы применить предложенный метод к исходной паре взаимосвязанных уравнений (1)-(2) необходимо сопряженные члены в каждом уравнении рассматривать как негомогенные «возмущающие» члены D(x,t). При этом, предполагается, что решения относительно функций M(x,t) и T(x,t) уравнений (1)-(2) можно представить в виде сумм с бесконечным числом членов:

$$M(x,t) = C + \sum_{n=1}^{\infty} a_n(t)\Phi_n(x), \qquad (6)$$

$$T(x,t) = D + \sum_{n=1}^{\infty} b_n(t)\Psi_n(x). \qquad (7)$$

Здесь $\Phi_n(x)$ и $\Psi_n(x)$ собственные функции, не зависящие от времени, а коэффициенты $a_n(t)$ и $b_n(t)$ являются функциями только времени, С и D – определяются из начальных и граничных условий.

Т.е. соответствующая гомогенная конструкция для уравнений (1) и (2) определяется как:

$$\frac{\partial M(x,t)}{\partial t} = k\,\frac{\partial^2}{\partial x^2}\,M(x,t),\tag{8}$$

$$\frac{\partial T(x,t)}{\partial t} = a\,\frac{\partial^2}{\partial x^2}\,T(x,t).\tag{9}$$

Гомогенные уравнения (8) и (9) легко решаются методом разделения переменных. При этом, собственные значения и собственные функции для соответствующих граничных условий (4) определяются как:

$$\lambda_n = \frac{n^2\pi^2}{l^2},\; \Psi_n(x) = \Phi_n(x) = \sin(\sqrt{\lambda}x) = \sin\left(\frac{n\pi}{l}x\right), n = 1,2,\ldots,\infty.\tag{10}$$

Применение преобразования Лапласа позволяет вычислить и коэффициенты $a_n(t)$ и $b_n(t)$:

$$a_n(t) = \frac{p_1 A_n + C_n}{p_1 - p_2}\exp(p_1 t) + \frac{p_2 A_n + C_n}{p_2 - p_1}\exp(p_2 t),\tag{11.1}$$

$$C_n = -B_n k\lambda_n\delta + \alpha\lambda_n A_n + \beta\varepsilon A_n k\lambda_n\delta,\tag{11.2}$$

$$b_n(t) = \frac{p_1 B_n + D_n}{p_1 - p_2}\exp(p_1 t) + \frac{p_2 B_n - D_n}{p_2 - p_1}\exp(p_2 t),\tag{11.3}$$

$$D_n = B_n k\lambda_n - \beta A_n k\varepsilon.\tag{11.4}$$

Здесь:

$$p_1 = \frac{1}{2}(\beta\varepsilon k\delta + \alpha + k - \sqrt{(\beta\varepsilon k\delta)^2 + 2\beta\varepsilon\delta k^2 + 2\beta\varepsilon\delta k\alpha + k^2 + \alpha^2 - 2k\alpha},\tag{12.1}$$

$$p_2 = \frac{1}{2}(\beta\varepsilon k\delta + \alpha + k + \sqrt{(\beta\varepsilon k\delta)^2 + 2\beta\varepsilon\delta k^2 + 2\beta\varepsilon\delta k\alpha + k^2 + \alpha^2 - 2k\alpha}.\tag{12.2}$$

В итоге вычислений, получаем решение исходной системы уравнений (1)-(2) относительно искомых функций $M(x,t)$ и $T(x,t)$, которое удовлетворяет граничным и начальным условиям(3)-(4):

$$M(x,t) = Me + \sum_{n=1}^{\infty} a_n(t)\Phi_n(x),\tag{13}$$

$$T(x,t) = Te + \sum_{n=1}^{\infty} b_n(t)\Psi_n(x).\tag{14}$$

Таким образом, в результате исследования, рассмотрены две математические модели, описывающие процесс обжига:

— система двух взаимосвязанных дифференциальных уравнений в частных производных, представляющих кинетические взаимосвязи процессов теплопроводности и влагопереноса. Предложен новый подход к решению подобных, сложных для изучения, систем уравнений на основе использования собственных чисел и собственных функций уравнений.

— два дифференциальных уравнения в частных производных, представляющих собой самостоятельные и, взаимно дополнительные, краевые задачи, описывающие процессы теплопереноса и влагопереноса как независимые явления.

Список использованных источников

1. Интенсификация тепловых и массообменных процессов в гетерогенных средах: монография / под ред. А. Г. Липина; ГОУ ВПО Иван. гос. хим.-технол. ун-т. Иваново, 2009. - 164 с.

2. Лыков, А. В. Теория теплопроводности / А. В. Лыков. – М.: Высш. шк., 1967. – 600 с.

3. Лыков, А. В. Тепломассообмен: справочник / А. В. Лыков. – М.: Энергия, 1972. – 560 с.

УДК 004.75

Ковалев И.В.[1],Зеленков П.В.[2],Брезицкая В.В.[3],
Каюков Е.В.[3], Бахмарева К.К.[3]
1 д.т.н., проф., 2 к.т.н., 3 молодые ученые
Федеральное государственное бюджетное образовательное
учреждение высшего профессионального образования «Сибирский
государственный аэрокосмический университет
имени академика М.Ф. Решетнева»
kleniks@yandex.ru

В рамках ФЦП Научные и Научно – педагогические кадры России,
ГК № 14.B37.21.0451

ОЦЕНКА НАДЕЖНОСТИ АСУ С БЛОКИРУЮЩИМИ МОДУЛЯМИ ЗАЩИТЫ

Наиболее распространённым способом повышения надежности АСУ в данный момент является резервирование элементов и систем. Данный метод является универсальным, применимым к большому числу разновидностей систем. Методы построения систем с применением принципа резервирования описаны в ряде работ [1,2]. Резервирование может быть общим, когда резервируется система в целом, и раздельным, когда резервируются отдельные элементы системы. В случае, когда в системе много однотипных элементов, число резервных элементов может быть в несколько раз меньше, чем резервируемых. Кратность резерва выражается несокращаемой дробью. В соответствии с ГОСТ 27.002-89, кратность резерва 3:2 нельзя представлять как 1,5, что не соответствует стандарту. При сокращении дроби исчезает важная информация об общем количестве элементов в системе. Так же выделяют понятия дублирование - резервирование с кратностью резерва один к одному и постоянное резервирование - резервирование с нагруженным резервом, при котором все N элементов в резервированной системе выполняют одну и ту функцию и являются равноправными, а выбор одного из N сигналов на их выходе выполняется схемой "голосования" без переключений [3]. Постоянное резервирование позволяет получить системы с самым высоким коэффициентом готовности [2]. Но наряду с ним, существуют и частные методы повышения надёжности. В статье рассматривается один из подходов к повышению надёжности, учитывающий специфику АСУ. Одним из таких методов является введение в систему дополнительных модулей, обеспечивающих повышение надёжности. Его суть состоит в добавлении в систему элемента, чья функция заключается в повышении надёжности, защите остальных элементов, модулей, то есть, блокирующих негативное воздействие на элементы системы.

Как известно, автоматизированные системы управления в качестве энергии используют электричество. Отклонения величины напряжения в электрических сетях могут привести к временному или постоянному выходу системы из строя. Для защиты АСУ от колебаний напряжения применяются различные технические средства. Подобные средства выполняют функцию поддержания напряжения на необходим для работы системы уровне. Такими средствами являются стабилизаторы, источники бесперебойного питания (ИБП). Но вне зависимости от принципа работы, функция устройств защиты заключается в том, чтобы срабатывать в случае необходимости.

Для простоты изложения рассмотрим в качестве устройства защиты ИБП. ГОСТ 13109-97 определяет следующие нормы в электропитающей сети: напряжение 220 В ± 10 %; частота 50 Гц ± 1 Гц; коэффициент нелинейных искажений формы напряжения менее 8 % (длительно) и менее 12 % (кратковременно). [4]

Реализация основной функции достигается работой устройства от аккумуляторов, установленных в корпусе ИБП, под управлением электрической схемы, поэтому в состав любого ИБП входит зарядное устройство, которое обеспечивает зарядку аккумуляторных батарей при наличии напряжения в сети. ИБП обладают сложной структурой и собственной надежностью. Полная совокупность событий, присущая данным устройствам, представляется следующими величинами

$$P=P_1+P_2=1,$$

где P_1 – вероятность того, что напряжение в сети не исчезло; P_2 – вероятность того, что напряжение в сети исчезло.

Причём событие, описываемое вероятностью P_2 подразделяется на подсобытия:

$$P_2=P_a+P_b,$$

где P_a – вероятность того, что устройство сработало; P_b – вероятность того, что устройство не сработало.

Одновременно с этим существует вероятность выхода из строя ИБП – P_c.

Рассмотрим вопрос о вероятности безотказной работы системы с данным устройством. Воспользуемся методом Монте-Карло который позволяет рассчитывать надежность систем даже в случае, когда формулы расчета вероятности безотказной работы неизвестны или их расчет трудноприменим. Основная идея метода Монте-Карло при статистическом моделировании надежности элементов заключается в многократном расчёте определяющего параметра или параметров по известным зависимостям, описывающим процесс потери работоспособности, причём для случайных аргументов, входящих в формулы, выбираются их наиболее вероятные значения в соответствии с известными законами распределения[5].

В общем случае можно считать, что значение определяющего параметра X описывается набором случайных величин Z_i (i=1,2,...,n), законы распределения которых известны, то есть

$$X=X(Z_1, Z_2, ... ,Z_n).$$

Так как аргументы функции являются случайными величинами, то и параметр X является случайной величиной. Для анализа надежности по параметру X необходимо проанализировать его распределение и для оценки вероятности безотказной работы определить долю, которую составляют допустимые режимы.

На первом этапе реализации метода Монте-Карло в зависимости от необходимой точности определения характеристик надежности выбирается число реализаций N. Затем из заданного диапазона изменения каждого из аргументов Z_i по известным законам распределения $f(Z_i)$ случайным образом выбирается по N значений каждого из аргументов:

$$Z_1 \in \{ \zeta_{11}, \zeta_{12},...,\zeta_{1\varphi},...,\zeta_{1N} \},$$
$$Z_2 \in \{ \zeta_{21}, \zeta_{22},...,\zeta_{2\varphi},...,\zeta_{2N} \},$$
$$...,$$
$$Z_\iota \in \{ \zeta_{\iota 1}, \zeta_{\iota 2},...,\zeta_{\iota \varphi},...,\zeta_{\iota N} \},$$
$$Z_\nu \in \{ \zeta_{\nu 1}, \zeta_{\nu 2},...,\zeta_{\nu \varphi},...,\zeta_{\nu N} \}.$$

После этого из полученных значений аргументов Z_i случайным образом выбираются N наборов значений. Для каждого из наборов значений рассчитывается определяющий параметр X. [6,7]

Итак, определяющим параметром рассматриваемой системы будет надежность. Она выражается функциями, использующими логические зависимости. Надежность каждого i-того элемента выражается значением Pi – вероятности безотказной работы, а состояние – традиционно логической переменной Si, принимающей значение 1 в случае исправности элемента и 0 – в случае его неисправности. Определяет же наступление состояния случайное событие, выражающееся числом Ri, принимающим случайное значение из интервала (0,...,1). Следовательно, для определения состояния предлагается применить следующее выражение:

$S_i = 1$, при $R_i < P_i$, (1)

$S_i = 0$, при $R_i < P_i$, где 1 обозначает рабочее состояние, а 0 – нерабочее.

И, собственно, состояние всей системы выражается путём вычисления логической формулы системы, аргументами которой будут состояния отдельных элементов.

Таким образом, мы можем оценить надежность системы, не прибегая к аналитическим выражениям, которые могут быть сложны, а используя статистическое моделирование.

Библиографический список:

1. Ковалев И.В., Царев Р.Ю., Завьялова О.И., Анализ архитектурной надежности программного обеспечения информационно-управляющих систем.- Журнал «Приборы» Изд-во: Союз общественных объединений «Международное научно – техническое общество приборостроителей и метрологов» (Москва). 2010. №11. С. 24-26.

2. Смит Д.Д., Симпсон К.Д.Л. Функциональная безопасность. Издательский Дом "Технологии", М.: 2004. - 208 с.

3. Ковалев И.В., Котенок А.В. К проблеме выбора алгоритма принятия решения в мультиверсионных системах. Информационные технологии. 2006. № 9. С. 39-44.

4. ГОСТ 13109–97 Электрическая энергия. Совместимость технических средств электромагнитная. Нормы качества электрической энергии в системах электроснабжения общего назначения [Текст]. –введ. 01.07.97. М. : Изд-во стандартов, 1997. – 35с.

5. Гуревич В. И. Устройства электропитания релейной защиты: проблемы и решения. — М.: Инфра-Инженерия, 2012. — 288 с.

6. Ковалев И.В., Царев Р.Ю., Прокопенко А.В., Джиоева Н.Н. Управление развитием надежных кластерных структур информационных систем. Журнал «Программные продукты и системы» Изд-во.: ХАО НИИ «Центропрограммсистем» (Тверь). 2010. №2 С. 4.

7. И.В. Ковалев, П.А. Кузнецов, Зеленков П.В., Шайдуров В.В., Бахмарева К.К., К вопросу оценки надежности АСУ с блокирующими модулями защиты. Журнал «Приборы» 2013г. №6, С. 20-24.

Шатиков И.Р.[1], Костромин С.В.[2]

[1]*магистрант кафедры «Материаловедение и технологии новых материалов»;* [2] *к.т.н., доцент, зав. кафедрой «Материаловедение и технологии новых материалов» Нижегородского государственного технического университета им. Р.Е.Алексеева, mtnm@nntu.nnov.ru*

ВЛИЯНИЕ ИСХОДНОЙ СТРУКТУРЫ СТАЛИ 30ХГСА НА СТРОЕНИЕ И СВОЙСТВА ПОВЕРХНОСТНОГО СЛОЯ ПОСЛЕ ЛАЗЕРНОГО ТЕРМОУПРОЧНЕНИЯ

Сталь 30ХГСА относится к классу среднелегированных конструкционных улучшаемых сталей. Высокая прочность стали 30ХГСА сочетается с достаточным уровнем пластичности и стойкостью против хрупкого разрушения, что обуславливает её применение в конструкциях ответственного назначения в энергомашиностроении, самолетостроении, судостроении и других отраслях промышленности. Ресурс работы многих высоконагруженных деталей в значительной степени определяется также способностью сопряженных пар трения сопротивляться изнашиванию. Достижения современной науки и техники позволяют решать эти проблемы путём создания материалов с заданными структурой и свойствами за счёт традиционной термообработки и новых эффективных способов упрочнения.

По сравнению с другими видами поверхностного упрочнения лазерная закалка обладает следующими преимуществами [1]: высокой концентрацией энергией, возможностью локального упрочнения, отсутствием коробления и деформации деталей, возможностью передачи энергии луча на значительные расстояния.

Целью работы являлось исследование влияния исходной структуры стали 30ХГСА на строение и свойства поверхностных слоёв после лазерного термоупрочнения.

Образцы прошли предварительную объемную термическую обработку по трём стандартным режимам – полный отжиг, закалка и закалка + отпуск 600° С. Лазерная обработка проводилась на установке «Латус-31» в непрерывном режиме в интервале плотностей мощности q = 2,0–7,0 кВт/см^2. Выбранные режимы соответствовали области гарантированного лазерного упрочнения для исследуемой стали. Варьируемый параметр в исследовании – скорость обработки. Она составила 5, 10, 15 и 20 мм/с.

На рисунке 1 представлены микроструктуры зон лазерного воздействия (ЗЛВ) при обработке образцов с различной исходной основой со скоростью 15 мм/с.

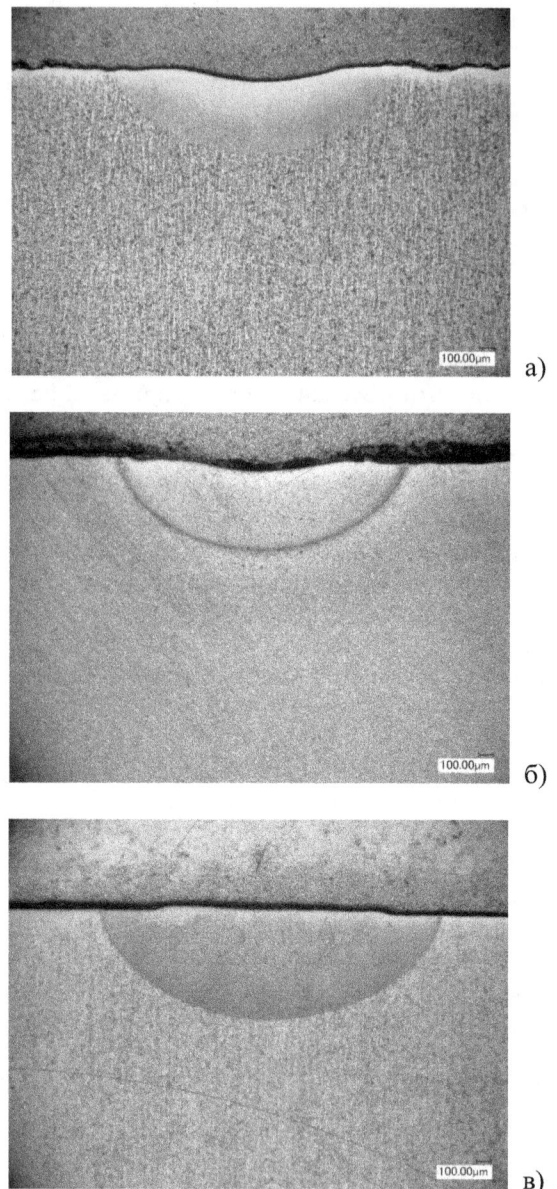

Рис. 1. Микроструктуры зон лазерного воздействия в зависимости от предварительной объёмной термообработки стали 30ХГСА (х300):
а) отжиг; б) закалка; в) закалка + отпуск 600°С.

На рисунке 2 представлены зависимости микротвёрдости от глубины упрочнённых слоёв для исследованных режимов обработки.

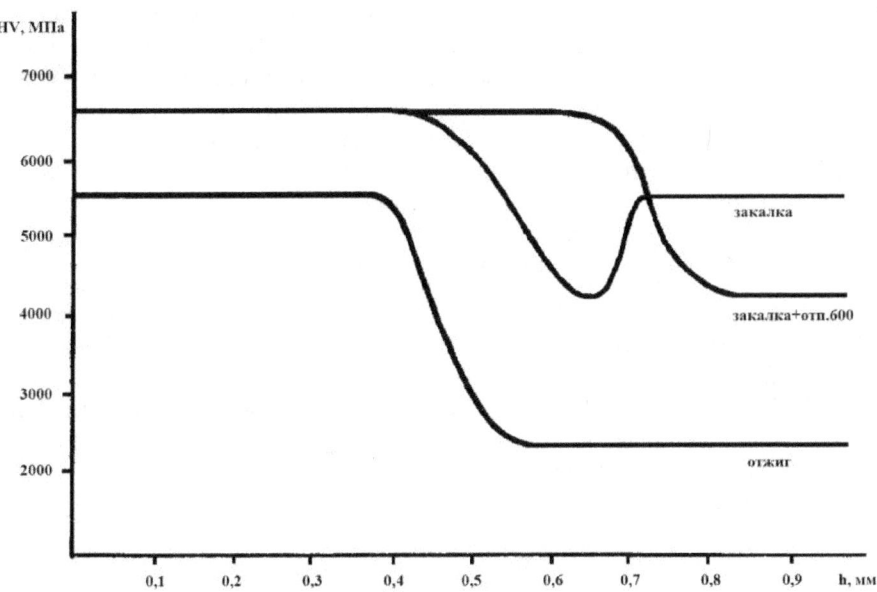

Рис.2. Влияние исходной основы стали 30ХГСА на глубину и микротвёрдость упрочнённого слоя.

Анализ результатов показывает, что исходная структура стали 30ХГСА оказывает определяющее влияние на глубину упрочнённого слоя. Так, при феррито-перлитной структуре глубина ЗЛВ составляет 0,37 мм, при мартенситной – 0,42 мм, при структуре сорбита отпуска – 0,65 мм. Вероятно, для инициирования фазовых превращений в исходной неравновесной структуре требуется значительно меньше энергии по сравнению со структурой, близкой к равновесной [2]. Энергия лазерного излучения «рассеивается» на крупных зёрнах и на этапе нагрева расходуется не только на продвижение фронта фазового превращения вглубь, но и на завершение подготовительных процессов. Поэтому для аустенитизации крупнозернистой структуры, а также для растворения крупных выделений избыточных фаз требуется значительно больше энергии, чем для мелкозернистой исходной структуры. Следовательно, при одинаковом энерговкладе с повышением дисперсности исходных структур стали глубина упрочнённого слоя увеличивается.

Структура и микротвёрдость ЗЛВ также зависит от исходной структуры стали. На поверхности расположен слаботравящийся слой, представляющий зону закалки из твёрдой фазы со структурой мартенсита. В случае отожжённого образца микротвёрдость этого слоя составляет 5600 МПа, что соответствует твёрдости после объёмной закалки. Микротвёрдость мартенситного слоя у образцов после закалки и закалки с высоким отпуском существенно выше – 6700 МПа. У образца после объёмной закалки в ЗЛВ обнаруживается зона отпуска с твёрдостью ниже, чем у основного металла.

Таким образом, в результате исследования на примере стали 30ХГСА установлено определяющее влияние исходной структуры на характеристики упрочнённого слоя при лазерной обработке.

Список литературы:

1. Григорьянц А.Г., Шиганов И.Н., Мисюров А.И. Технологические процессы лазерной обработки. – М.:МГТУ им. Н.Э.Баумана. - 2008. - 664 С.
2. Костромин С.В. Закономерности формирования и изменения свойств поверхностных слоев сталей при лазерной термической обработке: Автореф. дис. канд. техн. наук. – Нижний Новгород, 1997. – 16 с.

Zolotoreva M.S.
Ph.D. of Technical Sciences, North-Caucasus Federal University,
Stavropol, Russia, msz@ncstu.ru
Evdokimov I.A.
Professor, Doctor of Technical Sciences, North-Caucasus Federal University,
Stavropol, Russia, eia@ncstu.ru
Kulikova I.K.
Ph.D. of Technical Sciences, North-Caucasus Federal University,
Stavropol, Russia, kik-st@yandex.ru

INNOVATION TECHNOLOGIES OF MILK RAW MATERIALS PROCESSING BY ELECTRODIALYSIS

The significant reserve allows increasing dairy farming in the countries with well- developed dairy industry is a rational usage of milk components. And though during the manufacture of fermented milk products practically all the substances containing in milk remain, their bioavailability increases along with the useful properties caused by the starter culture and a chemical compound of milk raw materials, we can vary functional properties of a traditional product by change its structure, physical and chemical properties. But in the manufacture of cottage cheese or cheese the whey is formed where the most valuable milk components (proteins, lactose, vitamins, microelements, etc.) pass into, and it would be logical to return these substances into the product. The milk whey and its components are the most valuable milk raw materials for the increase of food and biological value of products. Practically all the salts and milk microelements, almost all the water-soluble and some part of fat-soluble vitamins, whey proteins possessing the most valuable biological properties and containing an optimum set of vital amino acids, homogenized milk fat, lactose pass into the whey. In some cases by means of ingredients from the milk whey it is possible to balance all set of food components, including proteins and to receive the products possessing dietary properties.

The complex application of membrane processes at processing milk whey opens ample opportunities to regulate directly the structure and properties of the received products possessing demanded functional properties [1,49; 2,57], simultaneously providing the fullest use of all components of the milk entering into its structure. By means of an electrodialysis the problems peculiar to milk whey are solved: high mineralization, saline taste and increased acidity. Demineralized milk whey represents whey in various degree deprived of mineral salts (level of demineralization from 50 to 90 %). The electrodialysis of milk whey does not produce the essential impact on the quality and content of whey proteins, lactose and vitamins, and decrease of titratable acidity [2,57; 3,149] accomplishes the reduction of salt content. As a result of electrodialysis treatment the organoleptic properties of milk whey considerably improve. The unique balance between whey proteins, lactose and mineral substances adequate to human milk allows the demineralized whey becoming the essential component in manufacture of products for children especially for babies, beverages with increased bioavailability, for instance, fermented milk and other products. Besides, the electrodialysis allows generating new technological approaches for extricating milk components from milk whey.

The manufacture of fermented milk products is one of the most rational ways to use the components of milk whey via electrodialysis. As a rule, the technological process of manufacturing such products is simple and power-intensive enough.

The researches concerning the development of the demineralized whey technologies were accomplished by the specialists of the company "MEGA ProfiLine" and North-Caucasus Federal University Academician under the guidance of the member of Academy of Science Andrey Khramtsov and Professor Ivan Evdokimov. The researches on the development of the production technologies for the whey and whole-milk products via cation-selective electrodialysis were performed in the international research laboratory "Electric and Baromembrane Technology" (Russia - Czech Republic). The technical documentation was developed.

All kinds of whey (cheese sweet, cheese salty, acid and casein whey) were used in the researches. The following technological parameters like amperage, voltage, mass fraction of solids, active and titratable acidity and temperature were being changed. The whey was demineralized on the semi-industrial electrodialysis apparatuses "MEGA" with the application of heterogeneous ion-exchange membranes Ralex® [4,45]. The change of the cottage cheese whey acidity during electrodialysis is shown on Figure 1.

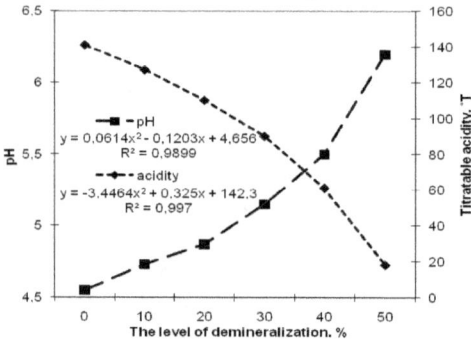

Figure 1 – Change of the cottage cheese whey acidity in the process of demineralization

Monovalent ions like sodium, potassium, chlorine (which most strongly influence on whey flavourings) are removed at the initial stage of electrodialysis [3,150; 4,45]. Then phosphoric acid and citric acid anions (that leads to partial dissociation of complexes connecting calcium and magnesium ions) are removed simultaneously [3,150; 4,45]. Further, bivalent cations are removed while increasing demineralization degree [3,150; 4,45]. Lactic acid is removed with the speed occupying the intermediate position between one- and bivalent inorganic anions [3,150; 4,45]. Microelements, such as iron, zinc, copper, manganese, remain in the whey [3,150; 4,45]. Electrodialysis allows standardizing any kind of whey per physico-chemical and organoleptic parameters.

In the further researches we used the natural whey and the whey concentrated in advance by nanofiltration with total solids (12-20) % that was processed on the electrodialysis plant to the demineralization level of 50-90 %. Milk components from demineralized whey were used in production of fermented milk products traditional for Russia: kefir, curdled milk ("prostokvasha"), fermented baked milk ("ryazhenka", "varenets"), yoghurt, sour cream, cottage cheese. As starter the following cultures wereapplied: for kefir - the starter culture prepared on kefir fungi; for curdled milk and fermented baked milk - Str. Termophilus; for yoghurt - Str. termophilus and Lb.bulgaricus; for sour cream - Lac. lactis subsp. lactis, Lac. lactis var. diacetylactis; for cottage cheese - Lac. lactis. The mixtures with the normalized milk, cream or skim milk in various ratio (milk components of demineralized whey) : milk in conformity with a compounding were made [5,45; 6,6]. The received mixtures went on the further technological operations typical for a particular product according to the basic production outline for fermented milk products. The basic indicators of tested samples in comparison to the reference standards developed without use of milk components of demineralized whey; i.e. dry solid weight ratio and moisture, mass fraction of proteins and milk fat, active and titratable acidity, microbiological and organoleptic indicators are defined. As a result the optimum balance of the components in the mixture are established allowing to receive products with the best physical and chemical, structurally-mechanical and organoleptic characteristics.

The dependences of the acidity increase during fermentation have been received during the tests of fermented milks. The duration and temperature of fermentation depend on a starter culture but the acceleration of increase of acidity in time with increase in a dose of milk components of demineralized whey (Figures 2-5) is established for all the tested fermented milks.

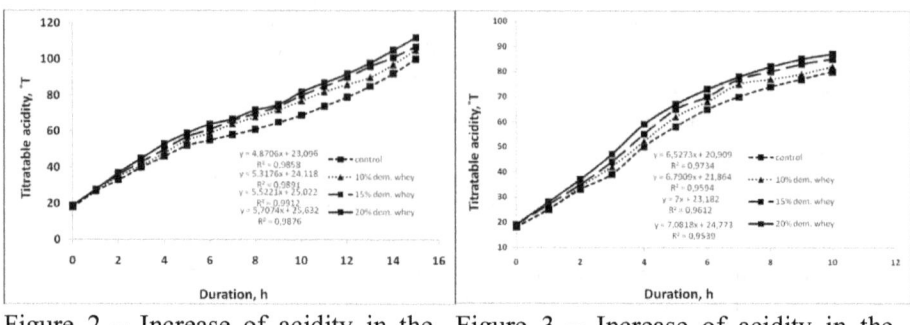

Figure 2 – Increase of acidity in the production of kefir

Figure 3 – Increase of acidity in the production of curdled milk

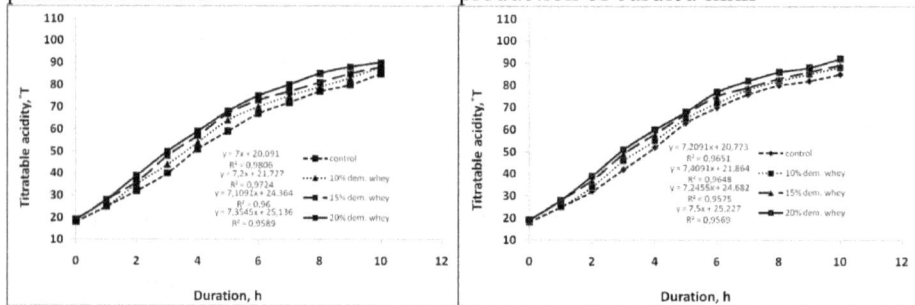

Figure 4 – Increase of acidity in the production of fermented baked milk

Figure 5 – Increase of acidity in the production of yoghurt

During the cottage cheese development we defined its yield depending on a dose of added milk components of the demineralized whey. It is established that the maximum yield of the product is reached while adding to 20 % of the demineralized whey; if doses are higher there is a decrease in the yield of cottage cheese that can be connected with the loss of proteins because the structural mechanical characteristics of a clot (flabbiness of a clot) are deteriorated while increasing the fraction of whey proteins in the mixture in the course of cottage cheese manufacture. The fermented baked milk, kefir, yoghurt, curdled milk, sour cream and cottage cheese produced by innovation technology do not differ from traditional milk products per organoleptic and microbiological indicators. Hereby, their biological value is increased by protein supplementation of milk products.

By increasing the content of milk components of the demineralized whey in mixtures produced according to the proposed technology, it is possible to obtain new drinking fermented milk products which will significantly expand the assortment of beverage products. The given technologies are successfully approved at the dairy plants of Russia and now are used by a number of dairy plants. The relative expenses for demineralization make 4 % from production cost price.

Thus, extracting milk components from milk whey via electrodialysis is the perspective way of large-scale industrial processing of milk whey for its subsequent use in food industry, including the production of traditional national fermented milk products with improved functional properties.

The literature

1. Evdokimov I.A., Volodin D.N., Bessonov A.S., Zolotoreva M. S, Poverin A.P. Real membrane technologies//The Dairy Industry, №1,2010. - p.49-50.
2. Shipulin V. I, Evdokimov I.A., Sljusarev G.V. Food functional modules based on demineralised whey //The Dairy Industry, №12,2009. - p.57-58.
3. Hramtsov, A.G., Nesterenko, P.G. Technology products from whey: Study Guide. - M: DeLee print, 2004. – 587p.
4. Evdokimov I.A., Zolotoreva M. S, Volodin D.N., Bessonov A.S., Poverin A.P., Nejedly L. Rational technology processing of acid whey//The Dairy Industry, №11,2007. - p.45-46.
5. Mihneva V. A, Zolotoreva M. S, Bessonov A.S., Volodin D.N., Shramko M. I, Evdokimov I.A. Effective way of processing cottage cheese whey//The Dairy Industry, №1, 2011. - p.45-46.
6. Zolotoreva M. S, Volodin D.N., Mihneva V. A, Evdokimov I.A., Chablin B.V. Whey in the technology development of whole-milk products //Milk Processing. - №5(127), 2010. – p. 6-8.

Лукасевич В.И.

Институт управления, бизнеса и права, г. Ростов-на-Дону

ИСПОЛЬЗОВАНИЕ НЕЛИНЕЙНОГО ФИЛЬТРА КАЛМАНА ДЛЯ ОЦЕНКИ ВОЗМУЩЕННЫХ ЭФЕМЕРИД НАВИГАЦИОННЫХ СПУТНИКОВ

Введение. Точность определения параметров движения любого объекта по навигационным сообщениям спутниковых навигационных систем (СНС) в значительной степени зависит от точности эфемеридных данных, используемых в существующих алгоритмах обработки спутниковых измерений. В свою очередь, текущее определение эфемерид осуществляется с ошибкой, зависящей от типа используемой СНС (GPS или ГЛОНАСС), степени учета возмущающих факторов, влияющих на положение спутников, частоты обновления данных и пр. и может достигать даже на небольших интервалах времени значительных величин (табл.1) [1,12;2,56;3].

*Таблица 1.*Влияние возмущающих факторов на движение навигационных спутников.

Возмущающие факторы	Максимальное возмущающее ускорение, м/с^2	Максимальное возмущение за 1 час, м
Вторая зональная гармоника	$5{,}3 \cdot 10^{-5}$	300
Гравитация Луны	$5{,}5 \cdot 10^{-6}$	40
Гравитация Солнца	$3 \cdot 10^{-6}$	20
Четвёртая зональная гармоника	10^{-7}	0,6
Солнечная радиация	10^{-7}	0,6
Гравитационные аномалии	10^{-8}	0,06
Другие факторы	10^{-8}	0,06

При этом истинное положение спутников уточняется по радиолокационным измерениям рабочих станций через заданные интервалы времени (например, в СНС ГЛОНАСС – через 30 мин.), внутри которых для вычисления навигационных параметров спутников используются детерминированные алгоритмы, не предполагающие использования каких-либо навигационных измерений и не учитывающие стохастический характер воздействий, возмущающих движение спутника [1,45]. В то же время очевидно, что их учет совместно с использованием дополнительной измерительной информации может существенно повысить точность определения эфемеридных данных. В связи с этим рассмотрим возможность построения алгоритмов оценки текущих параметров реального – возмущенного, движения спутников на рабочих станциях с использованием навигационных измерений, поступающих от спутников для потребителей.

Постановка задачи. В связи с тем, что предлагаемый далее подход не зависит от вида используемого режима спутниковых измерений, рассмотрим далее только стандартный (автономный) режим - как наиболее универсальный, и, соответственно, только кодовые и доплеровские измерения спутниковых навигационных систем. При этом решение поставленной задачи проведем для двух случаев СНС:

- СНС с высокой частотой поступления навигационных сообщений (например,GPS), позволяющей считать характер спутниковых измерений по отношению к динамике изменения навигационных параметров спутника непрерывным (в настоящее время частота приема спутниковых сообщений в навигационных приемниках Topcon (ранее Javad), Trimble уже составляет 100 Гц с дальнейшей тенденцией к ее увеличению [4]);

- СНС с низкой частотой поступления навигационных сообщений (например, ГЛОНАСС - с частотой 0.5 Гц), в которых характер спутниковых измерений по отношению к динамике навигационных параметров спутника является только дискретным.

В качестве базового алгоритма вычисления спутниковых навигационных параметров далее рассмотрим алгоритм СНС ГЛОНАСС, где значения скоростей $V_{\xi c}, V_{\eta c}, V_{\zeta c}$ и координат ξ_c, η_c, ζ_c спутника в гринвичской СК (ГСК) вычисляются путем решения следующей системы дифференциальных уравнений движения спутника [1,45]:

$$\dot{\xi}_c = V_{\xi c},$$
$$\dot{\eta}_c = V_{\eta c},$$
$$\dot{\zeta}_c = V_{\zeta c},$$
$$\dot{V}_{\xi c} = 2\Omega V_{\zeta c} + g_\xi + \Omega^2 \xi + A_\xi(T_{0_c}), \qquad (1)$$
$$\dot{V}_{\eta c} = g_\eta + A_\eta(T_{0_c}),$$

$$\dot{V}_{\zeta c} = 2\Omega V_{\xi c} + g_\zeta + \Omega^2 \zeta + A_\zeta(T_{0_c}),$$

где Ω - угловая скорость вращения Земли,

$$g_\xi = -\mu\rho_c^{-3}[1+\frac{3}{2}Ja^2\rho_c^{-2}(1-5\eta^2\rho_c^{-2})]\xi, \qquad g_\eta = -\mu\rho_c^{-3}[1+\frac{3}{2}Ja^2\rho_c^{-2}(1-5\eta^2\rho_c^{-2})]\eta,$$

$$g_\zeta = -\mu\rho_c^{-3}[1+\frac{3}{2}Ja^2\rho_c^{-2}(1-5\eta^2\rho_c^{-2})]\zeta,$$

$\mu = 398600, 44$ км^3/с^2 - гравитационная постоянная, $\rho_c = \sqrt{\xi_c^2 + \eta_c^2 + \zeta_c^2}$ -

модуль радиуса-вектора координат ξ c, η c, ζ c спутника в гринвичской СК, $J = 1082{,}63 \times 10^{-6}$ — коэффициент, характеризующий несферичность нормального поля тяготения Земли (вторая зональная гармоника разложения геопотенциала в ряд по сферическим функциям),

$a = 6378{,}136$ км — большая полуось модельного эллипсоида Земли,

$A_\xi(T_{0_c}), A_\eta(T_{0_c}), A_\zeta(T_{0_c})$ - ускорения от лунно-солнечных гравитационных возмущений, T_{0_c} - время эфемеридных данных, с которого начинается интегрирование уравнений движения спутника (эфемеридные данные $T_{0_c}, \xi_c(T_{0_c}), \eta_c(T_{0_c}), \zeta_c(T_{0_c}), V_{\xi c}(T_{0_c}), V_{\eta c}(T_{0_c}), V_{\zeta c}(T_{0_c}), A_\xi(T_{0_c}), A_\eta(T_{0_c}), A_\zeta(T_{0_c})$ регистрируются наравне с кодовыми и доплеровскими измерениями).

Очевидно, что при детерминированном (кусочно-постоянном) описании в (1) лунно-солнечных гравитационных возмущений не учитываются другие реальные возмущения, соизмеримые или меньшие лунно-солнечных возмущений и носящие случайный непрерывный характер, что при увеличении их интенсивности может привести к неустойчивости решения системы (1) и соответствующим «выбросам» при определении координат объекта. Аппроксимируя данные множественные возмущения векторным белым гауссовским шумом (БГШ) $\xi^{(c)}$ с нулевым средним и матрицей интенсивностей D_ξ, трансформируем уравнения (1) к векторной форме Ланжевена, исходной для последующего построения алгоритмов высокоточного определения эфемерид спутников на основе использования современных методов теории стохастической фильтрации [5,121]:

$$\dot{Y}_c = F(Y_c) + \begin{vmatrix} 0_3 \\ \xi^{(c)} \end{vmatrix}, \qquad (2)$$

где $Y_c = \begin{vmatrix} \xi_c & \eta_c & \zeta_c & V_{\xi c} & V_{\eta c} & V_{\zeta c} \end{vmatrix}^T$, 0_3 - нулевой вектор размерности 3,

$$F(Y_c) = \begin{vmatrix} V_{\xi c} \\ V_{\eta c} \\ V_{\zeta c} \\ 2\Omega V_{\zeta c} + g_{\xi} + \Omega^2 \xi + A_{\xi}(T_{0_c}) \\ g_{\eta} + A_{\eta}(T_{0_c}) \\ 2\Omega V_{\xi c} + g_{\zeta} + \Omega^2 \zeta + A_{\zeta}(T_{0_c}) \end{vmatrix}.$$

Для возможности использования описания (2) при стохастической оценке параметров движения спутников необходимо, как известно, иметь уравнения наблюдателя оцениваемых параметров [5,122]. В качестве последних могут быть использованы информационные сигналы кодовых измерений (псевдодальности) Z_R и доплеровских измерений (псевдоскорости) Z_V от наблюдаемого спутника, которые после применения известных алгоритмов компенсации погрешностей [1,12] в общем случае имеют вид [1,14;2,67] (с учетом нулевой скорости рабочей станции в ГСК):

$$Z_R = \sqrt{(\xi_c - \xi)^2 + (\eta_c - \eta)^2 + (\zeta_c - \zeta)^2} + W_{Z_R}, \qquad (3)$$

$$Z_V = [(\xi_c - \xi)V_{\xi c} + (\eta_c - \eta)V_{\eta c} + (\zeta_c - \zeta)V_{\zeta c}]\sqrt{(\xi_c - \xi)^2 + (\eta_c - \eta)^2 + (\zeta_c - \zeta)^2}^{-1} + W_{Z_V},$$

где ξ_c, η_c, ζ_c – оцениваемые координаты спутника в ГСК, ξ, η, ζ - известные с высокой точностью координаты рабочей станции в ГСК, $V_{\xi c}, V_{\eta c}, V_{\zeta c}$ - оцениваемые проекции вектора скорости спутника на оси ГСК, W_{Z_R} - белый гауссовский шум (БГШ) кодовых измерений с нулевым средним и известной интенсивностью $D_{Z_R}(t)$, обусловленный алгоритмически нескомпенсированными ошибками часов спутников и приемника, задержками сигнала при прохождении ионосферы и тропосферы, ошибками многолучевости и др. погрешностями; W_V - БГШ доплеровских измерений с нулевым средним и известной интенсивностью $D_{Z_V}(t)$, обусловленный нескомпенсированными погрешностями измерения.

(Следует при этом отметить, что приведенные информационные модели наблюдений справедливы как для кодового, так и для фазового режимов измерений, поэтому полученные далее результаты носят общий характер).

Для удобства последующего описания предлагаемого подхода используем далее векторную форму наблюдателя (3):

$$Z_0 = H_0(Y_c) + W_0, \qquad (4)$$

где

$$Z_0 = \begin{vmatrix} Z_R \\ Z_V \end{vmatrix}, \qquad\qquad W_0 = \begin{vmatrix} W_{Z_R} \\ W_{Z_V} \end{vmatrix},$$

$$H_0(Y_c) = \begin{vmatrix} \sqrt{(\xi_c - \xi)^2 + (\eta_c - \eta)^2 + (\zeta_c - \zeta)^2} \\ [(\xi_c - \xi)V_{\xi c} + (\eta_c - \eta)V_{\eta c} + (\zeta_c - \zeta)V_{\zeta c}]\sqrt{(\xi_c - \xi)^2 + (\eta_c - \eta)^2 + (\zeta_c - \zeta)^2}^{-1} \end{vmatrix}.$$

Из (3),(4) очевидна явная зависимость сигналов спутниковых измерений от текущих координат конкретного спутника, что позволяет, во-первых, осуществлять их непосредственное текущее наблюдение на рабочей станции, а во-вторых, формировать их высокоточную оценку (оптимальную или субоптимальную), используя известные методы теории стохастической фильтрации.

В связи с этим в терминах теории нелинейной фильтрации задача повышения точности определения эфемеридных данных может быть сформулирована как задача синтеза алгоритмов стохастической оценки вектора навигационных параметров спутника Y_c (2) по принятым на рабочей станции спутниковым измерениям (4).

Непрерывная стохастическая оценка вектора навигационных параметров спутника. Сначала рассмотрим решение поставленной задачи для непрерывного случая - СНС с высокой частотой поступления навигационных сообщений. Здесь полученное представление уравнений оцениваемых навигационных параметров спутника в форме «объект-наблюдатель» (2), (4) позволяет построить для вектора состояния Y_c многомерную апостериорную плотность вероятности $\rho_Z(Y_c, t)$, знание которой решает проблему определения любых вероятностных оценок эфемерид спутников, оптимальных по тому или иному критерию [5,122]. Т.к. процедура формирования $\rho_Z(Y_c, t)$ в общем случае сводится к решению многомерного интегро-дифференциального уравнения с частными производными (уравнения Стратоновича), которое в общем случае не имеет аналитического решения, то для получения оценок нелинейных процессов вида (2) используют различные приближенные (субоптимальные) методы [5,156], наиболее известным и востребованным из которых является обобщенный (нелинейный) фильтр Калмана. (Использование которого в информационно-измерительных системах позволяет достичь на сегодняшний день необходимого компромисса между требуемой точностью и вычислительными затратами).

Исходя из уравнений «объект-наблюдатель» (2),(4) и следуя [5,156], обобщенный фильтр Калмана для исследуемого случая может быть записан следующим образом:

$$\dot{\hat{Y}}_c = F\big(\hat{Y}_c\big) + K\big(\hat{Y}_c\big)\Big[Z_0 - H_0\big(\hat{Y}_c\big)\Big], \qquad (5)$$

$$K\big(\hat{Y}_c\big) = R\big(\hat{Y}_c\big)\frac{\partial H_0^T\big(\hat{Y}_c\big)}{\partial \hat{Y}_c} D_0^{-1},$$

$$\dot{R}\big(\hat{Y}_c\big) = \frac{\partial F\big(\hat{Y}_c\big)}{\partial \hat{Y}_c} R\big(\hat{Y}_c\big) + R\big(\hat{Y}_c\big)\frac{\partial F^T\big(\hat{Y}_c\big)}{\partial \hat{Y}_c} + \left|\begin{array}{cc} 0 & \\ & D_\xi \end{array}\right| - K\big(\hat{Y}_c\big)D_0 K^T\big(\hat{Y}_c\big),$$

где $\hat{Y}_c$ - текущая оценка вектора Y_c, $\qquad \hat{Y}_{c0} = M\big(Y_{c0}\big)$,

$R\big(\hat{Y}_c\big)$ - апостериорная ковариационная матрица,

$$R_0 = M\Big\{\big(Y_{c0} - \hat{Y}_{c0}\big)\big(Y_{c0} - \hat{Y}_{c0}\big)^T\Big\}, \quad D_0 = \left|\begin{array}{cc} D_{Z_R} & 0 \\ 0 & D_{Z_V} \end{array}\right|.$$

По сравнению с традиционным подходом – вычислением эфемерид спутников в соответствии с (1) и обработкой спутниковых измерений (3) с использованием итеративных алгоритмов или МНК [1,14], алгоритм (5) за счет дополнительного решения матричного уравнения для апостериорной ковариационной матрицы $R\big(\hat{Y}_c\big)$ требует существенно больших вычислительных затрат (тем не менее, легко реализуемых современными вычислительными средствами в реальном времени). Но при этом за счет динамического учета и оптимальной обработки случайных возмущений эфемерид и помех спутниковых измерений позволяет обеспечить, как показано ниже, большую точность оценки навигационных параметров спутника.

Непрерывно-дискретная фильтрация параметров движения спутника. При низкой частоте поступления навигационных сообщений считать спутниковые измерения непрерывными нельзя, что принципиально меняет характер задачи апостериорной оценки вектора навигационных параметров спутника.

В этом случае вектор состояния спутника, являясь непрерывным, описывается, как и ранее, уравнением (2), но уравнение спутниковых измерений здесь необходимо уже представить в дискретной форме:

$$Z_0[t_K] = H_0(Y_c) + W_0[t_K], \qquad (6)$$

где $k=1,2,\ldots$ – номер временного такта приема спутниковых измерений, $W_0[t_K]$ - векторная центрированная гауссовская последовательность независимых случайных величин с известной матрицей дисперсий D_0.

Очевидно, что рассмотренные выше методы непрерывной нелинейной фильтрации здесь использованы быть не могут.

В то же время система уравнений (2),(6) представляет собой классическую пару «стохастический непрерывный объект - стохастический дискретный наблюдатель», позволяющую решить задачу апостериорного оценивания навигационного вектора спутника известными методами теории непрерывно-дискретной стохастической фильтрации [5,318].

В соответствии с предложенным в [5,318] подходом, в исследуемом случае на интервалах $[t_{K-1}, \ t_K]$, $k=1,2,\ldots$ между дискретными спутниковыми измерениями для оценки вектора состояния спутника будем использовать уравнения априорного нелинейного непрерывного оценивания следующего вида (частный случай (5)):

$$\dot{\hat{Y}}_c = F\!\left(\hat{Y}_c\right),$$

$$\dot{R}\!\left(\hat{Y}_c\right) = \frac{\partial F\!\left(\hat{Y}_c\right)}{\partial \hat{Y}_c} R\!\left(\hat{Y}_c\right) + R\!\left(\hat{Y}_c\right)\frac{\partial F^T\!\left(\hat{Y}_c\right)}{\partial \hat{Y}_c} + \left|\begin{array}{c} 0 \\ D_\xi \end{array}\right| , \tag{7}$$

а для оценки его навигационного вектора в моменты t_K , $k=1,2,\ldots$ приема измерений - алгоритм *дискретного* оценивания навигационных параметров спутника по спутниковым измерениям $Z_0[t_K] = Z_{0K}$ [5,318]:

$$\hat{Y}_c(t_K +0) = \hat{Y}_{cK0} + R(t_K +0)\, \frac{\partial H_0^T\!\left(\hat{Y}_{cK0}\right)}{\partial \hat{Y}_c} D_0^{-1}\left[Z_{0K} - H_0\!\left(\hat{Y}_{cK0}\right)\right],$$

$$R^{-1}(t_K +0) = R_{\kappa0}^{-1} + \frac{\partial H_0^T\!\left(\hat{Y}_{cK0}\right)}{\partial \hat{Y}_c} D_0^{-1}\, \frac{\partial H_0\!\left(\hat{Y}_{cK0}\right)}{\partial \hat{Y}_c}. \tag{8}$$

При этом начальные условия $\hat{Y}_c(t_{K-1})$, $R(t_{K-1})$ интегрирования уравнений непрерывного оценивания (7) на интервале $[t_{K-1}, \ t_K]$ формируются как результат дискретного оценивания $\hat{Y}_{c(K-1)} = \hat{Y}_c(t_{K-1}+0)$, $R_{K-1} = R(t_{K-1}+0)$ вектора состояния спутника в момент времени t_{K-1}:

$$\hat{Y}_c(t_{K-1}) = \hat{Y}_{c(K-1)} = \hat{Y}_c(t_{K-1}+0), \; R(t_{K-1}) = R_{K-1} = R(t_{K-1}+0) .$$

В свою очередь, результат интегрирования $\hat{Y}_c(t_K)$, $R(t_K)$ уравнений непрерывного оценивания (7) в конце временного интервала $[t_{K-1}, \ t_K]$ является начальным условием $\hat{Y}_c(t_K -0) = \hat{Y}_{cK0}$, $R(t_K -0) = R_{K0}$ для выполнения алгоритма дискретного оценивания (8) в момент времени t_K:

$$\hat{Y}_c(t_K -0) = \hat{Y}_{cK0} = \hat{Y}_c(t_K), \; R(t_K -0) = R_{K0} = R(t_K).$$

Для сокращения вычислительных затрат, связанных с обращением апостериорной ковариационной матрицы R, можно для ее вычисления использовать альтернативный алгоритм [5,320], эффективный при размерности вектора наблюдений, меньшей размерности вектора состояния (как и в исследуемом случае):

$$\hat{Y}_c(t_K +0) = \hat{Y}_{cK0} + R(t_K +0)\, \frac{\partial H_0^T\!\left(\hat{Y}_{cK0}\right)}{\partial \hat{Y}_c} D_0^{-1}\left[Z_{0K} - H_0\!\left(\hat{Y}_{cK0}\right)\right],$$

$$R(t_K + 0) = R_{\kappa 0} - R_{\kappa 0} \frac{\partial H_0^T\left(\hat{Y}_{cK0}\right)}{\partial \hat{Y}_c} \left\{ \frac{\partial H_0\left(\hat{Y}_{cK0}\right)}{\partial \hat{Y}_c} R_{\kappa 0} \frac{\partial H_0^T\left(\hat{Y}_{cK0}\right)}{\partial \hat{Y}_c} + D_0 \right\}^{-1} \frac{\partial H_0\left(\hat{Y}_{cK0}\right)}{\partial \hat{Y}_c} R_{\kappa 0}.$$

По сравнению с алгоритмом непрерывной оценки (5) применение непрерывно-дискретной схемы, с одной стороны, требует меньших вычислительных затрат: в уравнениях (7),(8) уравнения оценки интегрируются независимо от уравнений апостериорной ковариационной матрицы и их правые части проще, чем в (5); но с другой, оказывается менее точным, т.к. измерительная информация используется только через заданные временные интервалы (при сравнении ГЛОНАСС и GPS– в 200 раз реже), внутри которых схема оценки эфемерид не отличается, по существу, от традиционного алгоритма (1).

Пример. Для иллюстрации эффективности предложенного подхода было проведено моделирование алгоритма фильтрации (5) на временном интервале $t \in [0;1000]\, c$ с шагом $\Delta t = 0{,}01$с методом Рунге-Кутты 4-го порядка. Линейное движение спутника моделировалось интегрированием уравнений его движения (2) при следующих начальных условиях: $\xi_c = 0$, $\eta_c = 0$, $\zeta_c = 25{,}5 \cdot 10^6\, м$,
$V_{\xi c} = 3 \cdot 10^3\, м/c$, $V_{\eta c} = -6{,}973 \cdot 10^3\, м/c$, $V_{\zeta c} = 2 \cdot 10^3\, м/c$.

В качестве модели помех измерений и возмущающих ускорений спутника был использован аддитивный гауссовский вектор-шум с нулевым матожиданием и интенсивностью для: кодовых измерений – $(10\ м)^2$, доплеровских измерений - $(0{.}25\ м/c)^2$, возмущающих ускорений - $(3 \cdot 10^{-5}\ м/c^2)^2$. По окончании временного интервала моделирования максимальные ошибки оценки эфемерид спутника составили: $\Delta\xi - 8{,}5\ м$, $\Delta\eta - 12{,}4\ м$, $\Delta\zeta - 8{,}1\ м$ (при использовании традиционного алгоритма, соответственно: $\Delta\xi - 32\ м$, $\Delta\eta - 38{,}5\ м$, $\Delta\zeta - 25{,}4\ м$), что свидетельствует о возможности весьма эффективного практического использования предложенного подхода.

СПИСОК ЛИТЕРАТУРЫ
1. Интерфейсный контрольный документ ГЛОНАСС (5.1 редакция). - М.: РНИИ КП, 2008 г.

2. ГЛОНАСС. Принципы построения и функционирования / Под ред. *Перова А.И., Харисова В.Н.* – М.: Радиотехника, 2010. – 800 с.

3. http://do.gendocs.ru/docs/index-386917.html?page=2

4. www.trimble.com

5. *Тихонов В. И., Харисов В. Н.* Статистический анализ и синтез радиотехнических устройств и систем. – М.: Радио и связь, 1991. – 608 с.

Ковалев А.А.
к.т.н., доцент кафедры «Электроснабжение транспорта» УрГУПС
Кардаполов А.А.
аспирант кафедры «Электроснабжение транспорта» УрГУПС

ПРОВЕДЕНИЕ ИСПЫТАНИЯ АЛЮМОСИЛИКАТНОГО ПОКРЫТИЯ ДЛЯ ЗАЩИТЫ ПРОВОДОВ КОНТАКТНОЙ СЕТИ ОТ ГОЛОЛЕДА

Безопасность движения и эксплуатационная надежность тягового электроснабжения определяются в основном состоянием контактной сети, по техническим и экономическим причинам сооружаемой без резервирования [1].

«Стратегия развития железнодорожного транспорта Российской Федерации до 2030г.», утвержденная распоряжением Правительства РФ от 17.06.2008г. № 878-р требуют от хозяйства Электрификации и электроснабжения ОАО «РЖД» гарантированного электрообеспечения тяги поездов [2].

Наибольшее количество отказов происходит из-за недостатков в эксплуатационной работе и в технических параметрах элементов системы, однако значительная часть сбоев связана с внешними факторами – условиями эксплуатации и окружающей средой [3].

Одним из приоритетных направлений является повышение надежности конструкции контактной сети, а так же разработка и проведение профилактических мероприятий предупреждающих нарушение целостности системы электроснабжения.

Большая часть территории Российской Федерации находится под влиянием умеренного климата, которому свойственны частая смена погодных условий, что наносит огромный урон эксплуатируемому оборудованию.

Протяженность электрифицированных железных дорог России составляет 43,033 тыс. км, из которых 43 % располагаются в III-м и 6 % в IV-м гололедных районах, подверженных наиболее сильному воздействию гололеда.

Известно, что гололед значительно повышает нагрузку на провода и опоры, особенно в тех случаях, когда он сопровождается сильным ветром. Кроме того, гололед на контактном проводе может создать значительные затруднения в процессе токосъема, вызывая образование электрической дуги в точке соприкосновения «полоз токоприемника – контактный провод».

В связи со всем выше изложенным была поставлена цель: исследовать и совершенствовать методы защиты системы токосъема от воздействия внешней среды.

Анализ числа отказов устройств контактной сети на Свердловской железной дороге из-за гололеда показал, что наиболее часто отказывают провода и тросы. На рисунке 1 представлена диаграмма отказов элементов контактной сети. Из диаграммы видно, что 7,36 % всех отказов – доля отказов из-за гололеда.

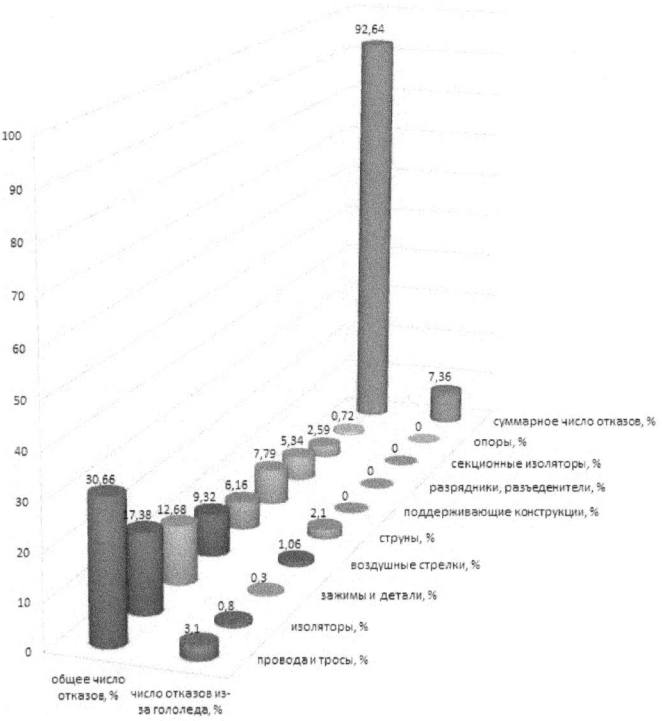

Рисунок 1 – Диаграмма отказов элементов контактной сети, и доля отказов из-за гололеда.

Географически Свердловская железная дорога проходит по территории таких субъектов РФ, как: Пермский край, Свердловская, Тюменская области, Ханты-Мансийский, Ямало-Ненецкий автономные округа и Удмуртия, частично проходит по территории Омской области. Большая часть этих территорий располагается в 2-м и 3-м районах по гололеду, что обуславливает небольшое число отказов из-за гололеда.

Исследуя существующие на сегодняшний день методы профилактики и борьбы с гололедом на проводах контактной сети можно отметить основные [4]:

- профилактический подогрев;
- антигололедная смазка;

- обработка контактного провода жидким антиобледенителем;
- плавка гололеда;
- вибропантографы;
- специальные гололедообивочные барабаны;
- ручное удаление гололеда при помощи изолированных штанг и шестов;
- импульсно-резонансный метод удаления гололеда с двойного контактного провода;
- нагрев проводов с использованием явления скин-эффекта.

Каждый из указанных методов имеет недостатки. При плавке гололеда расход электрической энергии небольшой, но велика опасность отжига проводов. При профилактическом подогреве опасность отжига проводов невелика, но высоки расходы электроэнергии. Вибропантографы удаляют гололед локально, а потому имею низкую производительность. Кроме того, при движении локомотива в режиме тяги не исключается опасность пережога проводов из-за неполного удаления гололеда. Можно в качестве локомотива использовать локомотив с автономной тягой, но это также сопряжено с дополнительными расходами. Гололедообивочные барабаны размещают на специально оборудованных дрезинах, их скорость и быстродействие ограничены, кроме того, существует опасность повреждения и деформации КП. Антигололедная смазка, из-за ее непрерывного удаления движущимися токоприемниками не нашла широкого применения. Ручные способы удаления гололеда обслуживающим персоналом при помощи шестов и изолированных штанг имеют крайне низкую производительность. Поэтому проблема удаления гололеда актуальна.

В 2012 году в Уральском государственном университете путей сообщения в научной лаборатории «Системы автоматизированного проектирования контактной сети» (НИЛ «САПР КС») на базе испытательного центра технических средств железнодорожного транспорта была предложена новый метод борьбы с гололедом.

Эксперимент проводился сотрудниками НИЛ «САПР КС», в климатической камере типа *THV*710 (рис. 2), и заключался в ряде испытаний направленных на исследования свойств алюмосиликатного покрытия покрытия.

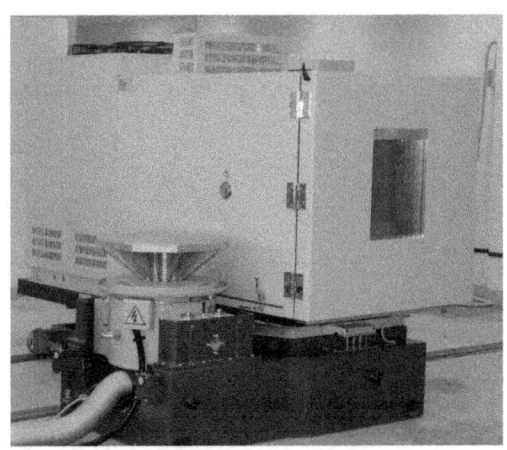

Рисунок 2 - Климатическая камера типа THV710

В качестве образцов для испытаний были взяты два провода марки МФ-100, использующихся, как контактные провода (КП) электрических железных дорог и три провода марки ПБСМ-70, А-95 и А-120, которые применяются и на КС (виде несущих тросов) и на ЛЭП. Длина образцов составила 1 м. Все провода на 50 % покрывались антигололедным материалом, кроме одного контактного провода, который оставался эталонным.

Покрытие наносилось кистью на образцы после следующих действий:

− визуальный осмотр целостности образцов;

− подготовка поверхности образцов к нанесению покрытия (удаление мелких частиц и влаги);

Затем проводилось подвешивание контактных проводов в пространстве камеры (рисунок 3).

а)   *б)*

Рисунок 3 − Вид образцов в климатической камере: *а*) начало испытаний; *б*) окончание испытаний

Результаты испытаний: приведены в таблице 1 и 2соответственно.

Таблица 1 – Результаты измерений до испытаний в климатической камере

Наименование показателя	Значение показателя	
	С покрытием	Без покрытия
Сечение провода, мм^2	100	100
Длина провода, м	1	1
Наличие гололеда	Нет	Нет
Масса образцов, Н	9,15	9,15

Таблица 2 – Результаты измерений после испытаний в климатической камере

Наименование показателя	Значение показателя	
	С покрытием	Без покрытия
Толщина стенки гололеда, мкм	900	2100
Масса образцов, Н	9,3	9,8
Распределение гололеда	Неравномерное	Равномерное

В результате в лабораторных условиях было доказано, что покрытие:
– выполняет антигололедные функции применительно к проводам контактной сети и ЛЭП;
– обладает высокой прочностью и легкостью;
– отлично сцепляется с проводами;
– просто в нанесении;
– является эластичным.

Дополнительно были проведены испытания данного покрытия в федеральной службе по технологическому и экологическому надзору экспертной организацией ГОУ ВПО «ТюмГАСУ» (таблица 3)

Таблица 3 – Технические характеристики покрытия

Наименование характеристики	Единица измерения	Величина	Примечания
Теплопроводность при 20 ^{0}С, не более	Вт/м ^{0}С	0,001	ГОСТ 7076-87
Плотность в сухом виде	кг/м^3	380-410	ГОСТ 17177-94
Плотность в жидком виде	кг/м^3	470-590	ГОСТ 17177-94
Коэффициент паропроницаемости	мг/м ч Па	0,0014	ГОСТ 25989-83

Наименование характеристики	Единица измерения	Величина	Примечания
Удельная теплоемкость	кДж/кг ^{0}C	1,08	
Термостойкость при температуре 260 ^{0}С	Отсутствие расслоений	трещин,	вздутий и
Водопоглощение	г/см^3	0,03	ГОСТ 11529-86
Относительное удлинение при разрыве, не менее	%	8,0	ГОСТ 11262-80
Относительное удлинение при разрыв после ускоренного старения (10) лет, не менее	%	8,0	ГОСТ 11262-80
Линейное удлинение	%	65	ГОСТ 11262-80
Прочность сцепления при отрыве, не менее: - с металлом - с бетоном - с деревом	Мпа	1,53 1,84 1,84	ГОСТ 15140-78
Прочность при растяжении, не менее - после нанесения - после ускоренного старения (10) лет	Мпа	2,0 3,0	ГОСТ 11262-80
Прочность при ударе	Кг*см	50	ГОСТ 4765-73
Белизна % диффузного отражения - после нанесения - через 10 лет	%	93,0 90,0	ГОСТ 896-69
Температура транспортировки и хранения	^{0}С	≥ +1	
Температура поверхности при нанесении материала	^{0}С	от +1 до +150	
Температура эксплуатации	^{0}С	- 47 до +260	

Практические испытания покрытия на участке железной дорогие были проведены 15 марта 2013 года. Эксперимент проводился на станции «Осенцы» Кунгурской дистанции электроснабжения. Развернутая длина станции составляет 15 км. Длина участка, на который наносился испытуемый материал – 2200 метров (пути №6, №7 парка приема). Температура окружающей среды: днем: +6 ^{0}С...+8 ^{0}С, ночью: -3 ^{0}С...-5 ^{0}С.

Цель данного эксперимента заключалась в нанесении антигололедного покрытия на контактные провода, фиксаторы контактного провода, установленные на нижних фиксирующих тросах, зажимы. Выбор указанной станции связан с тем, что проблемы гололедообразования происходят чаще, чем на других станциях Свердловской железной дороги т.к. в зимнее время на ней проводятся мероприятия по «отпарке» вагонов.

Нанесение материала проводилась в запланированное «технологическое окно» по 6, 7 пути парка приема, в течение 2 часов параллельно с цеховой диагностикой контактной подвески.

Состав бригады:

– производитель работ: электромонтер 6-го разряда;
  – ответственный за работу на вышке: старший электромеханик;
  – работники на вышке: электромонтеры 5-го и 4-го разрядов;
  – помощник машиниста.

Работа по нанесению предлагаемого покрытия выполнялась с автоматрисы типа АДМ, со скоростью 5 км/ч, с периодическими остановками. Работа проводилась со снятием напряжения и заземлением.

Порядок выполнения эксперимента:

1. Инструктаж по технике работ на высоте.
2. Снятие напряжения и заземление.
3. Подъем электромонтеров на вышку.
4. Непосредственное нанесение материала на контактные провода и поддерживающие фиксирующие конструкции.

Процесс эксперимента занял 1 час 40 минут.

В результате проведенных испытаний был получен акт внедрения данного покрытия в качестве антигололедного на проводах контактной сети. На данном этапе проводятся наблюдения за поведением материала, его износ и влияние наличия покрытия на процессы токосъема и нагревания проводов.

Список использованных источников

1. Транспортная газета Евразия Вести I 2011.
2. Российская федерация. Правительство. «Стратегия развития железнодорожного транспорта Российской Федерации до 2030 г.» утверждена распоряжением Правительства Российской федерации № 878-р от 17.06.2008 г.
3. Ефимов А.В., Галкин А.Г. Надежность и диагностика технических систем электроснабжения железных дорог / М.: УМК МПС России, 2000. – 512 с.
4. Методические указания по борьбе с гололедом и автоколебаниями на контактной сети, линиях ДПР, автоблокировки и продольного электроснабжения. – М.: ОАО «Российские железные дороги». Департамент электрификации и электроснабжения, 2004.

Горчаков Д.В.
аспирант филиала НИУ «МЭИ» в г. Смоленске

БЕЗДАТЧИКОВОЕ УПРАВЛЕНИЕ ВЕНТИЛЬНЫМ ДВИГАТЕЛЕМ С ИСПОЛЬЗОВАНИЕМ ИНТЕГРАЛА СИГНАЛА ПРОТИВО-ЭДС

Вентильный двигатель представляет собой электромеханическую систему, состоящую из электрической машины (ЭМ) и полупроводникового коммутатора фазных обмоток, управление ключами которого производится системой управления (СУ) в зависимости от положения ротора. Для получения информации о положении ротора традиционно используется датчик положения ротора (ДПР) (рис.1).

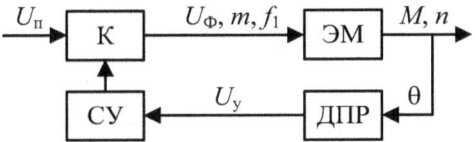

Рисунок 1 – Функциональная схема вентильного электропривода

Для упрощения конструкции и снижения стоимости электропривода можно использовать алгоритмы бездатчикового управления. При этом информация о положении ротора определяется косвенным путем.

Как правило, при бездатчиковом управлении ВД используется шестишаговый (или трапецеидальный) алгоритм коммутации (рис.2), когда каждая фаза возбуждается на время, пока ротор поворачивается на 120 эл. градусов. Стрелки на рис.2а показывают направление тока на каждом из шести этапов. На графиках показано напряжение, прикладываемое к обмоткам двигателя в течение шести шагов, за которые ротор поворачивается на 360 эл. градусов.

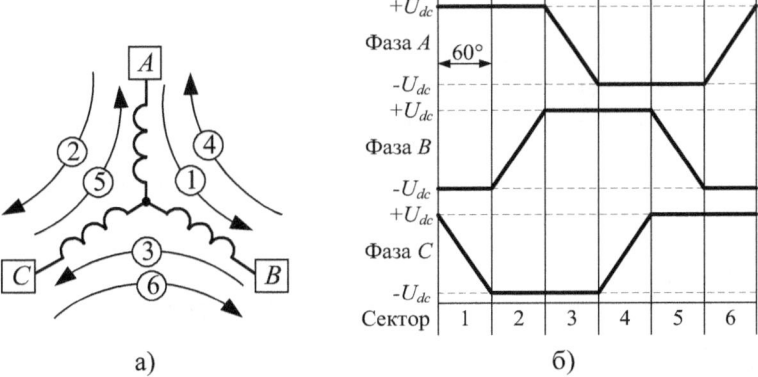

а) б)

Рисунок 2 – Диаграмма работы обмоток двигателя при трапецеидальной коммутации

В каждом секторе на рис.2б возбуждены две фазы двигателя, и одна фаза не работает. При вращении ротора вентильного двигателя каждая обмотка генерирует противо-ЭДС, которая действует навстречу напряжению источника, приложенному к фазе.

На рис.3 представлены диаграммы противо-ЭДС и токов в обмотках двигателя при трапецеидальной коммутации. Каждый сектор на рис.3 имеет длину 60 эл. градусов. Коммутация фаз происходит на границе каждого из секторов. Таким образом, для определения момента коммутации достаточно обнаружить границы секторов. Как показано на рис.3, между моментом перехода через ноль сигнала противо-ЭДС и границей сектора существует смещение 30 эл. градусов.

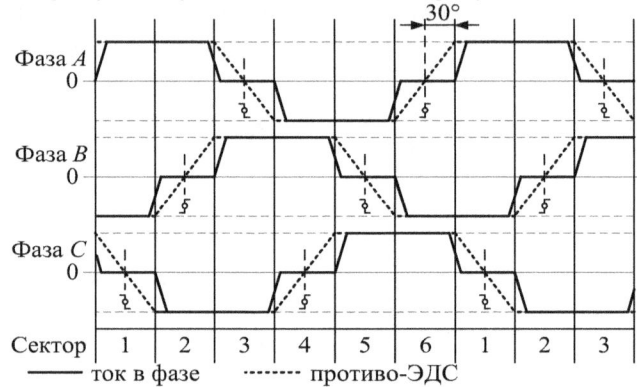

Рисунок 3 – Диаграмма фазных токов и противо-ЭДС при трапецеидальной коммутации

Таким образом, для обеспечения работы ВД по шестишаговому алгоритму коммутации требуется точно определить момент перехода через ноль сигнала противо-ЭДС.

Управление двигателем реализуется следующим образом: сигнал противо-ЭДС каждой фазы двигателя сравнивается с потенциалом нейтральной точки, и с момента их равенства отсчитывается задержка, за время которой ротор двигателя поворачивается на 30 эл. градусов, для определения момента коммутация фаз [1,3].

В пакете Simulink была построена модель описанной системы. И получен сигнал противо-ЭДС, содержащий импульсные помехи, вызванные коммутацией обмоток (рис.4). Под действием этих помех нарушается последовательность включения фаз в работу и происходит сбой в работе электропривода (из-за ложных переходов через 0 сигнала противо-ЭДС).

Классическим способом борьбы с такого рода помехами является установка внешних RC-фильтров, которые снижают пульсации сигнала противо-ЭДС [2,15].

Однако применение RC-фильтра приводит к сдвигу выходного сигнала противо-ЭДС относительно реального, в результате чего появляется ошибка в определении положения ротора, величина которой зависит от частоты вращения, как показано на рис.4. Вследствие этого точки коммутации фаз определяются с некоторой ошибкой, и двигатель развивает меньший момент, чем мог бы создавать при оптимальном переключении обмоток.

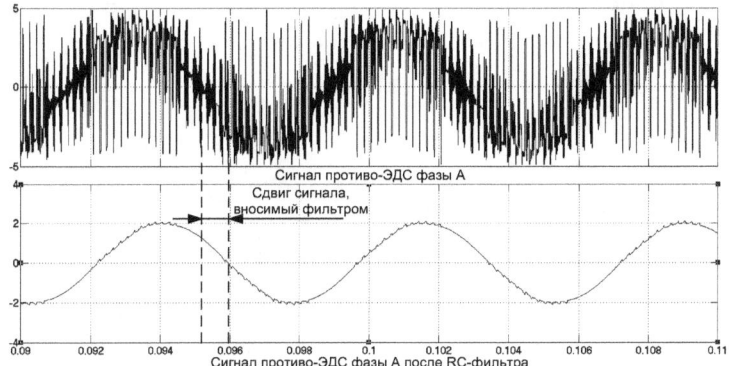

Рисунок 4 – Сигнал противо-ЭДС реальный и после RC-фильтра

В данной статье для устранения влияния помех в сигнале противо-ЭДС предлагается определять момент коммутации, анализируя не сам сигнал противо-ЭДС, содержащий высокочастотные помехи, а его интеграл.

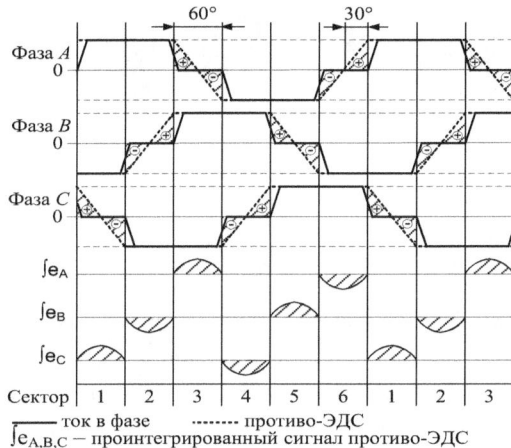

Рисунок 5 – Диаграмма токов и противо-ЭДС при работе по предложенному алгоритму

Метод заключается в следующем: если начать интегрирование сигнала противо-ЭДС в момент отключения фазы от источника, интеграл противо-ЭДС ($\int e_{A,B,C}$ на рис.5) будет сначала расти (по модулю), а затем (при смене знака противо-ЭДС) – уменьшаться и станет равным нулю в момент равенства площадей под графиком противо-ЭДС фазы (заштрихованные треугольники). При допущении, что за время, пока ротор совершает поворот на 60 эл. градусов его частота вращения существенно не изменяется, можно утверждать, что это как раз тот момент, когда необходимо включить эту фазу с противоположной полярностью.

В пакете Simulink разработана модель системы управления (рис.6), реализующей описанный алгоритм бездатчикового управления вентильным приводом.

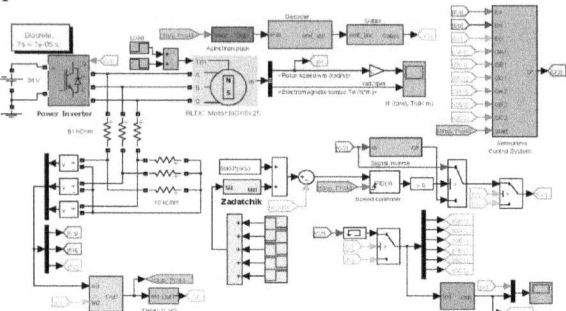

Рисунок 6 – Модель замкнутой системы вентильного электропривода

Моделирование показало, что применение данного способа управления полностью устраняет недостатки использования RC-фильтра и позволяет определять положение ротора двигателя без погрешности (рис.7).

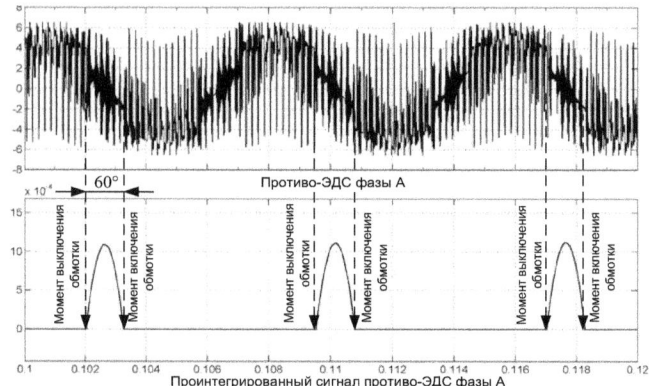

Рисунок 7 –Сигнал противо-ЭДС и его интеграл

Еще одним важным достоинством такого алгоритма управления является возможность его реализации на базе микроконтроллера, когда сигналы противо-ЭДС подаются на входы АЦП, а их интегрирование производится программно. Программная реализация предложенного алгоритма позволяет улучшить систему управления без использования дополнительных компонентов (RC-фильтры, активные фильтры и др.), т.е. не увеличивая стоимость системы вентильного ЭП в целом.

Литература
1. Daniel Torres. Sensorless BLDC Control with Back-EMF Filtering Using a Majority Function – Microchip Technology Inc., 2008. – 34 p.
2. E. Kaliappan, C. Chellamuthu. A Simple Sensorless Control technique for PMBLDC Motor Using Back EMF Zero Crossing // European Journal of Scientific Research, 2011 – 347 p.

Найдёнов Е.В.
аспирант, филиал ФГБОУ ВПО «НИУ «МЭИ» в г. Смоленске
nzettez@gmail.com

СИСТЕМА КОМПЛЕКСНОГО КОНТРОЛЯ ПАРАМЕТРОВ ОКРУЖАЮЩЕЙ СРЕДЫ В ТЕХНОЛОГИЧЕСКОМ ПРОЦЕССЕ

Развитие отраслей освоения космоса, биоинженерии, ядерных исследований и др. связано с непрерывной разработкой и модернизацией новых специализированных систем и комплексов. Несмотря на то что набор функциональных узлов каждой конкретной системы в зависимости от области использования является разным, ряд исполнительных устройств можно спроектировать взаимозаменяемыми и конфигурируемыми. Примером является система комплексного контроля параметров окружающей среды технологического объекта или среды.

Система терморегуляции – устройство, выполняющее заявленные оператором функции контроля температурных параметров. Наибольший интерес сегодня представляют специализированные системы терморегуляции. Как правило, они совмещают не только функции контроля температуры среды, но и ряда других смежных параметров: давления, влажности, уровня pH, необходимых в технологической среде применения – системы комплексного контроля параметров окружающей среды (СКК ПОС) [1,252].

Как было выявлено при анализе, современные СКК ПОС не имеют единой внутренней архитектуры устройства, на основе которой можно было бы спроектировать требуемую систему контроля для любых задач контроля параметров технологического объекта. Сегодня, для каждого конкретного объекта разработка такой системы с заданным набором функций ведётся индивидуально. Таким образом, разработка универсальной СКК ПОС является актуальной технической задачей. В работе предложена структура конфигурируемой СКК ПОС (рис. 1).

Предложенная система работает следующим образом. В устройстве анализируются данные о температуре, давлении, влажности исследуемого объекта (или среды) и преобразуются в цифровой поток данных поступающих в микроконтроллер. Микроконтроллер, запрограммированный на заданный режим работы, либо имеющий непосредственное управление от внешнего компьютера, посылает сигналы в устройства воздействия на объект (или среду). Устройства воздействия позволяют поддерживать заданный уровень температуры, давления, влажности и ряд функциональных параметров объекта (или среды). Использование новых типов датчиков в СКК ПОС и соответствующих им устройств возможного воздействия на объект (или среду) позволяет конфигурировать устройство для требуемых условий работы и области применения.

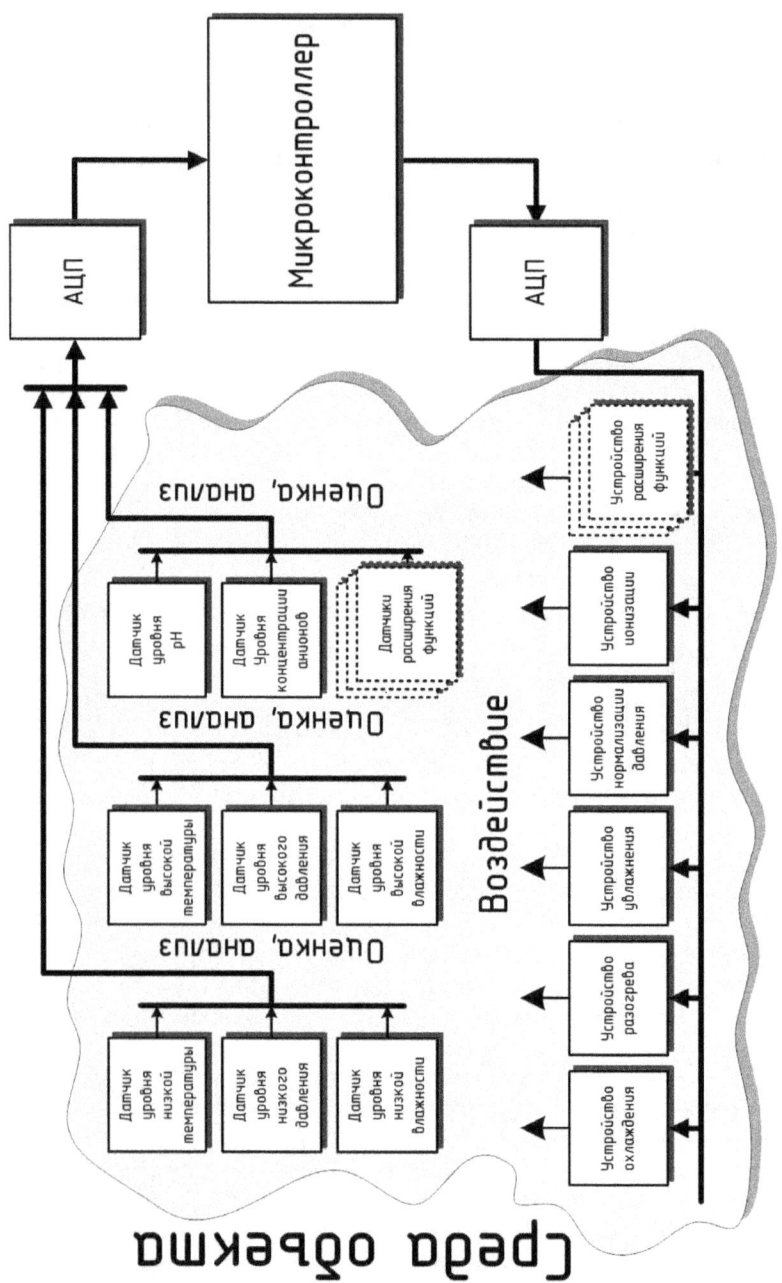

Рис. 1 Структура универсальной СКК ПОС

Использование предложенной системы позволит разрабатывать универсальные системы терморегуляции для любой технологической среды и объекта в рамках одного предприятия. Данное решение позволит упростить в дальнейшем процесс модернизации и ремонта оборудования, а также сконфигурировать необходимый набор датчиков и устройств воздействия ещё в процессе сборки.

Литература:

1. Л.И. Селевцов, А.Л. Селевцов Автоматизация технологических процессов – М: Изд-во Академия, 2012. – 352с.

Oleshkevich O. I, Evdokimov I.A., Dr.Sci.Tech., **Kulikova I.K.,**
Cand.Tech.Sci., the North Caucasian federal university

STUDYING OF YEAST MICROFLORA HOUSE AYRAN NORTH CAUCASIAN REGION

After the comparative analysis of the morphology and growth characteristics of ayran lactose fermenting yeast on the standard nutrient broth certain results were received.

The microscopy of experimental yeast cultures was carried out after 24-hour fermentation on Sabouraud medium. When microscopy of cultures is carried out, it is observed (fig. 1): 1) C.kefyr – no pseudomycelium, large oval cells; 2) T. pullulans - pseudomycelium, small round cells; 3) K. marxianus - no pseudomycelium, average round cells; 4) L. scottii - pseudomycelium, small round cells.

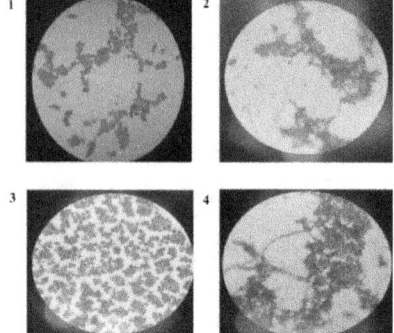

Figure 1. Micro specimens of the yeasts cultivated on Sabouraud medium, fuchsin: 1) C.kefyr, 2) T. pullulans, 3) K. marxianus, 4) L. scottii, magnification 40x15

At the next stage of the research a number of experiments for studying the culture properties of the examined yeasts were conducted.

When cultivation is carried out on the Sabouraud agar, C. kefyr colonies have a glossy, shining surface; wavy edges; from cream to light pink colour; homogeneous structure of colonies; a convex profile. T.pullulans - costate colonies; dull cream-coloured, with partial lightening; K.marxianus - glossy light-cream colonies. L.scottii - dull cream-coloured colonies, a wavy edge.

When studying the dye influence on culture properties of lactose fermenting yeasts [1,64; 2,126], certain results were received. Addition of aniline dyes to elective nutrient media allows distinguishing of different yeast cultures due to different staining of colonies. The experiment on dye addition before and after sterilization showed that sterilization conditions do not influence the medium colour intensity.

Examination of the given cultures on AGM medium with methylene blue addition were carried out. The following characteristics of colonies growth are observed: C.kefyr - blue, with the colour intensification towards the colony centre, K. marxianus - light blue, with white edges, L.scotti - weak growth, blue speckles, T.pullulans colonies – light blue. Also the Sabouraud medium was used with the following dyes added: fuchsin, methylene blue,   brilliant green, cerasine red, gentian violet.

The results of the experiment showed that on the brilliant green medium the growth inhibition is observed as this dye is a powerful antiseptic, inappreciably small K marxianus growth with the medium lightening, and C.kefyr with colonies greening are noticed.

On the fuchsin medium C.kefyr gives dark - pink colonies, K. marxianus and L.scotti -light pink, T.pullulans colonies - after 48- hour cultivation had a pale pink colour, after 7 days there was a colour division of the colony into 2 parts - one end became darker pink. On the methylene blue medium C.kefyr colonies are dark blue, with medium lightening around, K. marxianus - in the middle of the colony the colour is dark blue with white edges, L.scotti - blue, T.pullulans colonies - after 4- hour cultivation had light blue colour, after 7 days there was a colour division of the colony into 2 parts - one part became darker, with the subsequent yellowing.

The results of the cultivation on the Sabouraud medium with methylene blue and fuchsin addition are shown in figures 2, 3.

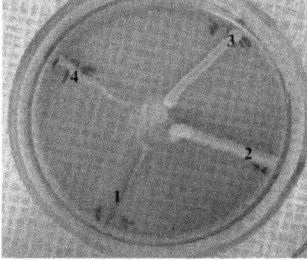 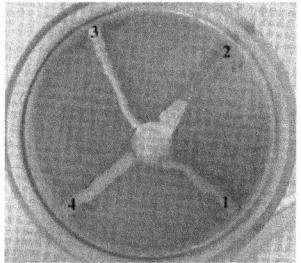

Figure 2. A kind of yeast colonies on the Sabouraud medium with methylene blue: 1) C.kefyr, 2) T. pullulans, 3) K. marxianus, 4) L. scottii – 48-hour cultivation

Figure 3. A kind of yeast colonies on the Sabouraud medium with fuchsin: 1) C.kefyr, 2) T. pullulans, 3) K. marxianus, 4) L. scottii – 48-hour cultivation

On the medium with cerasine red the culture growth is similar to the growth on Sabouraud without dyes. On the medium with gentian violet the growth of dark blue K marxianus is registered, other cultures – no growth observed. On the medium with resazurin the colonies of all the cultures discoloured to grey-violet. On the medium with bromthymol blue all the cultures have a bright yellow colour, except T.pullulans -light yellow colonies. The results of the experiment with some dyes are shown in figures 4, 5.

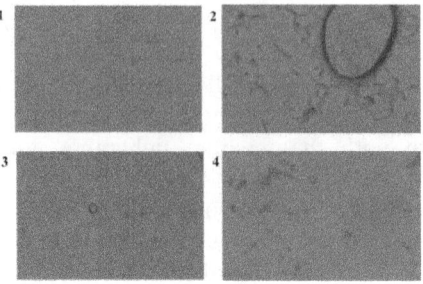

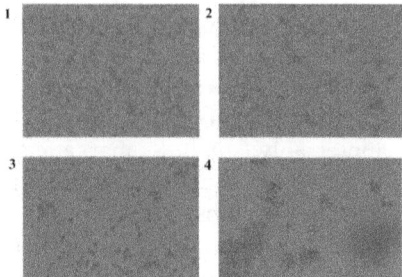

Figure 4. Micro specimens of yeasts after cultivation on the Sabouraud medium with methylene blue. Preparation type – «the flattened drop», magnification 40x15: 1) C.kefyr, 2) T. Pullulans, 3) K. marxianus, 4) L. Scottii

Figure 5. Micro specimens of yeasts after cultivation on the Sabouraud medium with fuchsin. Preparation type – «the flattened drop», magnification 40x15: 1) C.kefyr, 2) T. Pullulans, 3) K. marxianus, 4) L. Scottii

The experiment showed that single cells do not change their colour when cultivation on the medium with dyes is carried out [3,58; 4,227]. Thus, a colony colour is caused by a mass concentration of cells.

Thus, the marked yeast strains are characterized as yeasts, partially fermenting the lactose, with morphological and biochemical properties similar to Kluyveromyces marxianus.

References

1. Rjabtseva S.A., Vinogradskaja S.E., Panfilov A.A.yeast in dairy branch: classification, properties, application [Text]//the Dairy industry. 2013. №4. From 64-66.

2. Horst, F. Yeast molecular biology [Text] / F. Horst – Munich. University of Munich, 2005. 256 p.

3. Querol, A. Yeasts in Food and Beverages [Text] / A. Querol, G. Fleet // Springer-Verlag Berlin Heidelberg, 2006. 208 p.

4. Winde, J. H. Functional Genetics of Industrial Yeasts [Text] / J. H. de Winde - Springer-Verlag Berlin Heidelberg. 2003. 367 p.

Новиков М. Ю. - аспирант кафедры ПИИС, ms111@inbox.ru

Бердников А. В. - к.т.н., доцент кафедры ПИИС, alex-berd@mail.ru

Казанский национальный исследовательский технический университет им. А.Н. Туполева

РАЗРАБОТКА СИСТЕМЫ ИЗМЕРЕНИЯ НАСЫЩЕНИЯ КИСЛОРОДОМ ОПУХОЛИ В КОМПЛЕКСНОМ ЛЕЧЕНИИ ПЛОСКОКЛЕТОЧНОГО РАКА ШЕЙКИ МАТКИ

Введение

Рак шейки матки (РШМ) на сегодняшний день остается одной из наиболее распространенных злокачественных опухолей у женщин с постоянной тенденцией к увеличению частоты заболеваемости. Ежегодно в мире выявляется более 500 тысяч новых случаев данного заболевания.

Среди Европейского региона заболеваемость РШМ в РФ, в отличие от большинства стран, характеризуется ростом, а смертность от этого заболевания находится на одном из ведущих мест. Так заболеваемость раком шейки матки в 2010 г. В России составила 19,3 на 100 тыс. женского населения, а смертность 10,17.

В 90% случаев основным способом лечения рака шейки матки является лучевая терапия (ЛТ), а у 75% больных лучевая терапия применяется в качестве самостоятельного и единственного способа лечения. Однако результаты лечения проведенные за последние 25 лет свидетельствуют о том, что 30-40% больных умерли в ближайшие годы после завершения ЛТ в большинстве случаев от прогрессирования основного заболевания. Поэтому повышение эффективности лечения РШМ, в первую очередь, зависит от совершенствования лучевых способов лечения.

Наиболее перспективным способом повышения эффективности ЛТ является использование способов и средств, которые позволили бы расширить радиотерапевтический потенциал с помощью радиомодифицирующих агентов, т.е. избирательно усилить повреждение опухоли и одновременно снизить радиопоражаемость окружающих здоровых тканей [7,8].

В настоящее время применяется большое количество способов радиомодификации в онкологии, но все они имеют существенные недостатки:

- Эффективные электроноакцепторные соединения (метронидазол, изометронидазол, тинидазол). Применение данных препаратов весьма токсично, при нетоксичных дозах сенсабилизирующий эффект мал.

- Гипергликимия вызывает побочные эффекты в виде гипертермии, озноба, тошноты, повышения артериального давления.

- Применение локальной гипертермии и низкоинтенсивного лазерного излучения возможно в основном только при опухолях наружных локализаций: головы и шеи, кожи и мягких тканей, молочной железы и прямой кишки.

- В ходе применения гипербарической оксигенации невозможно определить кислородный статус опухоли в процессе вдыхания кислорода.

Современные достижения в области медицинской техники, молекулярной биологии, генетики, биохимии, иммунологии и вирусологии, позволяют значительно расширить представления о молекулярно-генетической природе рака, глубже понять патогенетические механизмы опухолевого роста и способствуют совершенствованию традиционных методов борьбы с раком.

Целью разработки является создание системы позволяющей производить адекватную оценку насыщения кислородом опухоли в ходе комплексного лечения плоскоклеточного рака шейки матки с применением озона в качестве радиомодифицирующего агента.

Теоретическое обоснование используемой методики

Для большинства больных РШМ характерна значительная распространенность опухоли, а ухудшающееся кровоснабжение опухоли и нарастающая в связи с кровотечением анемия являются причинами тяжелой гипоксии опухоли у большинства больных. Обмен веществ в раковых клетках идет почти без доступа кислорода. Они получают энергию в процессе анаэробного гликолиза, который характерен для бактерий. Именно это отличие от остальных клеток организма является уязвимым местом этих клеток. Опухоль, находящаяся в состоянии гипоксии, в 2-3 раза менее чувствительна к облучению. [4,5] Соответственно в условиях высокого содержания кислорода опухоль становится наиболее уязвимой для действия лучевой терапии и химиопрепаратов.

Кислородный эффект (КЭ), при котором наблюдается усиление лучевого поражения при повышении концентрации кислорода, был обнаружен по различным показателям лучевого поражения, как в модельных системах, так и в экспериментах на всех уровнях биологической организации. Наиболее общепринятой признана точка зрения о роли электроноакцепторных свойств молекулы кислорода, являющейся бирадикалом. Вследствие этого кислород активно взаимодействует с образующимися при действии излучений радикалами биологических молекул, и, как бы фиксируя возникшие в них потенциальные повреждения, делает их труднодоступными или недоступными для репарации (способность клеток исправлять химические повреждения и разрывы в молекулах ДНК).

Представления о возникновении потенциальных скрытых повреждений сформировались к концу 50-х годов, согласно которым в макромолекулах при их ионизации возникают скрытые повреждения, которые в отсутствие кислорода сами по себе еще не ведут к потере активности, однако, будучи фиксированы кислородом, переходят в явные повреждения. [1]

Участие кислорода в реализации возникающих под влиянием облучения потенциальных повреждений в клетках происходит в момент их становления. Наиболее четко это продемонстрировано в экспериментах с использованием метода сверхбыстрого смешивания и импульсного облучения. Предварительно было установлено, что добавление кислорода к бактериям, находящимся в условиях аноксии, за 20 мс до облучения обеспечивало полную оксигенацию, и соответственно, усиливало их поражение. Доставка же кислорода через 5—10 мс после импульсного облучения (длительность импульса 7 мс) уже не модифицировала эффекта, наблюдавшегося в аноксии. Подтверждение этому получено и после усовершенствования методики эксперимента: оказалось, что усиление эффекта становится несущественным даже при добавлении кислорода через 2 мс после облучения.

Аналогичные данные о временных факторах проявления КЭ получены на клетках млекопитающих. В конце 70-х годов было показано, что при подведении кислорода к фибробластам китайского хомячка всего через 0,3 мс после облучения коэффициент кислородного усиления (ККУ) уменьшается с 2,6 (в случае присутствия кислорода в момент облучения) до 1,5. Если же кислород подводили спустя 5 мс после облучения, то ККУ снижался до 1,1. Для получения максимальной сенсибилизации в этих экспериментах кислород надо было подавать в камеру за 1—2 мс до начала облучения. По-видимому, это время было необходимым для того, чтобы кислород мог продиффундировать к «критическим» внутриклеточным структурам.

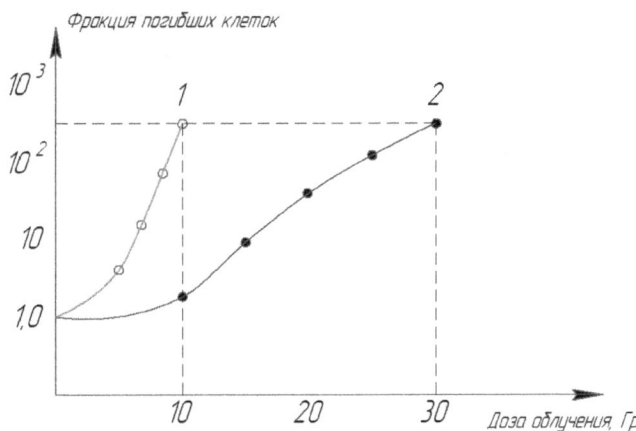

Рис. 1. Кривые выживания клеток китайского хомячка, подвергнутых рентгеновскому облучению: 1 — в воздухе. 2 — в азоте;

Согласно данным других исследователей, для достижения полной сенсибилизации клеток млекопитающих кислород должен подводиться еще раньше — не позднее чем за 40 мс до облучения. Подача кислорода за 3—5 мс увеличивает радиочувствительность клеток не более чем в 1,7 раза.

Таким образом, практически сенсибилизирующее действие кислорода при облучении животных клеток может проявиться только тогда, когда он присутствует непосредственно в момент облучения. [1]

Известно, что озон является донатором кислорода. Введенный в организм человека озон распадается на молекулярный и атомарный кислород, который, проникая в опухоль, значительно увеличивает ее чувствительность к воздействию лучевой терапии.

Используемый метод

Основная идея применения системы измерения насыщения кислородом опухоли в комплексном лечении плоскоклеточного рака шейки с использованием кислорода в качестве радиомодифицирующего агента заключается в следующем. Перед каждым сеансом лучевой терапии, за 20 минут, проводится трансректальная инсуфляция озонокислородной смесью в качестве радиомодификатора. Для этой цели используется аппарат «Медозон-ВМ» с подачей озона на выходе 15μ/ml на 1,5л. Для проведения адекватной оценки насыщения кислородом опухоли применяется «гинекологический измеритель оксигенации крови» (ГИОК) с размещенными на концах бранш зажима фотоплетизмографическими датчиками. Помещая между датчиками опухолевую ткань, становится возможным определить показатель сатурации ее кислородом. В качестве интерпретирующего устройства нами был использован конал пульсоксиметрии прикроватного монитора реаниматолога Triton МПР-5-02.

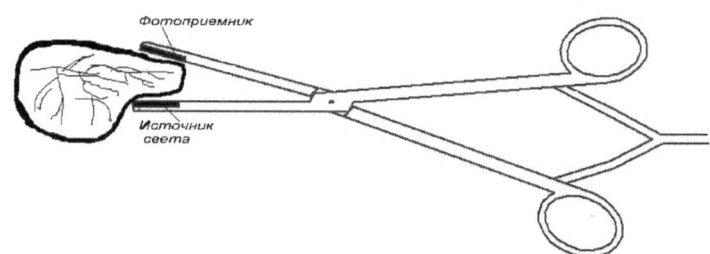

Рис. 2. Датчик фотоплетизмограммы при исследовании кровотока пораженной ткани.

До введения озонокислородной смеси в прямую кишку показатели сатурации кислородом находятся в диапазоне 76-85%, что свидетельствует о гипоксии опухоли. После инсуфляции показателя оксигенации опухоли достигают своего максимума, т.е. 99%. Максимальное насыщение кислородом опухоли контролируется посредством «ГИОК» во время инсуфляции.

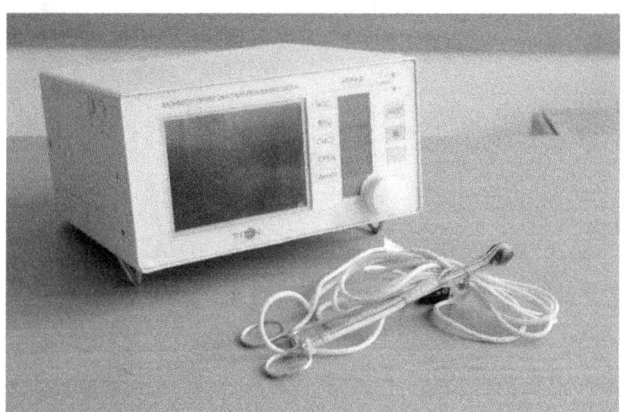

Рис. 3. Опытный образец гинекологического измерителя оксигенации крови.

Гинекологический Измеритель Оксигенации Крови

Гинекологический измеритель оксигенации крови (патент на полезную модель №121721) представляет собой две бранши, закрепленные с возможностью движения друг относительно друга. На дистальных концах бранш размещены два элемента датчика сатурации кислородом: источники излучения в красном и инфракрасном световом диапазоне, выполненные на одной подложке и кремниевый фотоприемник, сигнал которого пропорционален абсорбции света, проходящего через исследуемую ткань. Питающие и сигнальные провода выводятся с проксимальных концов через отверстия в кольцевых ручках. Сам зажим выполняется из медицинской пластмассы марки Purell HM671T. Показатель оксигенации опухоли и фотоплетизмограмма выводятся на экран прикроватного монитора Triton МПР-5-02. Также возможно использовать «ГИОК» как в качестве дополнительного измерительного модуля для уже имеющихся в большинстве центров онкогинекологии прикроватных мониторов, так и в качестве портативного измерителя сатурации кислородом опухолевых тканей в комплексном лечении РШМ.

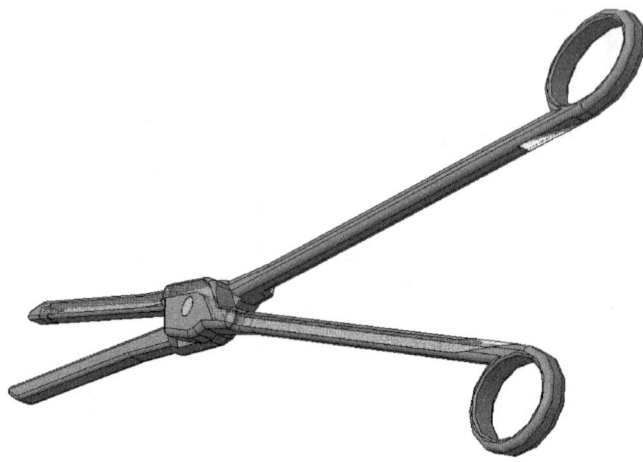

Рис. 4. 3D модель зажима гинекологического измерителя оксигенации крови.

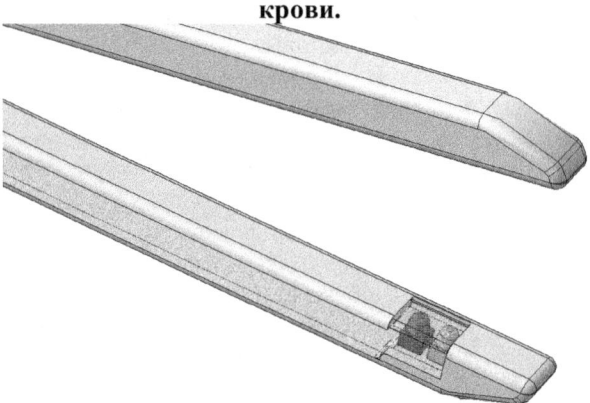

Рис. 5. 3D модель расположения источников излучения в красном и инфракрасном световых диапазонах.

Экспериментальные исследования

На базе ГАУЗ «Республиканский клинический онкологический диспансер Министерства здравоохранения Республики Татарстан» были проведены исследования эффективности применения «ГИОК» при радиомодификации кислородом в комплексном лечении плоскоклеточного рака шейки матки.

В исследовании участвовали 53 добровольные пациентки в возрасте от 24 до 63 лет со IIb стадией заболевания без распространения на близлежащие лимфатические узлы или отдаленные органы. Все больные получали химиолучевую терапию по схеме, принятой с 1997г. в НИИ онкологии им. Н.Н.Петрова.

В основную группу входили 31 пациентка, которым перед каждым сеансом облучения проводили транректальную инсуфляцию озонокислородной смеси при помощи аппарата «Медозон-БМ». При этом была использования оригинальная методика и аппаратно-программная реализация оценки насыщения кислородом опухоли при помощи ГИОК, осуществляемая посредством размещения между фотоплетизмографическими датчиками, расположенными на дистальных концах бранш зажима, опухолевой ткани. Значения показателей сатурации опухоли кислородом и соответствующая ей фотоплетизмограмма выводились на экран прикроватного монитора Triton МПР-5-02. До введения в прямую кишку озонокислородной смеси показатели сатурации кислородом колебались в среднем на значении 80%. После инсуфляции показатели оксигенации, в среднем к 20-ой минуте, достигали своего максимума равного 99%, после чего проводился сенанс лучевой терапии.

Остальные 21 пациентки составили контрольную группу, которым было проведено комплексное лечение по тому же плану, но озонотерапию не проводили. Через 3 недели после химиолучевой терапии всем 53 пациенткам выполнили радикальную гистерэктомию с двусторонней подвздошной лимфаденэктомией по методу Вертгейма – Мейгса. Выделенные опухоли фиксировали в 10% формалине и заливали в парафин для последующей оценки на парафиновых срезах толщиной 3-5мкм.

Экспериментальные результаты

У 44,8% пациенток под влиянием озонотерапии не определились опухолевые структуры, в контрольной группе подобные больные составили 27,2%.

Изменения стадии опухолевого процесса не зафиксированы у 3% больных после проведения озонотерапии и у 4,5% из контрольной группы, что является статистически незначительными различиями по сравниваемым группам.

У оставшихся больных наблюдался регресс опухоли, более выраженный на фоне озонотерапии.

Полученные нами данные указывают на увеличение чувствительности опухолевых клеток к химиолучевой терапии в условиях оксигенации под влиянием озонотерапии, что, вероятно, произошло в результате подавления негативных последствий гипоксии, таких как мутация p53, изменение экспрессии генов, подавляющих апотоз [], аутофагию [], усиление анаболических процессов [], образование свободных радикалов [], ангиогенез [].

Заключение

Система оценки показателей сатурации кислородом опухоли реализуема и работоспособна, что подтверждается результатами экспериментальных исследований опытного образца «ГИОК» проведенных на базе ГАУЗ «Республиканский клинический онкологический диспансер Министерства здравоохранения Республики Татарстан» за период с 2008 по 2011 г.

Использование предложенного технического решения позволяет повысить эффективность комплексного лечения плоскоклеточного рака шейки матки, с применением в качестве радиомодифицирующего агента озонокислородной смеси, что в свою очередь позволяет значительно увеличить количество больных раком шейки матки для последующего хирургического лечения, то есть перевести заведомо неоперабельных пациенток в группу больных с резектабельным опухолевым процессом, что в перспективе увеличивает выживаемость больных с заболеванием данного вида.

Также применение системы оценки сатурации кислородом опухоли «ГИОК» демонстрирует целесообразность выполнения работ, связанных с освоением серийного производства образцов системы назначения измерения параметров оксигенации, адоптированных к применению в онкогинекологии.

Трифонов И.С., магистр-инженер, ФГБОУ ВПО "ИжГТУ им. М.Т. Калашникова", mike_i_90@mail.ru

Бажин А.Г., старший преподаватель кафедры "КТПМП", институт "СТМАМ", ФГБОУ ВПО "ИжГТУ им. М.Т. Калашникова, bagert@inbox.ru

Пузанов Ю.В., к.т.н., доценты кафедры "КТПМП", институт "СТМАМ", ФГБОУ ВПО "ИжГТУ им. М.Т. Калашникова"

Тарасов В.В., д.т.н., профессор, "Институт механики УРО РАН"

ИССЛЕДОВАНИЕ АБРАЗИВНОГО ИЗНАШИВАНИЯ МАТЕРИАЛОВ НА СТАНКЕ С ЧПУ

Важной эксплуатационной характеристикой материалов является износостойкость. Поэтому исследования триботехнических и механических свойств с использованием современных методов контроля - научная задача, без решения которой невозможно создание новых материалов.

Практически в любых узлах трения в той или иной мере наблюдаются явления, связанные с воздействием абразивных частиц, которые значительно ускоряют процессы изнашивания. Одним из базовых методов, моделирующих подобные условия, является метод изнашивания материала о закрепленный абразив (абразивную шкурку) при заданных параметрах - скорости движения, величине статической нагрузки и зернистости абразива [1].

Однако, используемое для испытаний оборудование (например, машина трения Х-4Б) имеет ограниченные возможности и не позволяет изменять начальные параметры в ходе испытаний, а также воспроизводить сложные траектории движения, что важно для изучения особенностей изнашивания материалов в различных условиях эксплуатации. Для решения этой задачи нами предложено использовать фрезерный станок с ЧПУ - КХ3А с комплектом специально разработанной оснастки.

В качестве испытуемых образцов применялись цилиндрические заготовки из стали, меди и латуни диаметров 5 мм. Образец закреплялся в цанговом патроне шпинделя станка с вылетом образца до 10 мм. Траектория движения – прямолинейная. Общий путь трения составлял 3700 мм.

Обработка результатов эксперимента показала следующее:

1. С ростом зернистости абразивной шкурки износ материала увеличивается: чем больше размер зерна, тем выше величина износа.

Пример: материал – сталь 45, нагрузка (P) – 3Н, подача (F) – 250 мм/мин, частота вращения (S) – 750 мин$^{-1}$. При трении по мелкозернистой шкурке (4) величина износа составила 0,5 мм, по крупнозернистой шкурке (40) – 1,24 мм. Износ увеличился в 2,5 раза.

2. Рост статической нагрузки сопровождается увеличением износа: чем выше сила прижатия, тем больше износ материала.

Пример: материал – сталь 45, зернистость – 40, подача (F) – 250 мм/мин, частота вращения (S) – 750 мин$^{-1}$. При статической нагрузке 3Н величина износа составила 1,31 мм, при 12Н – 2,62 мм. Износ увеличился в 2 раза.

3. При испытаниях замечены изменения в картине изнашивания для стальных и цветных материалов: с ростом подачи – износ у стали 45 увеличивался, а у меди и латуни наоборот – падал. Вероятно, это связано с изменением условий контактирования (площадь трения) вызванных изгибом оси образца для материалов с низкими физико-механическими характеристиками. Установление подлинных причин этого эффекта требует провидения дополнительных исследований.

4. Современное оборудование позволяет расширить число исследуемых факторов влияющих на процесс абразивного изнашивания. В качестве дополнительного фактора было выбрано вращения образца вокруг собственной оси. В ходе экспериментов наблюдалось повышение износа (рис. 1).

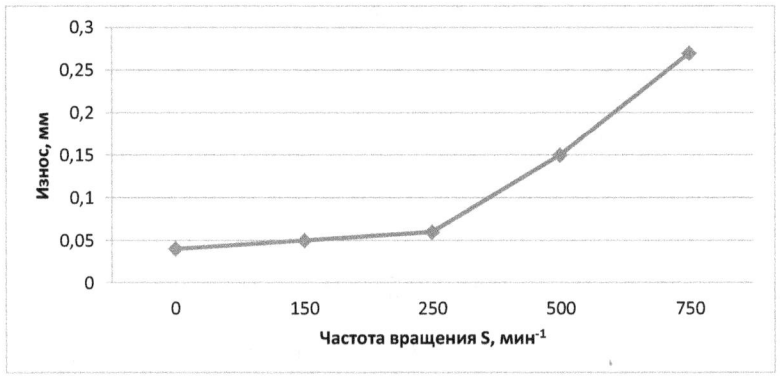

Рис. 1. Влияние частоты вращения образца на износ образца из стали 45 при подаче S=250 мм/мин; шкурка – крупнозернистая (40)

Согласно результатам эксперимента величина снимаемого слоя увеличивается в 2–15 раз при добавлении вращения образца. Самые высокие показатели износа наблюдались при трении образцов из черных и цветных металлов по крупнозернистой шкурке (40) с максимальной нагрузкой в 12Н и низкой подаче – 250 мм/мин (рис. 2).

Процесс снятия стружки зернами шлифовальной ленты следует рассматривать исходя из положения о том, что последующее абразивное зерно, как правило, не попадает на место предыдущего или попадает в уже заранее полученные впадины [2]. При вращении образца обработка торца в зоне контакта при трении по закрепленному абразиву происходит равномернее, чем при движении без вращения. Это позволяет повысить качество поверхности в несколько раза.

Пример: материал – латунь, нагрузка (P) – 11Н, подача (F) – 250 мм/мин, частота вращения (S) – 750 мин$^{-1}$. При трении по крупнозернистой шкурке (40) шероховатость поверхности (Ra) после трения без вращения составляла 12,5 мкм, с вращением – 2,5 мкм. Качество поверхности значительно улучшилось

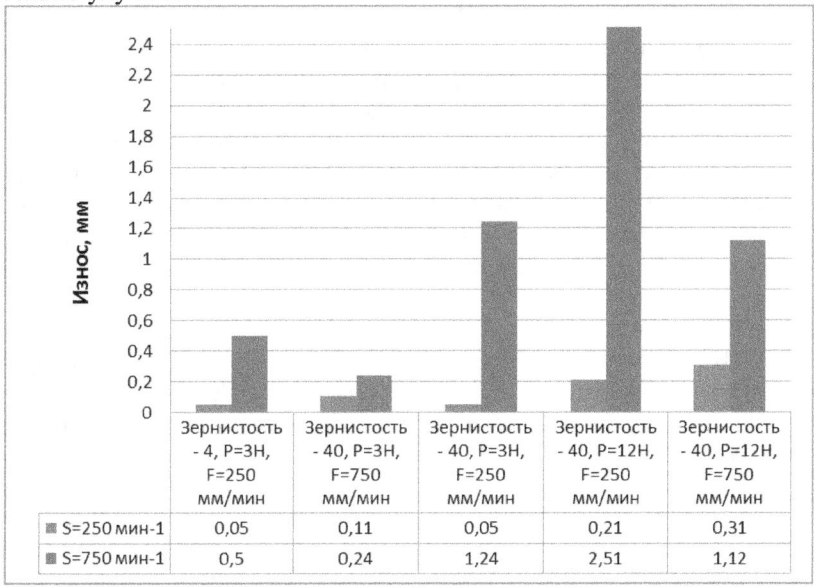

Рис. 2. Изменение износа образца из стали 45 при различных частотах вращения.

Выводы и результаты:

1. В ходе эксперимента установлено влияние исследуемых факторов на величину износа.

2. Включение дополнительного фактора – вращение образца вокруг своей оси, не только повышает качество поверхности, но и увеличивает износ в несколько раз.

3. При исследовании износостойкости материалов с высокой твердостью (например: твердые сплавы) добавление вращения позволит сократить время проведения опыта.

Список литературы

1. Хрущов, М.М. Бабичев, М.А. Абразивное изнашивание. – М.: Изд-во "Наука", – 1970. – 219 с.

2. Маслов, Е.Н. Теория шлифования материалов. - М.: Машиностроение. – 1974.

Р. Р. Файзуллин, д.т.н., профессор, КНИТУ-КАИ, fajzullin.unir@kstu.ru
М.С. Воробьев, аспирант (КНИТУ – КАИ, Казань)
В.В. Кадушкин, аспирант (КНИТУ – КАИ, Казань)

МОДЕЛИРОВАНИЕ И АНАЛИЗ ЭФФЕКТИВНОСТИ ЛИНЕЙНЫХ И НЕЛИНЕЙНЫХ КВАЗИОПТИМАЛЬНЫХ МЕТОДОВ МНОГОПОЛЬЗОВАТЕЛЬСКОГО ДЕТЕКТИРОВАНИЯ

Статья посвящена анализу эффективности применения нового подкласса многопользовательских приемников, реализующих гибридную параллельно-последовательную технологии отсечения внутриканальных помех множественного доступа, позволяющую получать более простые, технически реализуемые решения на ПЛИС. Выполнено иммитационное моделирование в программной среде MatLab и получены сравнительные оценки помехоустойчивости для базовых типов алгоритмов многопользовательского детектирования.

Ключевые слова:

CDMA-системы, многопользовательское детектирование, технология отсечения внутриканальных помех, квазиоптимальные алгоритмы обработки многоканального сигнала, помехоустойчивость, битовая ошибка.

В классификации алгоритмов многопользовательского детектирования (МПД) различают два основных класса: оптимальные и субоптимальные многопользовательские детекторы. Вычислительная сложность оптимального МПД, обладающего максимальной помехоустойчивостью [1,2], имеет экспоненциальную зависимость от числа пользователей, что делает его непривлекательным для практического применения. Среди субоптимальных МПД детекторов, наибольшее применение на практике нашли линейные и нелинейные приемники.

В линейных приемниках над вектором «мягких» статистик в традиционных детекторов применяются линейные преобразования для получения преобразованного вектора данных со значительно уменьшенным уровнем внутриканалных помех (MAI), либо полностью исключенным, в случае использования декоррелятора или детектора MMSE (минимума среднеквадратичной ошибки). В нелинейных схемах многопользовательских приемников, называемых также субтрактивными, генерируются оценки значений помехи и далее помеха удаляется из принятого сигнала еще до процедуры детектирования. Одним из наиболее интересных подходов к построению нелинейных МПД является использование методики многостадийного субтрактивного отсечения помех множественного доступа (MAI).

Учитывая, что субтрактивные схемы требуют оценки амплитуды и фазы несущих всех активных пользователей, при выборе схемы МПД требуется либо уменьшать сложность линейных алгоритмов, либо увеличивать производительность субтрактивных схем.

Адаптированные к решению задач МПД эвристические алгоритмы на основе генетического программирования (GA-MUD) и эволюционных вычислений (Ep-MUD), в сравнении с Rake-приемником, характеризуются невысокой вычислительной сложностью и приемлемой помехоустойчивостью. Анализ помехоустойчивости для GA-МПД и ЕР-МПД алгоритмов, даже при значительных ошибках при оценке модуля амплитуд и фазы порядка 15%, демонстрируют лучшие показатели при сравнении с Rake-приемником. Оба алгоритма более чувствительны к ошибкам фазы, чем к ошибкам по амплитуде.

В процессе исследований эффективности указанных детекторов выполнено имитационное моделирование обратного многолучевого канала DS-CDMA системы и сравнительный анализ эффективности рассматриваемых многопользовательских приемников для различных помеховых ситуаций.

На передающей стороне формируется групповой сигнал $r(t)$, который в векторной форме можно представить в виде:

$$r(t) = \sum_{i=0}^{I-1} \mathbf{s}^T (t - iT_b) \mathbf{ac}^{(i)} \mathbf{b}^{(i)} + \eta(t), \qquad (1)$$

где $\mathbf{s}^T$ - вектор пользовательских сигнатур, a - вектор амплитуд, $\mathbf{b}^{(i)}$ - вектор бит для k-го пользователя, $\mathbf{c}^{(i)}$ - диагональная матрица канальных коэффициентов.

Для оценки канального коэффициента усиления и задержки сигнала для каждой из многолучевых компонент, необходим отдельный блок оценки канала. Восстановленный по амплитуде сигнал (каждая из многолучевых компонент) подается на блок восстановления задержки. Таким образом, на выходах первичного каскада демодуляции (в простейшем случае многоканальный Rake-приемник) формируется сигнал:

$$z_{Conv\_k}^{(i)} = \int_{iT+\tau_k}^{(i+1)T+\tau_k} \mathrm{Re}\left\{ r(t)s_k(t - iT - \tau_k)e^{-j\phi_k} \right\} dt = \sqrt{P_k} b_k^{(i)} + I_k^{(i)} + n_k^{(i)} \qquad (2)$$

где ϕ_k - принимаемая фаза несущей (искаженная каналом) k-го пользовательского сигнала; первое слагаемое в формуле представляет собой полезный сигнал, последнее – отфильтрованный шум. Средняя компонента – помеха множественного доступа (MAI).

Помехи множественного доступа генерируются в виде:

$$I_k^{(i)} = \left(\sum_{l=k+1}^{K} W_l p_{kl}(1) b_l^{(i-1)} e^{j\beta\phi_l(i-1)} + \sum_{l \neq k} W_l p_{kl}(0) b_l^{(i)} e^{j\beta\phi_l(i)} + \sum_{l=1}^{k-1} W_l p_{kl}(-1) b_l^{(i+1)} e^{j\beta\phi_l(i+1)} \right) e^{-j\beta\phi_k(i)}, \quad (3)$$

где $W_l^{(i)} = \sqrt{P_l} \left| C_l^{(i)} \right|$ канальный коэффициент усиления для l-го интерферирующего пользователя; для АБГШ $\left| C_l^{(i)} \right| = 1$ для всех i. Для генерации MAI для каждого пользователя также необходимо знать значения частной корреляции. Очистка пользовательских сигналов на s-й итерации реализуется в виде:

$$z_k^{(i)}(s) = z_{Clear\_k}^{(i)} - \hat{I}_k^{(i)}(s) = b_k^{(i)} \sqrt{P_k} + n_k^{(i)} + \underbrace{\underbrace{I_k^{(i)} - \hat{I}_k^{(i)}(s)}_{\text{остаточюое MAI}}}_{\text{остаточный шум}}. \quad (4)$$

Таким образом, генерация MAI и ее последующее вычитание из группового сигнала происходит на каждом следующем каскаде. На последующих каскадах производится обработка с «очищенным» от MAI групповым сигналом. На последнем каскаде формируются жесткие оценки битовых решений для каждого пользователя.

Рассмотрим систему CDMA на основе традиционного приемника с использованием исходных оценок с помощью эвристических алгоритмов МПД – генетического алгоритма (GA) и эволюционного алгоритма (Ep) [6].

В блоке эвристической обработки по одному из выбранных алгоритмов, GA или Ep, (рис.1) производится принятие оценки битовых решений B1, где G – количество итераций алгоритма, g – текущая итерация алгоритма, T – размер скрещиваемой популяции (определяет скорость сходимости алгоритма), p – максимальный размер популяции.

При ограничении пространства поиска все эвристические алгоритмы направлены на поиск решения, соответствующего целевой функции, что позволяет оценить тенденцию (траекторию) продвижения при поиске оптимального решения.

Каждый эвристический алгоритм максимизирует логарифмическую функцию правдоподобия в каждой последующей итерации, проверяя конкретный фрейм вероятного бита-кандидата (бита, включенного в популяцию на текущей стадии итерации). Каждая итерация направлена на повышение средней помехоустойчивости системы для К пользователей. Чем больше таких итераций, тем больше помехоустойчивость системы приближается к оптимальной.

В рамках выполнения GA и Ep алгоритмов выполняется следующая последовательность операций: инициализация популяции, оценка, репродукция (конкурирование), генетические операции (мутация и кроссовер), замещение и отработка критерия останова алгоритма.

Инициализация популяции (пространства поиска, характеризующееся всеми возможными комбинациями информационных бит, передаваемых пользователями) подразумевает выбор размера популяции, поскольку является решающим фактором, влияющим на затратность вычислений и качество принимаемых решений. В случае выбора малого размера популяции можно говорить о снижении помехоустойчивости ввиду того, что популяция охватывает всего лишь малую часть пространства поиска. Большой размер популяции дает репрезентативное решение поставленной задачи, исключая преждевременную сходимость поиска.

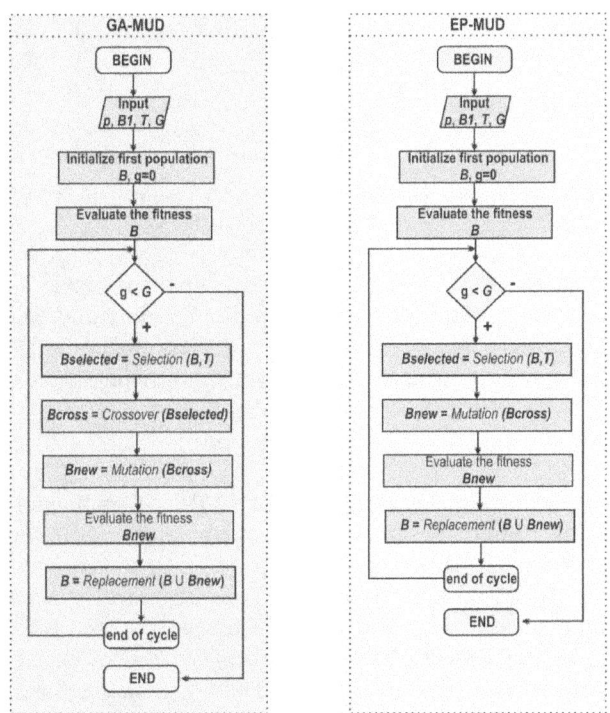

Рис 1. Блок-схема работы алгоритмов GA-МПД и ЕР-МПД

На рис.2 представлены результаты моделирования алгоритмов МПД на основе декоррелятора, MMSE, гибридной параллельно-последовательной технологии отсечения MAI и эвристических алгоритмов GA-МПД и Ер-МПД. Исследования показали, что наиболее эффективными и технически рентабельными для класса широкополосных CDMA-систем становятся квазиоптимальные решения многопользовательских адаптивных гибридных приемников, обладающие полиномиальной вычислительной сложностью, реализуемые на базе однородных вычислительных сред с высокой степенью внутреннего параллелизма и потоковой обработки, а по эффективности - приближающихся к оптимальным.

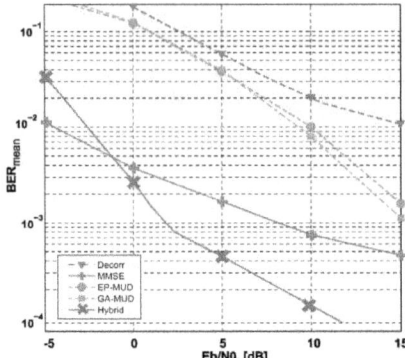

Рис.2. Зависимость средней вероятности битовой ошибки BER от соотношения сигнал/шум Eb/N$_0$

Эти свойства обеспечивают практическую реализуемость полученного алгоритма на современной элементной базе и позволяют решать актуальную для мобильных телекоммуникаций задачу повышения системной емкости и помехоустойчивости приема сигналов.

Литература:

1. Tan P. H. Multiuser Detection in CDMA-Combinatorial Optimization Methods. PhD thesis, Chalmers University of Technology, 2001. Goteborg. p.93-103.
2. Verdu, S. Minimum probability of error for synchronous Gaussian multiple-access channels. IEEE Transactions on Information Theory, 1986. №32. p.85–96.
3. P.Patel and Holtzman, J. M. Analysis of a single sucessive interference cancellation scheme in a ds/cdma system. IEEE Journal on Selected Areas in Communications, 1994. № 12(5).p.796–807.
4. Duel-Hallen, A. A family of multiuser decision-feedback detectors for asynchronous cdma channels. IEEE Transactions on Communications, 1995. №43(2/3/4): p.421–434.
5. Lim, H. S., Rao, M. V. C., Tan, A. W. C., and Chuah, H. T. Multiuser detection for ds-cdma systems using evolutionary programming. IEEE Communications Letters, 2003. №7(3). p.101–103.
6. Ciriaco F., Abrao T., Jeszensky P.J.E.: DS/CDMA Multiuser Detection with Evolutionary Algorithms. Journal of Universal Computer Science, vol. 12, no. 4 (2006), 450-480.

В. П. Май

канд. техн. наук, Институт автоматики и процессов управления
Дальневосточного отделения Российской академии наук
E-mail: may@iacp.dvo.ru

МОДЕЛИРОВАНИЕ ДИНАМИКИ СКЛОНОВОГО СТОКА НА ВОДОСБОРЕ РЕЧНОГО БАССЕЙНА

Предложена и программно реализована пространственная математическая модель формирования речного стока, включающая склоновый водосбор с использованием цифровой модели рельефа территории речного бассейна. Вычислительные эксперименты на реальных данных показали возможность практического применения предложенного подхода. Для повышения вычислительной эффективности реализованной программы выполнено распараллеливание расчетов на кластере ЭВМ, а для наглядного представления результатов расчетов реализована программа анимационной визуализации.

Введение

Моделированию гидрологических процессов посвящено большое количество работ, в том числе по математическому моделированию процессов формирования стока, как в отечественной [1-24], так и в зарубежной литературе [25-35]. Это объясняется важным практическим значением подобных работ.

Выбор математической модели для решения конкретной задачи зависит от наличия исходной информации и требований к точности и детальности расчетов. Полные модели настолько сложны, что только в простейших случаях возможно получение аналитического решения. Поэтому для практических целей главное найти приближенные численные решения поставленных математических задач. Для этого в основном применяются спектральные и сеточные методы [6, 29, 30, 33-35].

Механизм формирования стока на каждом конкретном водосборе зависит от присущих ему особенностей климата, рельефа, почв, растительного покрова, землепользования и ряда других факторов. Поскольку построение общей модели формирования стока для реальных водосборов не может быть сведено к простому объединению моделей отдельных гидрологических процессов, в виде аналога модели может быть выбрана двумерная модель формирования стока [14] с акцентом на роль рельефа в качестве одного из основных факторов [3,7,8,9].

Вместе с тем, во многих известных работах, несмотря на пространственно-распределенный характер факторов стокообразования, обусловленных рельефом, почвенным и растительным покровом, в основном используются модели с сосредоточенными параметрами, что можно объяснить ограниченностью информационной базы и сложностью практической реализации распределенных моделей. Кроме того, большинство моделей ориентировано на получение конечного результата и не моделируют динамику процесса на малых масштабах времени. Однако для некоторых территорий определяющее значение имеет исследование динамики водостока на реальном рельефе. Тем более, что уже накоплено достаточное количество фактических данных о местности, а развитие высокопроизводительных многопроцессорных систем позволяет реализовывать модели с распределенными параметрами с высокой степенью пространственного разрешения.

Поэтому в последнее время в ряде работ [36-41] по реализации гидрологических моделей с распределенными параметрами усилия разработчиков направлены на использование параллельных вычислений для повышения эффективности применяемых вычислительных методов. Например, в работе [37] акцент делается на распараллеливание используемого в модели метода конечных разностей. Трехмерное пространство расчета отображается на двумерный массив обрабатывающих процессоров, чем достигается наилучшая эффективность обработки. В работе [38] рассматривается векторная и параллельная обработка данных на суперкомпьютере Cray Y-MP для решения тридиагональной матричной системы в трехмерной модели течения воды. В работе [39] отмечена принципиальная необходимость в параллельных вычислениях при расчете схемы течения и глубин в задаче моделирования наводнения, поскольку вычислительная сложность используемого метода имеет порядок $O(N^4)$ (N – количество узлов расчетной сетки). В основном в рассматриваемых работах применяется традиционная схема организации параллелизма «master-slave» в предположении, что вычислительные затраты на коммуникацию процессоров и работу управляющего процесса пренебрежимо малы в сравнении с работой процессов-вычислителей.

Целью данной работы является моделирование и расчет динамики водостока на реальном рельефе местности при заданном распределении интенсивности осадков и данных о свойствах подстилающей поверхности. В работе предлагается математическая модель и вычислительная схема процесса склонового стока с использованием цифровой модели рельефа и ее реализация на многопроцессорной системе. Предложенная параллельная схема характеризуется высокой эффективностью распараллеливания вычислений.

1. Математическая модель
1.1. Поверхностный сток

Под цифровой моделью рельефа понимается некоторый участок земной поверхности, представленный в виде сетки с квадратными ячейками, в узлах которой заданы высоты над уровнем моря.

Для вывода уравнений, описывающих поверхностной сток, сделаны следующие предположения [10, 11]:

- поверхностный сток начинает формироваться после заполнения всех бессточных микропонижений рельефа;

- скорость потока в горизонтальном направлении постоянна по всей глубине потока; - вертикальной скоростью в потоке можно пренебречь;

- выполняется условие существования кинематической волны, т.е. расход воды однозначно зависит от уровня;

- жидкость несжимаема;

- транспорт частиц не влияет на динамику потока;

- инерционной составляющей потока можно пренебречь, то есть вода на поверхности может быть представлена рядом статических состояний.

Учитывая сделанные предположения, запишем уравнение неразрывности в виде

$$\frac{\partial h}{\partial t} + \mathrm{div}(q) = K, \qquad (1)$$

где h - глубина слоя движущейся воды, м; q - элементарный расход воды, м^2/с; K - изменение уровня воды, не связанное с поверхностным стоком, которое включает в себя интенсивность выпадения осадков, инфильтрационные потери, а также потери стока, обусловленные задержкой в бессточных углублениях и перехватом растительным покровом, м/с. Для вычисления расхода воды q воспользуемся эмпирической формулой Шези-Маннинга [11]:

$$q = \frac{u^{1/2} h^{5/3}}{\eta}, \qquad (2)$$

где u - уклон подстилающей поверхности, доли единицы; η - коэффициент шероховатости Маннинга, с/м$^{1/3}$.

В результате получаем уравнение для сплошного стока:

$$\frac{\partial h}{\partial t} + \mathrm{div}\left(\frac{\sqrt{u} h^{\frac{5}{3}}}{\eta} \right) = K(t). \qquad (3)$$

В общем случае величина стокообразования K в формуле (1) определяется как

$$K = R - I - P_v - P_s, \qquad (4)$$

где R - интенсивность осадков, м/с; I - потери на инфильтрацию, м/с; P_v - перехват осадков растительностью, м/с; P_s - задержание в микродепрессиях поверхности (поверхностное задержание), м/с.

Поскольку основной целью построенной модели является определение затопления при продолжительных ливневых дождях, а поверхностное задержание и перехват растительностью формируют стоковые потери только на начальных периодах выпадения осадков, нет необходимости рассматривать отдельное развитие этих процессов во времени - они учитываются, как определенный объем, который должен быть заполнен перед тем, как начнется процесс стока. Для моделирования инфильтрационных потерь в связи с вычислительными трудностями, а также сложностью определения параметров, предложено использовать упрощенную модель инфильтрации [10], согласно которой интенсивность впитывания во время выпадения осадков описывается зависимостью

$$I = A + Bt^{-\omega}, \qquad (5)$$

где A, B, ω - эмпирические параметры; интенсивность впитывания после прекращения дождя принимается величиной постоянной

$$I = A + Bt_r^{-\omega}. \qquad (5a)$$

Суммируя вышесказанное, величина K будет вычисляться по следующим соотношениям:

$$K(t) = \begin{cases} r_c - A - B\left(\dfrac{t_r^{1-\omega}}{(1-\omega)t_r} \right), 0 \le t \le t_r \\ -A - Bt_r^{-\omega}, t > t_r \end{cases}. \qquad (6)$$

1.2. Русловый сток

Для большинства водосборов нет необходимости введения отдельной системы русловых каналов, поскольку при нашем довольно точном представлении поверхности в виде цифровой модели они сформируются самостоятельно при небольших, порядка нескольких метров, размерах одной ячейки. Однако для некоторых водосборов необходимо отдельно рассчитывать сток по речному руслу. В этом случае используем одномерное уравнение неразрывности в следующем виде:

$$\frac{\partial S}{\partial t} + \frac{\partial Q}{\partial x} = k, \qquad (7)$$

где S - площадь поперечного сечения движущейся воды, м^2, Q - расход воды, м^3/с, k - боковой приток в речное русло, м^2/с. Используя формулу Шези для ручейкового стока [11], получаем уравнение

$$\frac{\partial S}{\partial t} + \frac{\partial}{\partial x}\left(\sqrt{u}S^{5/3}/\eta P^{2/3} \right) = k, \qquad (8)$$

где P - смоченный периметр, м.

1.3. Вычислительная схема

Реализация предложенной модели сводится к интегрированию уравнений (3) и (8). Для проведения имитационных расчетов будем использовать явную конечноразностную схему. Например, для уравнения (3) она принимается в следующем виде:

$$h_{i,j}^{k+1} = h_{i,j}^k + \left[-\frac{\Delta t}{\Delta l}(F^k_{i-1,j} - F^k_{i+1,j} + F^k_{i,j-1} - F^k_{i,j+1}) \right] + \Delta t K_{i,j}^{k+1}, \qquad (9)$$

где Δl - линейный размер ячейки, м; Δt - временной шаг, с;

$$F_{i,j}^k = \mathrm{sign}\left(u_{i,j}^k\right)\frac{\left|u_{i,j}^k\right|^{1/2}\left(h_{i,j}^k\right)^{5/3}}{\eta}$$ - поток из текущей ячейки в ячейку i,j, м²/с;

$$u_{i,j} = \frac{\left(H_{i,j} + h_{i,j}\right) - \left(H_{i+1,j} + h_{i+1,j}\right)}{\Delta l}$$ - уклон в долях единицы;

$H_{i,j}$ - высота рельефа в ячейке, м.

Поскольку в заданную область входит вся площадь водосбора, то на границах предполагается свободный сток воды, то есть $h = 0$ за пределами выделенной площади. Также участки почвы со значением $H = 0$ считаются поверхностью мирового океана, и высота водяного столба на них принимается всегда равной нулю. Считается, что в такие ячейки сток не ограничен, и туда стекает расчетное количество воды без изменения их уровня.

Для стабильности предложенного решения необходимо выполнение условия Куранта:

$$\frac{v \cdot \Delta t}{\Delta l} \leq 1, \qquad\qquad (10)$$

где v - горизонтальная скорость потока, м/с.

Поскольку размеры ячейки Δl задаются данными о рельефе, то выполняется

подстройка временного шага Δt. Для этого на каждом шаге вычисляем

параметр $\Delta T = \min\limits_{i,j}\left(\dfrac{\Delta l}{4\max\left(\left|v_{i-1,j}\right|;\left|v_{i+1,j}\right|;\left|v_{i,j-1}\right|;\left|v_{i,j+1}\right|\right)}\right)$.

Тогда на следующем шаге $\Delta t = \min(\alpha\Delta T, t_{fix})$, где t_{fix} - время, задаваемое пользователем, α - коэффициент допуска (в расчетах принимался равным 0.9). Если на текущем шаге $\Delta t^k > \Delta T$, то требуется пересчет этого шага при скорректированном временном параметре. Коэффициент допуска вводится специально для того, чтобы избежать подобных повторных пересчетов. Следует отметить, что при подобном подходе к подгонке временного интервала, практически не выполняются дополнительные расчеты, поскольку значения скоростей потока вычисляются для расчета изменений количества воды в ячейках.

Кроме того, для повышения устойчивости решения можно использовать другие вычислительные схемы, обладающие большей устойчивостью, например схемы типа «чехарда» или Лакса.

2. Программная реализация

На основе предложенной модели и ее вычислительной схемы разработана интерактивная программа расчета динамики водостока. Язык реализации С++, как в среде WINDOWS, так и в среде LINUX. В качестве входных параметров используются данные о рельефе, представляющие собой прямоугольную сетку с указанием высоты в ее узлах, свойства подстилающей поверхности, а также данные об осадках. Результатами расчета являются уровни воды, а также скорости течений на водосборе. Используя эти данные, можно получить расход воды для его сравнения с наблюдаемыми расходами.

Как показали эксперименты, время расчета для водосбора порядка нескольких квадратных километров составляет несколько часов на ЭВМ типа Athlon-1200MHz. При увеличении моделируемой области в два раза по каждому направлению, количества узлов сетки возрастает в 4 раза, количество требуемой памяти – в 8 раз, а время вычислений – в 16 раз. Следовательно, для моделирования больших областей возникает необходимость в распараллеливании расчета. В качестве многопроцессорной системы был выбран кластер микрокомпьютеров МВС16. Для повышения эффективности параллельной схемы требовалось уменьшить количество коммуникаций при вычислениях и обеспечить по возможности равномерную загрузку всех процессоров.

В нашей программе была предложена декомпозиция задачи по данным, со статическим распределением загрузки процессора, поскольку количество операций для обсчета различных ячеек одинаково. Для уменьшения количества пересылаемых данных и, следовательно, времени коммуникации, вся область пространства разделяется на полосы, вдоль длинной границы водосбора. На границе каждой полосы вводится «теневая» зона, которая используется только для вычисления значений в граничных ячейках, а сами величины в этих ячейках получаются с соседних процессоров.

При такой схеме каждый процессор обменивается сообщениями не более чем с двумя соседними. Поскольку в одну полосу могут попадать области, не принадлежащие водосбору, то полосы выбираются неодинаковыми по ширине, то есть распределение данных по процессорам является несбалансированным [42]. Следовательно, перед началом вычислений, производится расчет количества ячеек для вычисления ширины полосы, соответствующей каждому процессору. В качестве библиотеки обмена сообщениями между процессорами использовалась библиотека MPI, которая допускает простую реализацию предложенной схемы с использованием виртуальной декартовой одномерной топологии.

Недостатком указанной схемы является то, что в случае многопроцессорной системы, состоящей из разных по мощности вычислительных элементов, на отдельных процессорах могут возникать значительные задержки, приводящие к падению общего ускорения, то есть ухудшению эффективности параллельной схемы. Для устранения этого недостатка можно предложить использовать схему с распределением данных по запросам [42]. Однако наши эксперименты показали (раздел 3), что несбалансированность нагрузки находится в пределах 2%, поэтому в дальнейших расчетах использовалась именно предложенная схема.

Для наглядного представления динамики водостока была реализована программа для трехмерного графического изображения затопленного рельефа. Для имитации затопления поверхность рельефа закрашивалась с учетом значения уровня воды в каждой ячейке в данный момент времени. Визуализация выполнялась на отдельном компьютере, на который передавались рассчитанные данные с многопроцессорной системы. В качестве графического API была выбрана библиотека OpenGL. Для большей совместимости не использовались специфические расширения, и приложение будет работать на любой видеокарте, удовлетворяющей стандарту OpenGL 1.1. Поскольку количество полигонов отображаемого рельефа может достигать нескольких миллионов, для рендеринга был выбран самый быстрый способ визуализации – с помощью вершинных массивов (vertex array). Приложение позволяет выполнять облет сцены в интерактивном режиме со скоростью 12 fps, а также дает возможность сохранять полученные изображения, как кадры анимационной последовательности, которые затем могут быть преобразованы в видеоролик. На рис. 1 показано изображение начального состояния рельефа и один из промежуточных кадров анимационной последовательности.

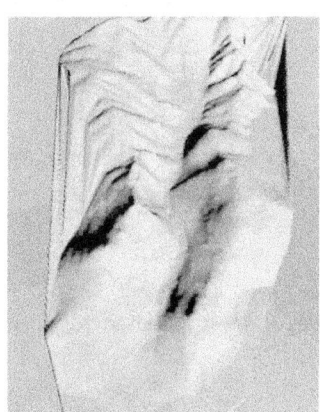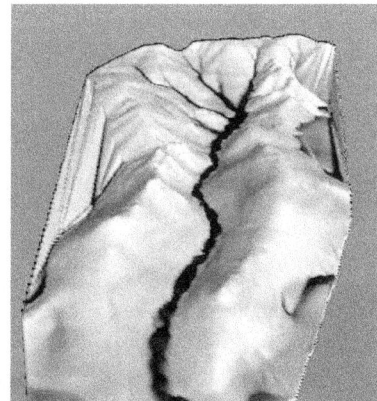

Рис. 1. Визуализация динамики водостока: участок рельефа местности до затопления и в процессе затопления

3. Обсуждение результатов

Для оценки адекватности предложенной модели были проведены вычислительные эксперименты по моделированию водостока с привлечением данных реальных измерений. Использовались данные по водосбору Семеновская падь (Приморский край). Предварительная калибровка модели осуществлялась по имеющимся измерениям осадков и расходов воды в замыкающем створе реки в течение четырех паводков.

Анализ результатов моделирования показывает, что, несмотря на отсутствие точной информации о свойствах поверхности водосбора (коэффициенты шероховатости и инфильтрации), удается получить удовлетворительное воспроизведение динамики водостока при условии предварительной калибровки модели по имеющимся наблюдениям. Погрешности расчета можно уменьшить, если использовать точные данные о поверхности водосбора.

Площадь указанного водосбора составляет 6 км^2, расстояние между соседними ячейками – 10 метров. Размер расчетной сетки - 300x200 узлов, количество действительных узлов – 57840. На этом водосборе время счета на ЭВМ типа Athlon-1200MHz, 512 Mb RAM составило четыре часа для пятидесятичасового процесса водостока. Время расчета на 8-процессорном кластере для тех же исходных данных составило около 30 мин.

Для тестирования параллельного алгоритма расчеты выполнялись на следующем оборудовании: МВС 1000/16, 16 процессоров PIII-800 МГц, 512 Мб RAM, FastEthernet. Программная конфигурация: Linux RedHat 7.2, MPI LAM 6.5.9, gcc 2.96. В качестве оценок эффективности были выбраны ускорение s и дисбаланс загрузки процессоров e [42]. Ускорение рассчитывается по формуле

$$s = \frac{T_1}{T_n},$$

(11)

где T_1 - время вычисления на одном процессоре, с; T_n - время вычисления на многопроцессорной системе, с. Дисбаланс загрузки определялся по формуле

$$e = \frac{T_{max} - T_{min}}{T_{min}},$$ (12)

где T_{max}, T_{min} - соответственно максимальное и минимальное время обсчета одного участка.

В результате для предложенной параллельной схемы достигается ускорение, близкое к линейному, а дисбаланс загрузки не превышает двух процентов на девяти процессорах.

СПИСОК ЛИТЕРАТУРЫ

1. *Болгов М.В., Писаренко В.Ф.* О распределении максимальных расходов воды рек

Приморья // Водные ресурсы, 1999, № 6, с. 710-721.

2..*ВасильевО.Ф.* Математическое моделирование гидравлических и гидрологических

процессов в водоемах и водотоках // Водные ресурсы, 1999, № 5, с. 600-611.

3. *Виноградов Ю.Б.* Математическое моделирование процессов формирования стока.

– Л.: Гидрометеоиздат, 1988, 312 с.

4. *Гиляров Н.П.* Моделирование речных потоков. – Л.: Гидрометеоиздат, 1973.

5. *Даценко Ю.С., Иваненко С.А., Корявов П.П., Эдельштейн К.К.* Математическая

модель динамики вод и распространения загрязняющих веществ в Иваньковском

водохранилище // Водные ресурсы., 2000, № 3, с. 292-304.

6. *Иваненко С.А., Корявов П.П., Милитеев А.Н.* Современные вычислительные

технологии для расчета динамики открытых потоков // Водные ресурсы, 2002,

№ 5, с..564-577.

7. *Игнатов А.В., Федоров В.Н., Захаров В.В.* Динамика составляющих водного баланса речных бассейнов. – Иркутск: Издательство СО РАН, 1998, 185 с.

8. *Калинин В.Г., Пьянков С.В.* Некоторые аспекты применения геоинформационных технологий в гидрологии // Метеорология и гидрология, 2000, № 12, с. 71-78.

9. *Калинин В.Г., Пьянков С.В.* Гидрологическая геоинформационная система

"Бассейн Воткинского водохранилища" // Метеорология и гидрология, 2002, № 5,

с. 95-100.

10. *Кондратьев С.А.* О построении модели склонового стока и смыва // Метеорология и гидрология, 1983, № 11, с. 76-83.

11. *Кондратьев С.А.* Математическое моделирование формирования дождевого

стока и водной эрозии на малом сельскохозяйственном водосборе // Водные

ресурсы, 1989, № 3, с. 14-22.

12. *Корень В.И.* Математические модели в прогнозах речного стока. – Л.:

Гидрометеоиздат, 1991, 200 с.

13. *Кучмент Л.С.* Математическое моделирование речного стока. – Л.: Гидрометеоиздат, 1972, 191 с.

14. *Кучмент Л.С.* Модели процессов формирования речного стока. – Л.: Гидрометеоиздат, 1980, 144 с.

15. *Кучмент Л.С., Демидов В.Н., Мотовилов Ю.Г.* Формирование речного стока. –
М.: Наука, 1983, 216 с.

16. *Кучмент Л.С., Демидов В.Н., Мотовилов Ю.Г., Смахтин В.Ю.* Система физико-
математических моделей гидрологических процессов и опыт ее применения к
задачам формирования речного стока // Водные ресурсы, 1986, № 5, с. 24-36.

17. *Кучмент Л.С., Гельфан А.Н.* Динамико-стохастические модели формирования
речного стока. – М.: Наука, 1993, 104 с.

18. *Кучмент Л.С., Гельфан А.Н., Демидов В.Н.* Расчет вероятностных характеристик
максимального стока по метеорологическим данным с использованием
динамико-стохастических моделей // Метеорология и гидрология, 2002, № 5,
с. 83-94.

19. *Кучмент Л.С., Мотовилов Ю.Г., Назаров Н.А.* Чувствительность гидрологических систем. - М.: Наука, 1990, 144 с.

20. *Кучмент Л.С., О Коннел П.Э.* Построение моделей гидрологического цикла суши
глобального масштаба: анализ современного состояния и перспективы // Водные
ресурсы, 1993, № 2., с.149-159.

21. Математическое моделирование динамики вод в речных бассейнах, больших
озерах и морских заливах. - М.: ВЦ АН СССР, 1988, 135 с.

22. *Маханов С.С.* Математическое моделирование динамики воды в речной или
мелиоративной сети // Водные ресурсы, 1986, № 3, с. 311-317.

23. *Светличный А.А., Светличная И.А.* Пространственное моделирование склонового
стокообразования // Водные ресурсы, 2001, № 4, с. 424-433.

24. *Смахтин В.Ю.* Физико-математическое моделирование водно-эрозионных
процессов на речном водосборе // Водные ресурсы, 1993, № 6, с. 677-683.

25. *Abbott M.B., Bathurst J.C., Cunge J.A. et al.* An introduction to the European

Hydrological System-System Hydrologique Europeen. SHE. 1: History and philosophy

of a physically-based distributed modelling system //J. Hydrol., 1986, vol.87, pp.45-59.

26. *Abbott M.B., Bathurst J.C., Cunge J.A. et al.* An introduction to the European

Hydrological System-System Hydrologique Europeen. SHE. 2: Structure of a

physically-based distributed modelling system // J. Hydrol., 1986, vol. 87, pp. 60-79.

27. *Anselmo V., Galeati G., et al.* Flood risk assessment using an integrated hydrological

and hydraulic modelling approach: A case study // J. Hydrol., 1996, vol. 175, pp. 533-5

28. *Bathurst J.C.* Physically-based distributed modelling of an upland catchment using the

Systeme Hydrologique Europeen // J. Hydrol., 1986, vol. 87, pp. 79-102.

29. *Chippada S., Dawson C.N., Martinez M.L., Wheeler M.F.* A Godunov-type finite

volume method for the system of shallow water equations // Comput. Methods Appl.

Mech. Engrg., 1998, vol. 151, pp. 105-129.

30. *Heniche M., Secretan Y., Boudreau P., Leclerc M.* A two dimensional finite element

drying-wetting shallow water model for rivers and estuaries // Advances in water

resources, 2000, vol. 23.

31. *Julien P.Y., Saghafian B., Ogden F.L .* Raster–Based Hydrologic Modeling of Spatially–Varied Surface Runoff // Water Resources Bulletin, June 1995.

32. *Johnson L.E., Skahill B. A Kinematic* Distributed Watershed Rainfall–Runoff Model //

NOAA Technical Memorandum, ERL FSL–15, Boulder, CO, 2000.

33. *Ji-Wen Wang , Ru-Xun Liu* A comparative study of finite volume methods on

unstructured meshes for simulations of 2D shallow water wave problems //

Mathematics and Computers in Simulation, 2000, vol. 53, pp. 171–184.

34. *Sleigh P.A.,Gaskell P.H., Berzins M., Wright N.G.* An unstructured finite volume

algorithm for predicting flow in reveres and estuaries // Computers & Fluids, 1998, vol.

27, No. 4, pp. 479-508.

35. *Spitaleri R.M., Corinaldes L.* Multigrid computation for the Two-Dimensional Shallow

Water Equations // Nonlinear analysis, Theory, Methods & Applications, 1997, vol. 30.

36.   *Michalakes J., Canfielf T., Nanjundiah R., Hammond S.* Parallel implementation,

validation, and performance of MM5 // Proc. 6th Workshop on the use of Parallel

Processors in Meteorology, Reading, U. K., European Center for Medium Range

Weather Forecasting, 1994.

37.   *Johnson K., Bauer J., Riccardi G., Droegemeier K., Xue M.* Distributed Processing of a

Regional Prediction Model // Mon. Wea. Rev., 1994, vol. 122 , pp. 2558-2572.

38.   *Yu Z.* Application of vector and parallel supercomputers to ground-water flow

modeling // Computers & Geosciences, 1997, vol. 23(9), pp. 917-927.

39.   *Tran V.D., Hluchy L.* Parallelizing flood models with MPI: approaches and experiences // International Conference on Computational Science ICCS'2004, June 2004, Krakow, Poland, Springer-Verlag, SCI-Expanded Journal, pp. 425-428.

40.   *Vieux B.E.* Distributed Hydrologic Modeling Using GIS // Series: Water Science and

Technology Library, 2nd ed., vol. 48. – Hardcover: 2005, 294 p.

41.   *Hreiche A., Mezher D., Bocquillon C., Dezetter A., Servat E., Najem W..* Contribution

of the Parallel Processing in the Resolution of Equifinality // Problems in Hydrological

Modeling. In Proc. International Environmental Modelling and Software Society

(IEMSS 2002), 24-27 june 2002, Switzerland.

42.   *Chalmers A.* Parallel/Distributed Rendering Issues // Proc. SIGGRAPH 2002, Practical

Parallel Rendering, pp. 3 – 65.

Гейсман А. Н.
аспирант кафедры фармацевтической и токсикологической химии
Волгоградского государственного медицинского университета
E-mail: geisman-1@mail.ru

СИНТЕЗ ДИАРИЛЬНЫХ ПРОИЗВОДНЫХ ПИРИМИДИН-4(3*H*)-ОНА-НОВЫХ ПОТЕНЦИАЛЬНЫХ ПРОТИВОВИРУСНЫХ АГЕНТОВ

Путём направленного синтеза были получены новые 6-замещёные производные тиоурацила, изоцитозина S-метилтиоурацила и урацила, содержащие в положении 6 гетероцикла диароматический фрагмент.

Получение целевых соединений предусматривало 2-4 стадии. На первой стадии путём взаимодействия 3-феноксибензилового спирта и бензгидрола с галогенпроизводными ацетоуксусного эфира в присутствии натрия гидрида в среде безводного тетрагидрофурана были получены соответствующие производные γ-замещённого ацетоуксусного эфира [1,37; 2,890]. Формирование пиримидинонового цикла проводилось при взаимодействии полученных на первой стадии кетоэфиров с тиомочевиной [3,317] или гуанидина ацетатом [4,540] путём кипячения в метаноле в присутствии метилата натрия, а в случае 2-метилтиопроизводного 6-[(3-феноксибензилокси)метил]пиримидин-4(3*H*)-она - при обработке S-метилизотиурония сульфата этил 4-[(3-феноксибензил)окси]ацетоацетатом в присутствии калия карбоната в водно-спиртовой среде [5,1137]. Выходы целевых продуктов составили 52-75% (схема 1).

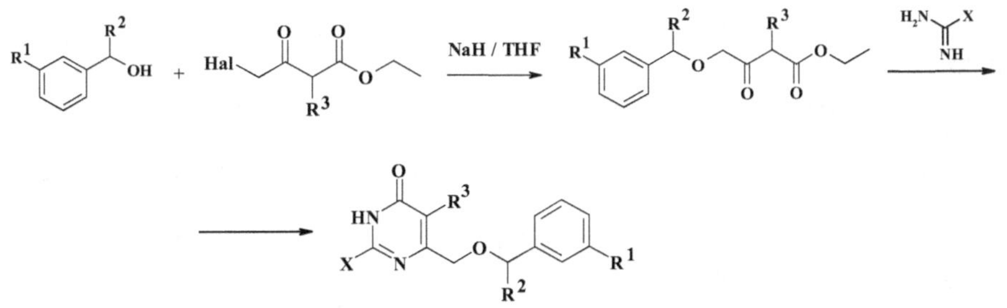

где X = SH, S-CH₃, OH, NH₂; R¹ = H, PhO; R² = H, Ph; R³ = H, CH₃.
Схема 1.

Путём десульфурирования 2-тио-6-[(3-феноксибензилокси)метил]-пиримидин-4(3*H*)-она раствором монохлоруксусной кислоты в присутствии N,N-диметилформамида [6,3730; 7,842] было получено соответствующее 6-замещённое производное урацила с выходом 73%. Бромирование последнего раствором брома [8,2165] в N,N-диметилформамиде привело к образованию соответствующего бромпроизводного с выходом 39% и не затрагивало экзоциклические метиленовые группы (схема 2).

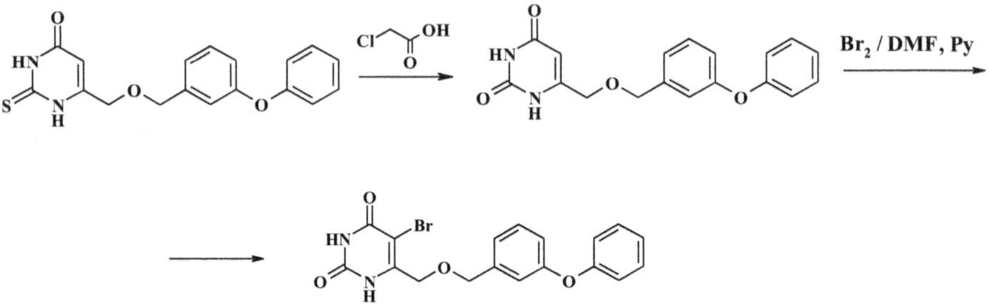

Схема 2.

Чистота полученных соединений доказана методом тонкослойной хроматографии, строение - ^{1}H и ^{13}C-ЯМР спектроскопией.

Проведённое компьютерное моделирование взаимодействия полученных соединений с помощью лицензионной программы AutoDock Vina [9,455] показало, что некоторые из них проявляют высокую аффинность к аллостерическому сайту обратной транскриптазы ВИЧ-1 in silico, что делает их перспективными кандидатами для дальнейшего изучения в качестве противовирусных агентов.

ЛИТЕРАТУРА

1. Seebach D., Eberle M. // Synthesis. - 1986. - № 1. - P. 37-40.

2. Zheng S.-L., Yu W.-Y., Che C.-M. // Org. Lett. - 2002. - V. 4. - № 6. - P. 889-892.

3. Novakov I.A., Orlinson B.S., Navrotskii M.B. // Russ. J. Org. Chem. - 2009. - V. 45. - № 2. - P. 316-317.

4. Roth B., Aig E., Lane K., Rauckman B.S. // J. Med. Chem. - 1980. - V. 23. - № 5. - P. 535-541.

5. Renault J., Laduree D., Robba M. // Nucleosides and Nucleotides. - 1994. -V. 13. - № 5. - P. 1135-1145.

6. Morita H., Tanaka M., Takagi K. // Chem. Pharm. Bull. - 1983. - V. 31. - № 10. - P. 3728-3731.

7. Elshehry M., Balzarini J., Meier C. // Synthesis. - 2009. - № 5. - P. 841-847.

8. Hsu L.-Y., Kang Y.-F., C. Drach J. // Heterocycles. - 1998. - V. 48. - № 10. - P. 2163-2172.

9. Trott O., Olson A.J. // J. Comput. Chem. - 2010. - V. 31. - № 2. - P. 455-461.

Николаев Н.Н.

аспирант кафедры Физики и прикладной математики, Владимирский государственный университет имени Александра Григорьевича и Николая Григорьевича Столетовых, г. Владимир

РАЗРАБОТКА ПРОГРАММНОГО СРЕДСТВА МОДЕЛИРОВАНИЯ ЗАДАЧ ПОИСКА ИНФОРМАЦИИ В СОЦИАЛЬНЫХ ГРАФАХ

В статье описывается разработка инструмента моделирования социальных сетей. Предметом изучения являются модели описывающие взаимодействия агентов внутри сообществ сети и между сообществами для решения общей задачи.

Ключевые слова: моделирование социальных сетей, граф, распределенное моделирование, перколяция.

Введение

В данной работе рассматривается вид теоретико-игровых моделей. Исследуется перколяционная задача поиска параметров сети, влияющих на возможность решения сетью некоей головоломки, части которой распределены между агентами сети. Решение головоломки возникает при обмене информацией между узлами, и нахождении подходящих частей агентами сети [1]. В качестве примера можно привести задачу подбора команды специалистов для работы над некоторым проектом. Способы распространения информации о рабочих местах играют большую роль с точки зрения предложения` труда. В терминах социальной сети – информация распространяется агентами сети. Предполагается, что сеть состоит из некоторого числа сообществ, объединенных общей профессиональной направленностью. Шанс распространения информации внутри одного сообщества больше, нежели между сообществами. В данной ситуации исследуется возможность подбора группы агентов заданных профессий и специализаций, в зависимости от конфигурации сети.

Пусть имеется множество агентов $V = \{1, ..., n\}$. Каждый агент может принадлежать к некоторому подмножеству $A = \{1, ..., m\}$, являющемуся в условии задачи поиска специалистов множеством профессий. В свою очередь, каждый элемент множества A принадлежит множеству $B = \{1, ..., k\}$, определяющему специализацию элемента в подгруппе A. Таким образом, каждый агент может быть обозначен $v_n^{m,k}$ – где n – индекс вершины графа V; m – индекс подгруппы из множества A (профессия); k – индекс из множества B (специализация). Задача состоит в поиске набора агентов сети с параметрами, соответствующих запросу в виде

$\left\{ x_i^{j,t} : i \in \mathrm{N},\, j \in 1,\dots m,\, t \in 1,\dots k \right\}$, где j – требование принадлежности искомого агента к соответствующей профессии, t – принадлежность агента к специализации внутри профессии. Размер запроса может варьироваться. Запрос инициализируется одним из агентов и передается соседним агентам. Те, в свою очередь проверяют свои параметры на соответствие одному из элементов запроса и передают его своим соседям. При обнаружении соответствия, агент связывается напрямую с инициатором запроса.

Каждый узел v_i – имеет некоторое количество соседей как среди представителей той же подгруппы, так и других. Представитель, получив и проанализировав запрос, ретранслирует его своим соседям с некоторой долей вероятности, равной p; причем для соседа, находящегося внутри той же подгруппы, вероятность ретрансляции запроса будет больше, чем для соседей вне её.

Разработка средства моделирования

В качестве основы для реализации инструмента моделирования выбран программный комплекс – Параллельный сетевой симулятор (ПСС), разработанный на кафедре физики и прикладной математики ВлГУ [2]. Симулятор представляет собой распределенное приложение, что позволяет задействовать в ходе моделирования большие объемы оперативной памяти и обеспечивает масштабируемость процесса моделирования в плане размерности сети.

В процессе адаптации ПСС для решения поставленной задачи был реализован набор модулей: генератор топологии сети, модуль логики взаимодействия узлов, модуль ретрансляции информационных запросов в сети, модуль сбора статистики.

Модуль генерации топологии определяет количество узлов сети согласно параметрам, передаваемым при запуске ПСС. В поставленной задаче предполагается, что связи узлов двунаправленные. Начальными параметрами определяются минимальное и максимальное число соседей узла и значения вероятностей ретрансляции, в зависимости от принадлежности соседа той же подгруппе, что и текущий узел. Согласно этому строится матрица связности для графа сети. Набор соседей передается каждому узлу. Число подгрупп и число специализаций внутри подгруппы также определяется начальными параметрами приложения.

Модуль логики взаимодействия проверяет соответствие параметров принадлежности текущего узла набору параметров пришедшего запроса.

Если соответствие найдено, устанавливается соответствующий признак в запросе.

Модуль ретрансляции запроса осуществляет инициализацию запросов для передачи их соседним узлам. В зависимости от принадлежности узла к той же подгруппе, что и текущий узел и вероятности ретрансляции, присвоенной на этапе генерации сети, принимается решение о посылке запроса соседнему узлу.

Модуль сбора статистики осуществляет подсчет количества ретрансляций, потребовавшихся, для подбора узлов из запроса, подсчитывает общее число запросов созданных в узлах сети при моделировании, фиксирует факт успешного нахождения набора.

Результаты моделирования

В результате моделирования получены зависимости количества случаев успешного решения сетью задачи поиска группы специалистов в зависимости от параметров сети. Отмечается большое влияние так называемых слабых связей (связей между сообществами) на распространение информации в социальных. В качестве примера проведен график результатов серии экспериментов, в которых изменялось среднее количество связей с агентами сети вне сообществ и вероятность ретрансляции запросов этим агентам при увеличении количества слабых связей и вероятности ретрансляции (рис. 1).

Реализованный симулятор позволяет проводить исследования модели при изменении таких параметров как количество агентов в сети, количество связей агента, количество связей внутри и между сообществами, значения вероятности ретрансляции запроса между агентами сообщества и между сообществами. Исследования могут проводиться последовательно с изменением одного или нескольких параметров и получения рядов для дальнейшего анализа. В результате работы система регистрирует начальные параметры, количество успешных решений задачи сетью, потребовавшееся количество шагов, количество созданных в системе запросов между агентами.

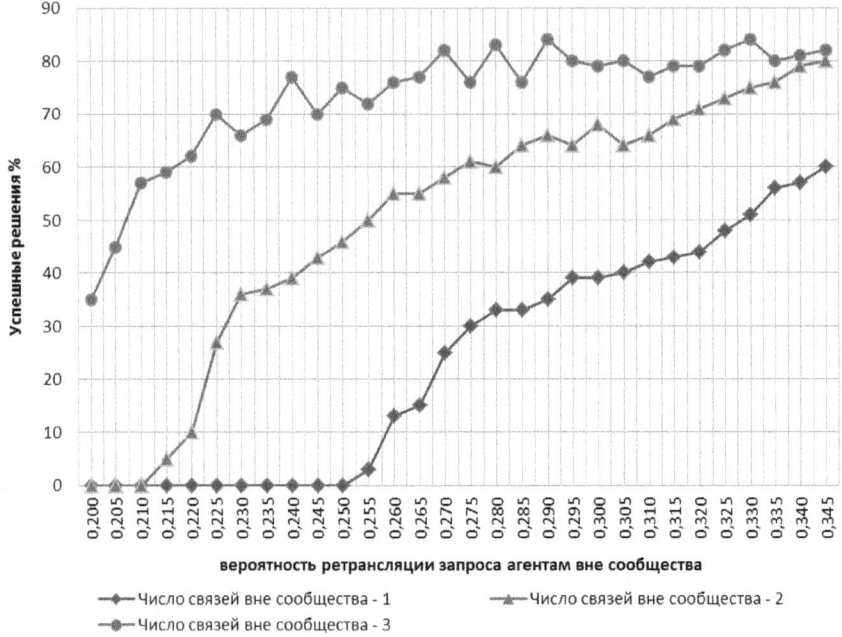

Рисунок 1. Графики зависимостей числа успешных решений задачи сетью при изменении вероятности ретрансляции запроса агентам вне сообществ для трех вариантов среднего количества связей с агентами вне сообщества.

Список литературы:

1. Charles D. Brummit, Shirshendu Chatterjee, Partha S. Dey, David Sivakoff «Jigsaw percolation: what social networks can collaboratively solve a puzzle?» University of California, Davis, Courant Institute of Mathematical Sciences and Duke University.

2. Шамин П.Ю., Алексанян А.С., Прокошев В.В. Параллельный сетевой симулятор: концепция и перспективы развития // Научно-технические ведомости Санкт-Петербургского государственного политехнического университета. — СПб. 2009. — № 3. — С. 18 – 24.

3. Николаев Н.Н., Шамин П.Ю. Модернизация параллельного сетевого симулятора для реализации «мягкого» варианта непрерывного модельного времени //: Актуальные проблемы естественных и математических наук. Материалы международной заочной научно-практической конференции. (04 марта 2013 г.) — Новосибирск: Изд. «СибАК», 2013. — 150 с.

4. C.Borgs, J.Chaves, J.Ding, B.Lucier, «The hitchhiker's guide to affiliation networks: A game-theoretic approach», In Proceedings of the 2nd Symposium on Innovations in Computer Science (ICS), 389-400 (2011)

5. Newman M.E.J. The structure and function of complex networks. // SIAM Review. 2003. Vol. 45. pp. 167–256.

6. Давыденко В.А., Ромашкина Г.Ф., Чуканов С.Н. Моделирование социальных сетей // Вестник Тюменского государственного университета. 2005. — №1. — С. 68 – 79.

Соловьев А.А., Чекарев К.В.

профессор, доктор физико-математических наук,
МГУ имени М.В. Ломоносова, г. Москва;
научный сотрудник, МГУ имени М.В. Ломоносова, г. Москва

ЭКРАНИРОВКА ИСПАРЕНИЯ ПРИ КОНДЕНСАЦИИ

Составляющие тепломассообмена, которые связаны с взаимоотношением испарения с водной поверхности и конденсации атмосферной влаги на воду, несмотря на длительные исследования, остаются количественно неопределенными. Результаты, полученные при изучении коэффициентов испарения и конденсации в приводном слое атмосферы весьма противоречивы, и оставляют без ответа вопрос о значимости взаимоотношения испарения и конденсации в расчетах параметров энергообмена через границу раздела вода-воздух, что является принципиальным моментом, в том числе, при решении климатических задач [1]. В работе представляются результаты экспериментальных исследований коэффициентов испарения и конденсации паров воздуха через границу вода-воздух водную поверхность в которых установлен эффект конденсационной экранировки испарения.

Определение скорости испарения и скорости конденсации через границу вода - воздух, производилось в климатической камере, с кюветы, заполненной водой [2]. Температура воды и воздуха и влажность воздуха измерялись и поддерживались постоянными на протяжении всего эксперимента. Во время измерений во всем объеме камеры и непосредственно над кюветой воздушные потоки отсутствовали. Количество испарившейся воды с кюветы и сконденсировавшейся влаги на водную поверхность за фиксированный известный промежуток времени устанавливалось взвешиванием кюветы с определением фактического остатка или избытка воды. Для преодоления ошибок в определении коэффициентов испарения и конденсации, о которых свидетельствует большой разброс данных различных авторов, далеко выходящий за пределы точности измерений различных авторов [3], были внесены уточнения в методику и процедуру взвешивания. Установлены конкретные значения поправок к весам конденсата, которые оказались зависящими от разности температурных и влажностных условий внутри и вне климатической камеры. Абсолютная погрешность метода измерения для скорости испарения-конденсации составила ($\pm 10^{-6}$ кг/(м^2·сек). Коэффициенты конденсации и испарения в задачах массообмена определяются соответственно как отношение числа захваченных, излученных молекул к общему числу молекул падающих на межфазную поверхность. Величина коэффициента конденсации паров воды на водную поверхность устанавливается по измеренной плотности потока массы пара к поверхности жидкости и рассчитанной плотности потока, выраженной через разность интенсивностей потоков к жидкости и от жидкости. Коэффициенты конденсации и испарения в рамках феноменологического описания, в соответствии с законом для потока массы $j = K_D(\rho_\infty - \rho_s)$ выражаются через число Дальтона K_D. Оно является однозначной характеристикой процесса массопереноса и знания его величины вполне достаточно для решения многочисленных задач динамики тепломассопереноса на межфазных поверхностях различной формы в приложении к техническим и природным явлениям. Использованный нами прецизионный метод измерения скоростей испарения и конденсации позволил провести сравнительную оценку интенсивности этих двух процессов. В равновесном режиме до насыщения, испарение существенно преобладает над конденсацией. Коэффициент Дальтона для испарения $K_D = 0{,}064$ м/с. При существовании условий для конденсации испарение с поверхности воды прекращается. А конденсация осуществляется со скоростью $K_D = 0{,}001$ м/с на два порядка меньшей, чем испарение (рис 1).

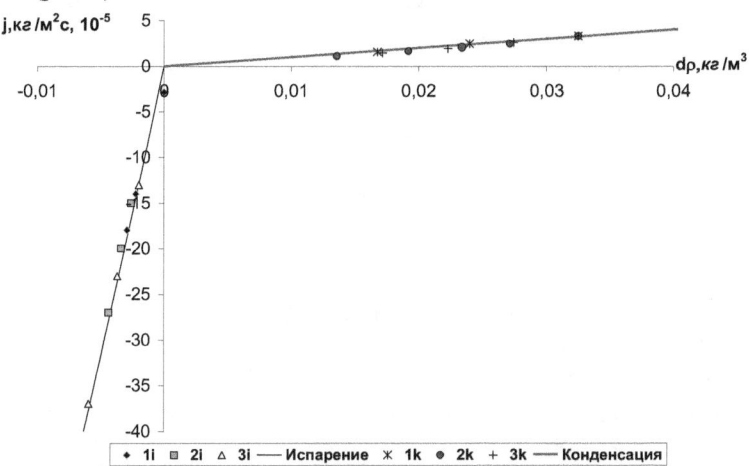

Рис. 1. Скорость испарения и конденсации в зависимости от разности плотностей пара в воздухе и насыщенного водяного пара.

1i-RH=80%, T_∞=(303-313)К, T_s =(303-313)К; **2i**-RH=70%, T_∞=(303-313)К , T_s=(303-313)К; **3i**-RH=80%, T_∞=293К, T_s =(293-311)К;**1k**-RH=80%, T_∞=(303-313)К, T_s=(279,3-282,2); **2k**- RH =80%,T_∞=313К,T_s=(281,2-301,1)К; **3k**-RH=(50-80)%, T_∞=313К, T_s=281,2К.

Процесс конденсации является своеобразной крышкой, экранирующий выход молекул в направлении от границы раздела фаз. Как только возникают условия для испарения, начинается интенсивный выход молекул с межфазной границы, при этом интенсивность конденсации существенно снижается. Для иллюстрации значимости экранирующего эффекта конденсационных процессов в формировании адекватных моделей взаимодействия атмосферы и океана были выполнены оценки суммарной конденсации для пролива Дрейка. Этот район Мирового океана расположен вблизи зоны Антарктической конвергенции и характеризуется формированием процессов общеклиматической изменчивости. Материалы экспедиционных исследований последнего времени свидетельствуют о существовании высокой относительной влажности по всей площади пролива Дрейка [4,5].

С использованием экспериментальных значений коэффициента конденсации выполнены оценки суммарной конденсации для пролива Дрейка. Интенсивность потока скрытого тепла от атмосферы к океану, исходя из полученных нами значений коэффициента конденсации может достигать значений порядка 19,5 Вт/м^2. Следует отметить, что систематическая ошибка вертикального потока тепла на границе океан–атмосфера порядка ± 5 Вт/м^2 создает неопределенность в межширотном потоке тепла в океане порядка 0.4×10^{15} Вт, т.е. почти 100% от самой величины потока [9]. На длительных временных интервалах эффект конденсации будет приводить к более существенным изменениям в термическом режиме океана и уточнению климатических прогнозов глобального потепления.

Обозначения: K_D-число Дальтона, м/с; j - плотность потока массы, кг/м^{2}с; ρ- плотность, кг/м^3; T – температура, К; RH –относительная влажность; s-индекс жидкости; ∞-индекс пара; 1,2,3 i –номера опытов с испарением, 1,2,3k-номера опытов с конденсацией.

Литература

1.Чечин Д. Г., Репина И.А., Степаненко В.М. Численное моделирование влияния холодной пленки на тепловой баланс и термический режим водоемов // Изв. РАН сер. ФАО. 2010, Т. 46, №4, С.538-550.

2.Соловьев А.А., Чекарев К.В. Экспериментальные исследования конденсации паров атмосферной влаги на водную поверхность // Физические проблемы экологии. №16. М.: Макс Пресс, 2009. С.252-262.

3. Кучеров Р.Я., Рикенглаз Л.Э. К вопросу об измерении коэффициента конденсации // Доклады АН СССР. 1960, Т.133,Вып.5, С.1130-1131.

4. Marek R, Straub J.Analysis of the evaporation coefficient and the condensation coefficient of water // Journal of Heat and Mass Transfer. 2001, V. 44, P. 39–53.

5.Соловьев Д.А., Нигматулин Р.И. Исследование явления весеннего термического бара методами математического и лабораторного моделирования // Доклады Академии наук. 2010, Т. 434, N 4, С. 544-548.

6. Артамонова А.Ю., Бучнев И.А., Репина И.А. Взаимодействие атмосферы с подстилающей поверхностью в летний период в зоне Антарктической конвергенции //Проблемы Арктики и Антарктики 2007,Т.44,С.14-23.

Kasymova O.P.
Doctor of philological Sciences, associate Professor, Bashkir state University
olgakasymova@yandex.ru

INTEGRITY AS A SYSTEM PROPERTY OF LANGUAGE UNITS

In linguistics it is traditional to study language units as hierarchically related microsystems, namely: more complex units are formed from more simple ones. So, the morphemes form the words, the words form word combinations, the word combinations form sentences, the complex sentences consist of simple ones and so on. Leaving alone the organization of language microsystems and the language organization as a system, let's accept the supposition of the hierarchical organization of language units and see that linguistic systems have integrative properties (emergency), characterizing the system as a whole, while the elements of the system (components, units) may lack these qualities.

So, the derivative word, in common opinion, represents "the separated structure, each part of which contributes to the semantics of the whole" [6, 75]. But such commonly accepted idea of the relations between the part and the whole contradicts one of the basic postulates of the general theory of systems: a system can reach such a quality, which is inherent to the system as a whole and is not present in any of its elements taken separately, i. e. the property of the system is not determined by the sum of its elements' properties. And indeed, together with the fact that in linguistic literature there are references proving that the meaning of the whole consists of the meanings of its parts: *дом-ик* – "a small house", *дом-ищ(е)* – "большой дом", it is noted that there are words whose meanings are not based only on the meanings of the parts and are not their simple sum. In such a case the meaning of the word has "a lexical increment" which is not derived from the morpheme structure: *писа-тель* – " a man whose profession is to write works of fiction", and not "a man that writes", *учи-тель* – "a man, whose profession is to teach", and not "a man that teaches". Such additional meaning is called the lexical increment, the phraseological semantics of the word, the unexpressed component of the meaning [6, 9, 218 – 219; and also 9,   146 – 147; 10,   67 – 69 and others].   The expression of emergency on the morpheme-semantic level is represented in different ways in the works of different scientists. Е. А. Земская supposes that only the meaning of the potential word (*возражатель, повторятель*) is formed from the meanings of its composing parts, "there is nothing additional, individual in it", while in the usual word there may be something "additional, individual" [6, 218 - 219]. In М. В. Панов's opinion, "the word as a whole **almost always** (stressed by us) means more than its parts… In the word …the whole is not only the combination of its parts, but also some additional property A+B+(X)" [9, 146]. It is obvious that research in this field should be continued considering the achievements in the theory of systems.

The property of emergency as non-deducing of the meaning, its unmotivation, idiomaticity is most clearly expressed in phraseological units, that is their main property. В. В. Виноградов back in the first third of the XX century described such their quality in details as follows: "The phraseological unit is neither a composite formation, nor a sum of semantic elements. It is a chemical combination of some dissolved from the point of view of the modern language amorphic lexical parts [4, 25]. В. В. Виноградов noted this property of phraseological units, but other types of phraseological units are characterized by the same type of unmotivated meaning: in phraseological combinations "the meaning of the whole... is completely indivisible into several lexical meanings of the components. It looks like the meaning covers them and at the same time it almost grows out of their semantic merge [4, 26]. And even in the combinations enjoying a certain autonomy of elements, lexical and syntactic freedom В. В. Виноградов sees idiomaticity: "the grammatical division leads to conceiving only of the etymological nature of these word combinations, and not their syntactic forms and functions in the modern language" [Op. ed., p. 30]. Taking into consideration the fact that phraseological units are built according to the model of free word combinations, we can conclude that we should regard phraseological units as destructured models functioning in the acting, topical, live system of the sentence.

The property of the whole of the meaning (emergency) also characterizes free word combinations: " not always the grammatical semantics of word combinations can be "derived" from the sum of the categorical meanings of their components. In word combinations as the units of a higher level the elements can change their meanings under the influence of the relations that form among them" [1, 48].

The sentence also has semantics that is not confined to the sum of the meanings of the words constituting it that was noted by Э. Бенвенист: "The sentence is realized through words. But the words are not just parts of the sentence. The sentence is a whole, unreducable to the sum of its parts" [2, 133]. All the scholars studying syntax agree with this statement, and the analysis of the relations between the word and the sentence is described in a large number of works in the last third of the XX century [see, for example, Кобозева, 2000, p. 19]. It is particularly noted that the nature of the simple sentence components is radically different from the nature of the sentence itself: the sentence is a predicative unit and the word form – no [5, 652].

Г. А. Золотова suggests another viewpoint of the relations of the word and the sentence and, as a conclusion, another parsing of the sentence.: "The sentences of any structure both from the point of view of their organization and parsing can be regarded as one of the limited combinations of the syntaxemes..." [7, 8]. The word as a lexical unit enters lexical systems, and in the syntactical microsystems the minimal unit is a syntaxeme: "the lacking chain of the system, the part in relation to the whole – the sentence, is not the word-lexeme (in the original form), but the word-syntaxeme, or the syntactic form of the word" [Op. ed.]. Through this, thinks Г. А. Золотова, "we overcome the difficulty, in which the stratification conception of language levels found itself, obliged to state that between the word and the sentence there are no relations of the whole and the part" [Op. ed.]. We should add that the introduction of a new unit (the syntaxeme) does not destroy the contradiction between the whole and the part, the notion of emergency keeps regardless of the parts constituting the whole.

The complex sentence consists of the simple sentences. The understanding of the difference between the part and the whole in this case is expressed in the fact that linguists suggested another name for the part of the complex sentence – the predicative unit [5, 652 - 653]. The predicative units to a certain degree have the properties of simple sentences and, according to their syntactic nature, do not oppose the whole, suddenly formed by them, such as the words and sentences. Rather often predicative units can function as independent sentences. But the sense and structural autonomy are not their intrinsic qualities, they do not have the intonation final (in other words, the intonation of the end), while the intonation final is the clearest sign of the end of the sentence. So, the complex sentence, in the opinion of the scholars studying syntax, is not simply a mechanic sum of simple sentences [3, 286].

So emergency as the property of complex language signs characterizes all the two-sided language units. The phenomenon of emergency was noticed by the linguists long ago, but it was not explained (in the collective monograph "Общее языкознание. Внутренняя структура слова" it is called the whole [8, 75]). This phenomenon was studied regarding each type of language units in an isolated way, independently of the general methodological base of the system theory, besides it is not considered absolute, but a relative quality of the language system expressed differently and to different degrees. The phenomenon of emergency was not found in one-sided (phonetic) units.

Bibliography

1.Бабайцева В.В., Максимов Л.Ю. Синтаксис. Пунктуация // Современный русский язык. В трех частях. Часть III. – М: Просвещение. – 1981. – 271 с.
2.Бенвенист Э. Общая лингвистика. – М.: Прогресс. – 1974. – 440 с.
3.Валгина Н.С. Синтаксис современного русского языка. – М.: Высшая школа.– 1991. – 432 с.
4.Виноградов В.В. Русский язык (грамматическое учение о слове). Изд-е второе. – М.: Высшая школа. – 1972. – 614 с.
5.Грамматика современного русского литературного языка. – М.: «Наука». – 1970. (Г-70). – 767 с.
6.Земская Е.А. Наблюдения над синтагматикой разговорной речи //

Русская разговорная речь. Под ред. Земской Е.А. – М.: Наука. – 1973. – С. 225-288.

7.Золотова Г.А. Синтаксический словарь. Репертуар элементарных единиц русского синтаксиса. – М.: Наука. – 1988. – 440 с.

8.Общее языкознание. Внутренняя структура языка. Под ред. Б.А. Серебренникова. Гл. 1. «О понятиях языковой системы и структуры языка» (авт. Е.С. Кубрякова). – М.: Наука. – 1972. – С. 8-91.

9.Панов М.В. О слове как единице языка // Учен. Зап. МГПИ. Т. 51. Вып. 5. М., 1956. С. 129-165.

10.Панов М.В. Позиционная морфология русского языка. – М.: Наука – Школа «Ярк» .– 1999. – 275 с.

Головко Н.В.
кандидат филологических наук, старший преподаватель
ФГАОУ ВПО «Северо-Кавказский федеральный университет»

ТЕОРЕТИЧЕСКИЕ И МЕТОДОЛОГИЧЕСКИЕ ОСНОВЫ КВАНТИТАТИВНОЙ ЛИНГВИСТИКИ: К АКТУАЛИЗАЦИИ ПРОБЛЕМЫ

Интенсивное развитие тех или иных областей знания, как свидетельствует практика, неизбежно приводит к наличию терминологических изъянов и неоднозначностей. Понятия различного рода создаются, переводятся с иных языков за счет обмена опытом с зарубежными коллегами, подвергаются преобразованию, переосмыслению и вольному трактованию. Надлежит констатировать, что таковая ситуация сложилась в том числе и применительно к относительно новым отраслям лингвистического знания – преимущественно тем из них, которые сопряжены либо с применением вычислительной техники в языковедческих исследованиях, либо с усвоением новых методов, главным образом – из арсенала точных наук. Именно поэтому, говоря о теоретических и методологических основах квантитативной лингвистики, необходимо в первую очередь рассматривать вопрос о сущности данного понятия и о соотношении его с иными терминологическими определениями, находящимися от него в непосредственной смысловой близости.

С этой точки зрения актуальным представляется проблема разграничения предметных областей квантитативной, компьютерной и прикладной лингвистики. В рамках наиболее общих представлений о соответствующих направлениях языковедческой науки нередко возникают идеи о существенной близости либо синонимичности упомянутых терминов, что, в свою очередь, в довольно малой степени способствует успешной постановке исследовательских задач (и, следовательно, корректному их решению). Несомненно, эти направления не являются изолированными друг от друга, и между ними существует взаимосвязь; однако характер данной связи, определенно, требует разъяснения.

Большинство исследователей, которые непосредственно связаны с новыми направлениями и технологиями в лингвистике (в их числе можно назвать, к примеру, Баранова и Звегинцева), сходятся в том, что существуют основания для наиболее глобального разделения науки о языке на две ветви: теоретическую и прикладную. Такое представление схоже, в частности, с тем смыслом, который традиционно вкладывается в англоязычное понятие Applied Linguistics: вся совокупность тех аспектов лингвистики, которые имеют либо могут иметь практическое приложение для решения некоторых конкретных задач (в противоположность теоретической лингвистике, которая представляется ветвью фундаментальных исследований, никоим образом не обязанных иметь выход на практику). Соответственно, прикладная лингвистика представляется понятием родовым, заключающим в себе совокупность тех или иных специфических разновидностей практической языковедческой науки, выделяемых на основании их наиболее существенных отличий от остальных отраслей.

Одной из таковых, соответственно, представляется квантитативная лингвистика, которая, как следует из ее наименования, сосредоточена на исследовании разнообразных количественных показателей либо языковых единиц тех или иных уровней, либо высказываний и текстов. Поскольку выявление этих показателей обыкновенно подразумевает проведение различного рода математических расчетов, довольно распространенным является также и термин «вычислительная лингвистика». К указанным двум терминам можно также присовокупить понятие статистической лингвистики, т.е. раздела, сопряженного с применением методов статистики для исследования языковых явлений. Несмотря на некоторый разнобой в трактовках, который наблюдается у различных исследователей, возможно утверждать, что первые два понятия довольно близки и в большинстве случаев могут считаться синонимичными. Различие состоит преимущественно в том, что термин «квантитативная лингвистика» ставит во главу угла собственно количественные данные и их интерпретацию, а «вычислительная лингвистика» - процедурный аспект их извлечения и обработки. Что касается статистической лингвистики, то исследователи рассматривают это понятие как более узкое, связанное с применением одной конкретной совокупности методов из математического арсенала.

Современные достижения науки и техники, в свою очередь, обусловливают тот факт, что процесс обработки языковых данных, расчета их количественных показателей и проведения соответствующих лингвистических исследований в целом наиболее эффективен и наименее трудозатрат при использовании электронных вычислительных машин. Соответственно, поскольку многие действия и операции, подразумеваемые методологией квантитативной лингвистики, на данный момент выполняются именно на компьютерах, возникает представление о том, что вычислительная лингвистика равнозначна компьютерной лингвистике. В некоторой степени такое утверждение можно назвать верным, однако необходимо принимать во внимание, что исследования в области квантитативной лингвистики могут проводиться и без привлечения вычислительной техники, поэтому в настоящее время указанные понятия, строго говоря, не равнозначны. Тем не менее, по мере того, как роль компьютеров в проведении исследований будет возрастать, содержание этих терминов будет сближаться.

Сущностно та отрасль языковедческого знания, которая в настоящее время определяется как квантитативная лингвистика, была заложена в начале XX века. Исследователи отмечают, в частности, роль Пражской лингвистической школы в развитии ее теоретических и отчасти методологических основ. Возможно утверждать, что в определенной степени теория квантитативной лингвистики по сей день имеет непосредственное отношение, например, к идеям Вилема Матезиуса; в ее основе лежит представление о том, что количественное изучение языковых явлений и последующее моделирование их взаимоотношений, реализуемых посредством единиц различного уровня, позволяет исследователю осознать стоящие за ними причинно-следственные механизмы, составить представление о динамике развития языка, об их формальном и содержательном функционировании, а также раскрыть причины потенциальности упомянутых явлений. Последний момент из перечисленных, в частности, активно разрабатывается чешскими специалистами в области квантитативной лингвистики и поныне. Сбор информации (как правило, статистической) о языковых явлениях обеспечивает возможность выявить определенные закономерности и тенденции и в конечном счете перейти от формального аспекта языка к содержательному (что в определенной мере, собственно, и обусловливает интерес к данному аспекту лингвистики в современных условиях). Необходимо при этом отметить, что исследовательская деятельность по соответствующему направлению совершенно не ограничивается сбором данных как таковым: задача вычислительной лингвистики состоит преимущественно в языковедческой интерпретации полученной совокупности сведений.

В соответствии с решаемыми задачами теоретико-методологическое обеспечение квантитативной лингвистики гибридно и состоит главным образом из исследовательского аппарата математической статистики. Проведение количественных исследований в рамках данного направления подразумевает определение частотности и частотного распределения языковых единиц, их ранжирование по тем или иным показателям, расчет средневзвешенных величин, вычисление математических отклонений, коэффициентов дисперсии и корреляции, а также – в некоторой степени – применение основ теории информации, в том числе расчет энтропийных параметров.

Кроме того, существенную часть теоретического аппарата квантитативной лингвистики составляют т.н. законы Ципфа, сформулированные американским лингвистом Джорджем Ципфом. Первый закон устанавливает обратную пропорциональность между частотным рангом слова и частотой его встречаемости в тексте или языке в целом (т.е., говоря условно, второе по используемости слово встречается примерно в два раза реже, чем первое, и так далее); второй закон определяет универсальность соотношения между количеством слов и их равнозначной частотностью, а третий обозначает отношение между частотностью слова и количеством его значений. Впоследствии эти законы рассматривались и дополнялись иными исследователями, в частности – Бенуа Мандельбротом. В отечественной квантитативной лингвистике существует тенденция сводить данные законы воедино под наименованием закона Эсту-Ципфа-Мандельброта.

Вопрос об актуализации теоретической и методологической базы квантитативной лингвистики на современном этапе связан с двумя основополагающими факторами.

В первую очередь необходимо отметить, что наука сегодняшнего дня вступает в период парадигмального сдвига – постепенного перехода от неклассической к постнеклассической картине мира. Процессы, связанные с этим переходом, очевидным образом диктуют необходимость модификации или переосмысления прежних идей, представлений и исследовательского инструментария, их перестраивания в соответствии с новой парадигмой. В настоящее время одним из наиболее перспективных направлений, претендующих на роль своеобразной метанауки постнеклассического периода, является синергетика; возможно утверждать, что на данный момент освоение соответствующей методологии является актуальной задачей не только для квантитативной лингвистики, но и для науки о языке в целом. Равнозначным образом и рассмотрение вопроса о новом теоретическом базисе языковедческих дисциплин, как свидетельствует практика, пока еще ожидает своего исследователя. Впрочем, необходимо отметить, что некоторые исследователи уже заняты решением задач, связанных со сменой парадигмы в области теории информации, что фактически находится в непосредственной близости от количественного подхода к языку и от вычислительной лингвистики в традиционном ее понимании.

С другой стороны, интенсивное развитие компьютерной техники и информационный взрыв, характерный для последних десятилетий, формируют потребность в оперативном анализе существенных объемов текстовых данных с той или иной целью. В связи с этим возрастает роль автоматизированных средств обработки текстов, которые в своей сущности основаны именно на тех теоретических посылках, которые составляют базис квантитативной лингвистики: интерпретация данных о внешней стороне языка с целью составить представление о содержательных характеристиках текстов на нем. Именно поэтому методологический инструментарий этого раздела науки о языке в настоящее время востребован самыми разнообразными отраслями экономики, которые, на первый взгляд, не имеют непосредственного отношения собственно к языковедению.

Последнее особенно важно, поскольку, как показывает практика, в основе устойчивого развития государства лежит активное и плодотворное взаимодействие между тремя составляющими общественного механизма, расположенными на вершинах условного неразрывного треугольника: наука – образование – производство (в последнем случае – как физическое, так и интеллектуальное). Нарушение связей между этими элементами неизбежно приводит к их изоляции и последующей разбалансировке экономики в целом. Фундаментальные исследования закладывают теоретическую основу для развития прикладных аспектов науки, которые, в свою очередь, обеспечивают выход на практику; таким образом, наука начинает функционировать не для самой же науки как таковой, но для решения определенных задач, востребованных обществом и экономикой.

Наиболее характерным примером в этом отношении является востребованность специалистов, владеющих теоретическим и методологическим аппаратом квантитативной лингвистики, в ряде значимых областей рынка информационной безопасности. В первую очередь это касается относительно нового, но активно развивающегося сектора корпоративных систем предотвращения утечек конфиденциальной информации, составляющей коммерческую тайну. Такие системы, именуемые сокращенно DLP (Data Leakage Prevention), нацелены на обнаружение и выявление во всем потоке информации, циркулирующем в пределах предприятия (и особенно – в той его части, которая выходит за пределы периметра организации) охраняемых сведений; с этой целью применяется целый ряд формализованных методов, лингвистических по своей сути, которые направлены на решение соответствующей задачи.

Именно поэтому, в том числе, важно, чтобы программы подготовки специалистов и магистров, обучающихся по направлениям, которые тем или иным образом связаны с наукой о языке, имели в своем составе профильные дисциплины, направленные на ознакомление с инструментарием и методологическим аппаратом квантитативной лингвистики. Владение количественно-статистическими и вычислительными методами исследования и обработки текстов является фактически требованием времени и оказывает существенное положительное воздействие на потенциальные перспективы востребованности выпускников лингвистических специальностей. Этими факторами обусловлено, в частности, присутствие соответствующих дисциплин в учебном плане магистерской программы по направлению «Теоретическая и прикладная лингвистика», реализуемой в Северо-Кавказском федеральном университете.

Литература

1. Tesitelova M. Quantitative linguistics. – Prague: ACADEMIA, 1992.

Стеблевская Н.И. - д-р хим наук,
Медков М.А. - д-р хим наук,
Белобелецкая М.В. - канд. хим наук
ФБГУН Институт химии Дальневосточного отделения
Российской академии наук
E-mail: steblevskaya@ich.dvo.ru

ЭКСТРАКЦИЯ В ГИДРОМЕТАЛЛУРГИИ, СИНТЕЗЕ КООРДИНАЦИОННЫХ СОЕДИНЕНИЙ И ФУНКЦИОНАЛЬНЫХ МАТЕРИАЛОВ

Интенсивное развитие экстракционных процессов разделения и глубокой очистки веществ, начавшееся в середине прошлого века, обязано, прежде всего, запросам урановой промышленности. В частности, экстракция оказалась значительно эффективней по сравнению с другими методами очистки урана, извлечения его из растворов после выщелачивания сырья и при переработке облученного урана. В настоящее время экстракционные процессы широко используются в гидрометаллургии не только радиоактивных элементов, но и при извлечении из технологических растворов таких металлов как цирконий, гафний, ниобий, тантал, вольфрам, молибден, индий, рений, а также редкоземельных и благородных металлов, и в особенно больших масштабах в производстве меди. Экстракция соединений металлов - исключительно гибкий метод и, помимо концентрирования и разделения элементов, может успешно использоваться для разработки процессов извлечения соединений из смешанных растворов в фазу экстрагента или кристаллическую фазу, то есть в препаративной химии и технологии получения простых и смешаннолигандных комплексных соединений элементов при использовании в первом случае экстракцию с последующей реэкстракцией, во-втором кристаллизацию из органической фазы экстракционной системы экстрагирующегося комплекса.

Использование экстракции в гидрометаллургическом производстве меди и некоторых других цветных и редких металлов широко известно, также как и в технологии отделения и концентрирования редкоземельных и трансурановых элементов в ядерной технике. Представляется актуальным разработка экстракционно-гидрометаллургической схемы отделения металлов при получении чистых промпродуктов.

Другим перспективным направлением использования жидкостной экстракции является получение низкоразмерных (тонкослойных покрытий или высокодисперсных объёмных керамических образцов) материалов различного функционального назначения методом пиролиза экстрактов [1,12; 2,33].

В настоящем сообщении приводятся результаты исследований возможности использования экстракционных процессов в гидрометаллургии и синтезе координационных соединений и функциональных материалов, выполненных в Институте химии ДВО РАН.

Исследована экстракция висмута хлоридом (ТАБАХ) и тиоцианатом триалкилбензиламмония из хлоридных и хлоридно-тиоцианатных растворов соответственно в зависимости от концентрации модификаторов: дибензоилметана, ацетилацетона, метилгексилкетона и октанола и в присутствии других металлов. Выявлен механизм влияния модификаторов и металлов на показатели экстракции висмута. Показана возможность использования тиоцианатных растворов для реэкстракции хлоридных комплексов висмута из органической фазы. На модельных сульфатохлоридных растворах, содержащих висмут, железо и медь, были отработаны оптимальные условия экстракции висмута растворами нитрата триалкиламмония в керосине и уайт-спирите с добавками различных модификаторов. На основании проведенных исследований разработана технологическая схема переработки медного и висмутового концентратов Приморского ГОКа, предусматривающая выщелачивание сырья с последующим экстракционным извлечением висмута из растворов. В полупромышленных условиях проверена экстракционная схема извлечения висмута из растворов выщелачивания огарков окислительного обжига висмутсодержащих сульфидных промпродуктов и из растворов выщелачивания медного и висмутового концентратов при их совместной гидрометаллургической переработке.

Изучены закономерности экстракции серебра и золота из тиомочевинных и роданидных растворов трибутилфосфатом (ТБФ), дифенилтиомочевиной и их смесью. Предложены экстракционные схемы извлечения серебра из сульфидного концентрата Приморской горнорудной компании «Восток», а также золота и серебра из техногенных россыпей, а именно из неэлектромагнитной фракции россыпей, концентрирующей основную массу золота, элементов платиновой группы и техногенной ртути. Необходимо отметить, что при наличии в растворах выщелачивания ртути последняя почти полностью переходит в органическую фазу. В этой связи предпринята попытка выделения всех металлов из органической фазы, минуя стадию промывки. Проведенные исследования показали, что наиболее эффективно металлы из органической фазы осаждаются боргидридом натрия. При этом экстрагент не разрушается и не теряет способности экстрагировать благородные металлы (БМ). Отфильтрованный межфазный осадок после промывки концентрированной азотной кислотой подвергался окислительной плавке. По результатам анализа на пробирном камне проба золота в слитке составила 980. При использовании растворов в обороте, по нашим данным, извлечение БМ из концентратов должно составить 89 – 90 %. Проведенные нами исследования показали, что кислые тиокарбамидные растворы эффективно извлекают золото даже из техногенных высокоуглеродистых пород.

С учетом того, что смешаннолигандным комплексным соединениям европия и тербия с β-дикетонами, ацидо- и нейтральными лигандами, обладающим уникальными люминесцентными, термохромными и фотохимическими свойствами, уделяется большое внимание в связи с возможностью получения различных новых электролюминесцентных и оптических материалов изучены некоторые закономерности химии экстракции указанных смешаннолигандных комплексов и продемонстрирована возможность использования экстракционных процессов для их синтеза. Использование экстракции для синтеза смешаннолигандных комплексных соединений редкоземельных элементов (РЗЭ) может быть в некоторых случаях предпочтительнее традиционных методик. При этом достигается сокращение числа стадий процесса синтеза, улучшается воспроизводимость условий синтеза и появляется возможность выделения индивидуальных комплексных соединений, получение которых затруднено, например, из-за плохой растворимости органического комплексообразующего соединения или преждевременного гидролиза соли РЗЭ.

Из экстракционных систем выделены индивидуальные смешаннолигандные комплексы европия состава ТАБА [EuCl$_3$AA], где АА- ацетилацетон. Из водно-органической реакционной смеси выделены полихелаты европия 1,2,4,5-бензолтетракарбоновой (пиромеллитовой - ПМ) кислотой следующего состава, (Eu$_4$(ПМ)$_3$(H$_2$O)$_{16}$; Eu$_2$(ПМ)$_3$(H$_2$O)$_6$; Eu$_4$(ПМ)$_3$(H$_2$O)$_9$(L)$_m$, где L – фенантроллин, трифенилфосфиноксид, триизобутилфосфат, ТБФ, диметилформамид. Для целей синтеза разнолигандных соединений РЗЭ с аминокислотами и β-дикетонами был использован также экстракционный метод. Разнолигандные кристаллические комплексные соединения РЗЭ с β-дикетонами и аминокислотами состава М(β)$_3$·(АК)$_2$, где M = La, Eu. Tb, Dy, Lu; β – гексафторацетилацетон (ГФАА) или теноилтрифторацетилацетон (ТТА); АК - глицин, β-аланин, α-аланин, валин, норвалин, аспарагин, гистидин, пролин, серин, цистеин, получены экстракцией растворами ГФАА или ТТА в гексане или бензоле из водного раствора с pH = 6-7 хлорида РЗЭ и аминокислоты при мольном отношении Ln^{3+}: β:АК=1:2:3. Изучены люминесцентные и термические свойства соединений. Такие комплексы являются прекрасными объектами для изучения взаимодействий металл - биологически активные вещества с использованием в качестве инструмента исследования состава и структуры соединений люминесцентного зонда - иона европия.

Экстракционные процессы успешно использованы для получения функциональных материалов различного назначения экстракционно-пиролитическим методом (ЭП), в том числе для получения покрытий на различных подложках в сочетании с плазменно-электрлитическим оксидированием (ПЭО). Экспериментальные исследования оптимальных концентраций экстрагентов в исходной органической фазе и составов водных растворов показали, что для получения насыщенных экстрактов с целью дальнейшего использования их для синтеза функциональных материалов на основе смешанных оксидов или солей с РЗЭ методом пиролиза успешно может использоваться экстракция металлов нейтральными и анионообменными экстрагентами из хлоридных, нитратных или оксалатных растворов, в том числе в присутствии полифункциональных органических соединений. Условия получения и состав продуктов пиролиза экстрактов приведены в таблице.

Состав продуктов пиролиза экстрактов.

экстракционная система *	$t°,C$	фазовый состав
$BiCl_3$ + МГК	700	Bi_xO_y
$BiCl_3$ + ТАБАХ + АА	700	$Bi_2O_3 + Bi_2O_3$
$BiCl_3$+ ТАБАХ + АА	600	$Bi_2O_{2,33}$
$BiCl_3$+ ТАБАТ	700	β-$Bi_2O_3 + Bi_xO_y$
$BiCl_3$ + ТАБАТ + МГК	700	β-$Bi_2O_3 + Bi_2O_3$
$EuCl_3$ + ТАБАХ + АА	500	Eu_2O_3
$BiCl_3$+ $EuCl_3$+ ТАБАХ + АА	600	$Bi_2O_{2,33} + Eu_2O_3$
($BiCl_3$+МГК +АА)+($EuCl_3$+ МГК+ АА)	700	$BiEuO_3$
$BiCl_3$ + $EuCl_3$ + ТАБАХ	700	$Bi_2O_{2,33} + Eu_2O_3$
($BiCl_3$+ ТАБАХ + АА)+ ($EuCl_3$+ БК + ТГМАМ	700	$Bi_{0,775}Eu_{0,225}O_{1,5}$
($EuCl_3$+ ТАБАХ + АА)+ ($FeCl_3$ + ТОА)	700	$Eu_3Fe_5O_{12}$
($EuCl_3$+ ТАБАХ + АА)+ ($FeCl_3$ + ТОА)	600	$EuFeO_3$
($EuCl_3$+ БК + ТГМАМ или ААм) + ($FeCl_3$ +	600	$EuFeO_3$
$TbCl_3$ + ТАБАХ +АА	600	Tb_4O_7
$TbCl_3$+ ДП + АА	350	Tb_4O_7
$TbCl_3$+ТГМАМ + АА	400	Tb_4O_7
($TbCl_3$+ ТАБАХ + АА)+ ($MnCl_2$+ ТОА)	600	$TbMnO_3$
($TbCl_3$+ ТАБАХ + АА)+ ($MnCl_2$+ ТОА)	700	$TbMn_2O_5$
($TbCl_3$+ ДП + АА)+ ($MnCl_2$+ ТОА)	400	$TbMnO_3$
Pt + HCl + ТОА	700	Pt
$ZrOCl_2$ - $C_2H_2O_4$+ТОА + $BiCl_3$	800	ZrO_2 куб.
($ZrOCl_2$ - $C_2H_2O_4$+ТОА) + ($BiCl_3$+ ТОА)	800	ZrO_2 тонкая пленка

* -ТАБАХ - хлорид или ТАБАТ – тиоцианат триалкилбензиламмония; ТОА –триоктиламин; АА – ацетилацетон; МГК – метилгексилкетон;

ТГМАМ – трис- (гидроксиметил)-аминометан; ААм – акриламид; ДП – 2,2′ -дипиридил.

Получение пленок и покрытий различного функционального назначения методом пиролиза экстрактов имеет преимущества по сравнению с выращиванием их погружением подложки в расплав или путем химического газо-фазного осаждения на подложки. Получены нанодисперсные покрытия мультиферроика $EuFeO_3$, платины и оксида европия на аморфном диоксиде кремния. Исследование каталитической активности наноразмерных композитов $Pt/Eu_2O_3/SiO_2$ с содержанием платины около 1% и $CeO_2/Eu_2O_3/SiO_2$ показало, что полная конверсия CO в CO_2 при использовании достигается уже при 250 $^{\circ}$C.

Пиролиз насыщенных экстрактов циркония приводит к образованию пригодной для получения высокотемпературных защитных покрытий кубической модификации двуокиси циркония (табл.). На кварцевой подложке и на карбидокремниевом волокне Хай-Никалон были получены многослойные покрытия ZrO_2, толщина которых не превышает одного микрона.

Изучены особенности образования плазменно-электролитическим оксидированием, состав и морфология оксидных покрытий на нержавеющей стали, сплаве никеля и титане с нанесенным экстракционно-пиролитическим методом диэлектрическим слоем оксида висмута. Плазменно-электроитическим оксидированием в водном электролите содержащем $NH_4[TaF_6]$ на титане сформированы покрытия, содержащие до 20 ат.% тантала и фазы Ta_2O_5, $Ta_2O_5 \cdot TiO_2$, TiO_2. Введение в электролит полиэтиленгликоля позволяет изменять морфологию и фазовый состав покрытий. Комбинированием ПЭО и ЭП методов получены слоистые покрытия, во внешней части построенные из чередующихся поднятий с преимущественным содержанием оксидов тантала и понижений, содержащими оксиды титана и фосфаты кальция. Размеры поднятий и понижений около 10 мкм. На нержавеющей стали методом ЭП сформированы слои толщиной около 3 мкм, состоящие преимущественно из оксидов тантала. Состав и строение полученных покрытий позволяет рекомендовать их для испытаний в качестве биосовместимых или биоинертных при нанесении на титановые или стальные имплантаты, стенты или катетеры.

Литература:

1. Холькин А.И., Патрушева Т.Н. Экстракционно-пиролитический метод. Получение функциональных оксидных материалов. М.: КомКнига, 2006. 288 с.
2. Стеблевская Н.И., Медков М.А. Низкотемпературный экстракционно-пиролитический синтез нано-размерных композитов на основе оксидов металлов // Российские нанотехнологии. 2010, №1 С. 33.-38

Кузнецов В. А.
ФГБУН Институт органического синтеза им. И. Я. Постовского
УрО РАН, г. Екатеринбург
Пестов А. В.
доцент, к.х.н.
ФГБУН Институт органического синтеза им. И. Я. Постовского
УрО РАН, г. Екатеринбург

ИЗУЧЕНИЕ КОМПЛЕКСОВ ХЛОРИДА ОЛОВА (II) В КАЧЕСТВЕ ИНИЦИАТОРОВ ПОЛИМЕРИЗАЦИИ ЛАКТИДА

Полилактид и его сополимеры являются одними из наиболее распространённых синтетических биоразлагаемых полимеров и одними из основных претендентов на замещение полиолефиновых упаковочных материалов. Так же они широко используются для изготовления хирургических нитей [1] и имплантатов [2]. В настоящее время в России существует только одно предприятие, выпускающее полилактиды – ООО «Медин-Н» (г. Екатеринбург), но их производство не превышает 500 кг в год. Таким образом, создание дешевых и эффективных инициаторов полимеризации лактидов на основе отечественного сырья является одним из важных направлений развития российского производства биоразлагаемых полимеров.

Лактид может быть полимеризован по анионному механизму под действием алкоксидов щелочных металлов [3,63], по катионному механизму под действием протонных кислот [4,3529]. На практике чаще проводят полимеризацию в массе мономера с использованием соединений переходных металлов в присутствии соинициатора (воды или спирта) [5,8493]. В этом случае полимеризация протекает по координационному механизму с образованием ковалентной связи металл – кислород (схема 1) [6,4053].

Анализ литературы показал, что, несмотря на большое количество работ по изучению и целенаправленному синтезу инициаторов полимеризации лактидов и лактонов, в литературе мало внимания уделено изучению комплексов простейших галогенидов металлов за исключением аквакомплексов. Кроме того, различия в условиях проведения полимеризации в большинстве случаях не позволяют провести сравнение предлагаемых разными авторами инициаторов.

Нами предложены комплексы хлорида олова (II) с 1,4-диоксаном и 1,2-диметоксиэтаном в качестве инициаторов полимеризации DL-лактида, и проведено сравнение их активности с пентагидратом хлорида олова (IV), 2,2-диметилбутаноатом дибутилолова (IV), дигидратом и безводным хлоридом олова (II) и 2-этилгексаноатом олова (II).

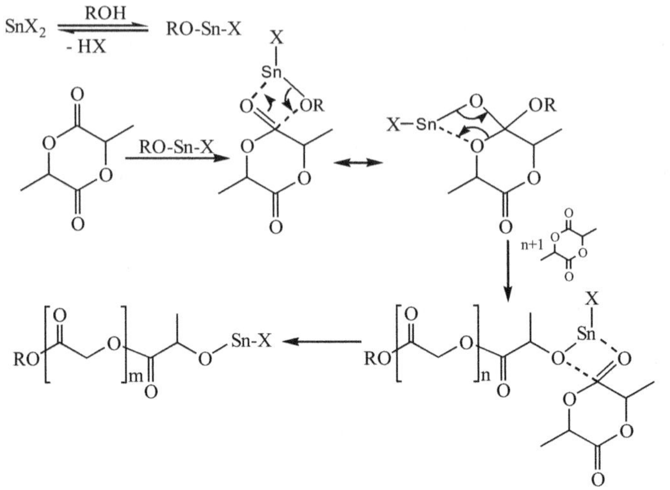

Схема 1. Предлагаемый координационный механизм полимеризации лактида на примере соединения олова (II).

Полимеризацию лактида осуществляли в массе мономера при температурах 155 и 200°C с использованием додеканола-1 в качестве соинициатора. При использовании инициаторов, содержащих воду, количество соинициатора уменьшали эквимольно вносимой воде. Конверсию лактида и степень полимеризации рассчитывали из соотношений интегральных интенсивностей сигналов метиновых групп мономера и полимера. C,H,N-анализ проводили на автоматическом анализаторе фирмы Perkin Elmer. Спектры ЯМР 1H записаны на спектрометре Bruker DRX-400.

При 200°C максимальную конверсию и степень полимеризации лактида за 2 ч реакции обеспечил комплекс хлорида олова (II) с 1,4-диоксаном - 96% и 463 соответственно. Традиционно используемый для полимеризации лактида 2-этилгексаноат олова (II) приводит к получению полимера с более низким значением молекулярной массы при меньшей величине равновесной конверсии - 87 и 85% соответственно.

Проведение полимеризации лактида при меньшей температуре обеспечивает большее значение вязкости реакционной среды, поэтому кинетические затруднения роста цепи существенно снижают скорость реакции. В связи с этим полимеризацию лактида при 155°C проводили с использованием бóльших концентраций инициатора и соинициатора. В данных условиях наибольшую активность проявляет комплекс хлорида олова (II) с 1,2-диметоксиэтаном. За 1,5 ч реакции достигается конверсия 96% и степень полимеризации 181, в то время как при использовании 2-этилгексаноат олова (II) конверсия и степень полимеризации составляют 70% и 95 соответственно.

ВЫВОДЫ

1. Впервые изучена полимеризация лактида, инициированная комплексами хлорида олова (II) с 1,4-диоксаном и 1,2-диметоксиэтаном, при 155 и 200°C.

2. Проведено сравнение активности инициаторов на основе олова (II) и (IV) в реакции полимеризации лактида. Наибольшую активность показали комплексы хлорида олова (II) с простыми эфирами.

2. Предложенные инициаторы обеспечивают получение полилактида с более высокими значениями конверсии и молекулярной массы по сравнению с 2-этилгексаноатом олова (II) при прочих равных условиях. В виду высокой эффективности и возможности дешёвого синтеза из отечественного сырья, предложенные комплексы могут быть использованы для полимеризации лактида в промышленных объёмах.

Работа выполнена при финансовой поддержке Правительства Свердловской области и РФФИ в рамках научного проекта № 13-03-96085 р_урал_а.

СПИСОК ЛИТЕРАТУРЫ

[1] Pat. 1260533 EP, Int. Cl. A61L 17/12. High strengh fibers of L-lactide copolymers, e-caprolactone, and trimethylene carbonate and absorbable medical constructs thereof // C. A. 2003. V. 138, n 5539k.

[2] Pat. 0311065 EP, Int. Cl. A61K 47/34. Implantable biodegradable drug delivery system. // C. A. 1190. V. 112, n 164960v.

[3] Garlotta D. // J. Polym. and Environment. 2001. V. 9. N. 2.

[4] Möller M., Nederberg F., Lim L. S., et al. // J. Polym. Sci. Part A. 2001. V. 39. N. 20.

[5] Nampoothiri K. M.., Nair N. R., John R. P. // Bioresource Tech. 2010. V. 101. N. 22.

[6] Gupta A.P., Kumar V. // Eur.Polym. J. 2007. V. 43. N. 10.

Медков М.А.
д-р хим. наук, профессор
Грищенко Д.Н.
канд. хим. наук
Федеральное государственное бюджетное учреждение науки
Институт химии ДВО РАН.

БИОАКТИВНЫЕ ПОКРЫТИЯ ДЛЯ МЕДИЦИНСКОГО ПРИМЕНЕНИЯ

Одним из наиболее интенсивно развивающихся направлений современного медицинского материаловедения является создание имплантов для замены поврежденных участков костной ткани. Практическое применение находят биодеградирующие фосфатные и силикатные стёкла. При создании имплантов на основе кальцийфосфатных стеклокерамических материалов используют, например, порошки стекла состава (моль.%): P_2O_5–45, CaO–50, Al_2O_3–5, с добавками оксидов бора, титана и циркония. [1, 8]. Близость химических и минералогических составов биостекол к составу костей обуславливает их биологическую совместимость с физиологической средой человеческого организма.

Существенным недостатком биостекол являются их механические свойства, которые уступают механическим свойствам костной ткани (низкая прочность на растяжение и сопротивление к удару, хрупкость и др.). Поэтому формирование биоактивных стеклокерамических покрытий на носителях из более прочных материалов является наиболее перспективным направлением.

Керамика на основе Al_2O_3 благодаря своей химической инертности и высокой прочности является привлекательной в качестве материала для изготовления имплантов. Однако, вследствие значительных различий физико-химических и механических свойств такого импланта и костной ткани постепенно происходит резорбция последней. Создание между костью и имплантом переходной зоны, которая могла бы обеспечить долгосрочную стабильность импланта, – одно из решений в сложившейся ситуации. Таким образом, возникает необходимость нанесения на импланты из биоинертной керамики биосовместимых покрытий, которые не оказывают отрицательного действия на живой организм и стимулируют процессы регенерации ткани. Керамическая подложка придает изделию необходимую прочность, а покрытие обеспечивает высокую биосовместимость. К таким биоактивным покрытиям относятся биоактивные стекла [2, 2414]. Среди биоактивных стекол наиболее используемый состав – 45S5, содержащий 24,5% Na_2O, 24,5% CaO, 45% SiO_2, 6% P_2O_5. Варьируя состав, можно изменять биоактивность стекол и их резорбируемость [3, 44].

В настоящее время для формирования покрытий применяется ряд методов: магнетронное напыление, золь-гель метод, паровое осаждение, ионно-плазменное осаждение [4, 28; 5, 183].

Одной из основных характеристик, обеспечивающих стабильную фиксацию эндопротезов в костной ткани и, следовательно, их долговечность и функциональность, является текстура и свойства поверхности имплантов. Установка имплантов с развитым микрорельефом приводит к лучшим клиническим результатам по сравнению с гладкими имплантами. Экспериментальные исследования указывают на то, что микрогеометрия поверхности с размером неровностей 1–10 мкм, обеспечивает максимальную степень сцепления между новообразованной костной тканью и поверхностью импланта. А наличие полусферических пор глубиной от 1,5 мкм до 4 мкм является оптимальным для остеоинтеграции [6, 81; 7, 829]. В связи с этим представляется весьма актуальной разработка метода формирования покрытий на пористых носителях, повторяющих форму их пор.

На наш взгляд, наиболее удобными методами формирования покрытий, не требующими использования сложного дорогостоящего оборудования, являются методы пропитки пористых носителей с последующим обжигом. Для получения биостекол в качестве прекурсора удобнее использовать растворы, содержащие тетраэтоксисилан, трибутилфосфат, олеат натрия и олеат кальция в органическом растворителе, например, в скипидаре. Такие растворы, в отличие от шихты или золя, легко проникают в любые поры, а при обжиге образуют тонкие пленки, повторяющие форму пор биоинертного носителя.

В ходе проведенных исследований получено несколько биоинертных подложек на основе Al_2O_3: № 1 – порошок каолина и вода (соотношение Т:Ж = 2:1); № 2 – порошок каолина и гидроксиапатита (в соотношении 3:1) и вода (соотношение Т:Ж = 2:1); № 3 – образец керамики, полученый методом сверхзвукового газодинамического напыления оксида алюминия на металлическую сетку [8].

Прочностные характеристики исследуемых образцов после обжига при температуре 700°C имеют следующие значения, МПа: №1 – 26,11; №2 – 14; №3 – 221.

Морфология поверхности излома образца №1 характеризуется наличием пор размерами 0,5 – 2 мкм и 10 – 20 мкм. Образец №2 мелкопористый, с размерами пор 0,5 – 2 мкм, с развитой поверхностью, размер неровностей – 1 - 3 мкм. Керамика №3 характеризуется развитым микрорельефом, размер неровностей колеблется в пределах от 1 до 10 мкм. После обжига при температуре 1200°C образцы имеют следующие прочностные характеристики, МПа: №1 – 53,13; №2 – 37,5; №3 – 223,1.

Стекло, полученное нами из растворов тетраэтоксисилана, трибутилфосфата, олеата натрия и олеата кальция в скипидаре, имеет следующий состав (%): Si – 11,0; Ca – 14,9; P – 5,1; Na – 14,8; C – 9,2; O – 45; Ca/P = 2,28. Покрытие из биостекла на керамике формировали методом пропитки образца с последующим обжигом в муфельной печи при 1200ºC со скоростью нагрева 15º/мин. В результате этих действий прочность образцов увеличилась в среднем в 1, 16 раза. На энергодисперсионном спектре образцов стали прослеживаться линии кальция, фосфора и натрия, а линия алюминия практически исчезла. Это говорит о хорошей укрывистости органического раствора стекла (пленка из биостекла получается сплошной). При этом образующийся тонкий слой биостекла не нарушает микрогеометрию поверхности биоинертного носителя.

К преимуществу нашего метода формирования покрытий можно отнести то, что он позволяет получать многослойные покрытия, поскольку слои обладают высокой прочностью сцепления с поверхностью керамики и друг с другом. Варьируя количество слоев, можно изменять толщину конечного биопокрытия на имплантах.

К сожалению, образцы с каолином (№1 и №2) не обладают достаточной прочностью для того, чтобы рассматривать их в качестве материалов, пригодных для производства импланта. Замещение дефекта костной ткани необходимо проводить имплантом с подходящими механическими характеристиками, а согласно данным медицинских исследований, кортикальная костная ткань имеет прочность при сжатии порядка 100 – 230 МПа [9, 15].

В этом отношении гораздо более подходящей является керамика №3. Ее прочностные характеристики сопоставимы с характеристиками костной ткани человека. Кроме того, эта керамика характеризуется развитым микрорельефом, необходимым для сцепления между новообразованной костной тканью и поверхностью самого импланта. Размер неровностей колеблется в пределах от 1 до 10 мкм. Такой диапазон, как указывалось ранее, обеспечивает максимальную степень сцепления между имплантом и костной тканью.

Таким образом, разработан метод формирования стеклокерамических покрытий на биоинертных подложках непосредственно из органического раствора, позволяющий создавать на пористых материалах тонкие биоактивные слои, повторяющие форму пор носителя [10, 343; 11, 257]. Метод получения биостекол различного состава из органических растворов имеет преимущества, с одной стороны, перед методом получения из водных растворов, т.к. позволяет избежать дробной кристаллизации при упаривании и, с другой стороны, перед золь-гель методом, поскольку истинные растворы легче проникают в поры биоинертых носителей.

Кроме того, метод позволяет формировать многослойные покрытия, что обеспечит выполнение медико-технических требований, предъявляемых к покрытиям на имплантах для хирургии.

Образец керамики, полученный методом сверхзвукового газодинамического напыления оксида алюминия на металлическую сетку, можно рассматривать в качестве материала, пригодного для производства импланта.

СПИСОК ЛИТЕРАТУРЫ

1. Бучилин Н.В., Строганова Е.Е. Спеченные стеклокристаллические материалы на основе кальцийфосфатных стекол. // Стекло и керамика. 2008. № 8. С. 8-11.

2. Qizhi Z. Chen, Ian D. Thompson, Aldo R. Boccacini. 45S5 Bioglass-derived glass-ceramic scaffolds for bone tissue engineering. // Biomaterials. 2006. V. 27. P. 2414-2425.

3. Путляев В.И. Современные биокерамические материалы. // Соросовский образовательный журнал. 2004. Т. 8. № 1. С. 44-50.

4. Калита В.И. Физика и химия формирования биоинертных и биоактивных поверхностей на имплантатах. Обзор. // Физика и химия обработки материалов. 2000. № 5. С. 28-45.

5. Коровин А.Я., Хронов В.Н. Оборудование для сверхзвукового газопламенного напыления покрытий. // Сборник научных трудов. Ч. 2. М., РГАЗУ. 2000. С. 183-186.

6. Воложин Г. А., Алехин А. П., Маркеев А.М. и др. Влияние физико-химических свойств поверхности титановых имплантатов и способов их модификации на показатели остеоинтеграции. // Институт стоматологии. 2009. Т. 3. № 44. С. 81-83.

7. Hansson S, Norton M. The relation between surface roughness and interfacial shear strength for bone-anchored implants. A mathematical model. //J. Biomech. 1999. № 32. С. 829-836.

8. Патент № 2318713 (РФ). Способ получения оболочковых изделий и арматура. /Салохин А.В. Опубл. 10.03.2008 г.

9. Баринов С.М. Керамические и композиционные материалы на основе фосфатов кальция для медицины. // Успехи химии. 2010. Т. 79. №1. С. 15-31.

10. Медков М.А., Грищенко Д.Н., Стеблевская Н.И., Малышев И.В., Руднев В.С., Курявый В.Г. Получение наноразмерных порошков и покрытий фосфатов кальция // Химическая технология. 2011. Т. 12, № 6. С. 343-347.

11. Медков М.А., Грищенко Д.Н., Стеблевская Н.И., Курявый В.Г., Кайдалова Т.А., Руднев В.С. Получение кальцийфосфатных порошков и стеклокерамических покрытий // Химическая технология. 2013. Т. 14, № 5. С. 257-262.

Пузырев И. С.

к.х.н., Институт органического синтеза Уральского отделения
Российской академии наук
Igor.puzyrev@gmail.com

ВЛИЯНИЕ СТРУКТУРЫ ТЕМПЛАТНЫХ АГЕНТОВ НА ХАРАКТЕРИСТИКИ НАНОПОРИСТЫХ СИЛИКАГЕЛЕЙ

Введение

Сорбция паров воды пористыми материалами представляет большой интерес вследствие многочисленных применений (сушка газов, контроль влажности, адсорбционные тепловые насосы, производство свежей воды из воздуха [1,1; 2,1341]). Однако существует немного исследований, касающихся сорбции паров воды на пористых силикагелях, полученных темплатными методами.

В настоящей работе рассмотрено влияние темплатов, условий синтеза гелей в основной среде, а также условий обжига на свойства кремнеземов.

Для исследования кремнеземов применяли методы низкотемпературной адсорбции азота, ИК-спектроскопию использовали для контроля удаления темплатов в процессе обжига. Оценку концентрации поверхностных и внутренних гидроксильных групп проводили с использованием ^{29}Si ЯМР в твердом теле в условиях вращения под магическим углом. Также проведены эксперименты по изучению сорбционной способности дисперсного кремнезема по отношению к воде.

В процессе тетраэтоксисилан (ТЭОС) гидролизуется в присутствии темплатных агентов при комнатной температуре, образуя мезофазу силикагель/темплат. Реакции гидролиза и конденсации:

а) гидролиз

$$Si(OC_2H_5)_4 \xrightarrow[-C_2H_5OH]{H_2O} Si(OH)(OC_2H_5)_3 \xrightarrow[-C_2H_5OH]{H_2O} Si(OH)_2(OC_2H_5)_2 \xrightarrow[-C_2H_5OH]{H_2O}$$

$$\longrightarrow Si(OH)_3(OC_2H_5) \xrightarrow[-C_2H_5OH]{H_2O} Si(OH)_4$$

b) конденсация

$$\equiv Si\text{-}OH + HO\text{-}Si\equiv \longrightarrow \equiv Si\text{-}O\text{-}Si\equiv + H_2O$$

В качестве темплатных агентов использовали органические основания, имеющие различную длину углеводородного радикала и основность.

Золь готовили путем смешивания ТЭОС, дистиллированной воды (опционально), этанола в качестве растворителя (опционально) и амина в молярном соотношении ТЭОС : H_2O : C_2H_5OH : амин = 1 : 4 : 6 : 1. После гелирования продукт выдерживали при 80 °C в течение 24 часов, а затем прокаливали при условиях, указанных в таблице.

Табл. Характеристики силикагелей

№	Темплатный агент	Растворитель C_2H_5OH	Длительность прокаливания (мин)		$S_{БЭТ}$[a] ($м^2$/г)	$D_{БДХ}$[b] (Å)	V[c] ($см^3$/г)
			при 500 °C	при 700 °C			
1	$C_4H_9NH_2$	+	180	5	518	245.6	1.88
2*	$C_4H_9NH_2$	+	180	5	454	216	0.72
3	$C_4H_9NH_2$	−	180	5	701	205	1.7
4	$(C_4H_9)_3N$	−	180	5	721	27.8	0.50
5**	$(C_4H_9)_3N$	−	180	5	541	30.2	0.41
6	$C_9H_{19}NH_2$	+	180	5	1857	21.2	0.98
7	$C_9H_{19}NH_2$	−	180	5	1120	72.0	2.02
8	$C_{12}H_{25}NH_2$	+	−	60	867	47.6	0.29
9	$C_{12}H_{25}NH_2$	+	180	5	1521	112	0.98
10	Алкиламины**	+	180	5	1055	31.1	0.82
11*	Алкиламины	+	180	5	1101	38	1.04
12	Алкиламины	+	−	60	1392	19.4	0.68
13*	Алкиламины	+	−	60	887	36.8	0.81
14	Алкиламины	+	−	180	1411	19.7	0.70
15*	Алкиламины	+	−	180	1018	32.3	0.82
16	$C_{16}H_{33}NH_2$	+	180	5	1085	47.3	1.28
17*	$C_{16}H_{33}NH_2$	+	180	5	898	42.7	0.96

[a] Удельная площадь поверхности, определенная по методу Брунауэра-Эммета-Теллера

[b] Диаметр пор, определенный с использованием метода Баррета-Джойнера-Халенды из десорбционной ветви изотермы

[c] Объем пор

* Без воды

** Смесь первичных дистиллированных аминов, содержащая 75.3% $C_{12}H_{25}NH_2$, 8.5% $C_{14}H_{29}NH_2$, 6.2% $C_{16}H_{33}NH_2$, 5.4% $C_{18}H_{37}NH_2$ и 2.2% $C_{10}H_{21}NH_2$.

Из таблицы можно сделать следующие выводы.

В то время как увеличение температуры прокаливания обычно приводит к спеканию получаемых оксидов и, как следствие, уменьшению удельной площади поверхности, в случае использования в качестве темплатных агентов первичных дистиллированных аминов наблюдается обратная закономерность. Прокаливание при 700 °C ведет к получению силикагелей с более высокой удельной площадью поверхности, чем длительное прокаливание при 500 °C с кратковременным выдерживанием при 700 °C.

Введение воды для гидролиза ТЭОС ведет к образованию силикагелей с меньшим размером пор. Без использования воды образуются преимущественно мезопоры (диаметр более 30 Å), в то время как наличие воды приводит получению щелевидных микропор. Изотермы силикагелей № 10, 12, 14 соответствуют I типу изотерм сорбции с петлей гистерезиса типа H4 [4,603]. Остальные силикагели демонстрируют IV тип изотерм сорбции с петлей гистерезиса, обусловленной капиллярной конденсацией.

Длительность прокаливания при 700 °C практически не оказывает влияния на характеристики получаемых силикагелей.

Соотношение типов связности кремния Q^2 $(Si(OSi)_2(OH)_2)$, Q^3 $(Si(OSi)_3(OH))$, and Q^4 $Si(OSi)_4$) из данных ^{29}Si ЯМР проводили с использованием программного обеспечения DMfit [3,70]. Силикагели продемонстрировали низкое содержание форм Q^2 и Q^4 по отношению к Q^3. Степень связности довольно низкая. Тип связности Q^3 доминирует для всех силикагелей. Рентгеновские дифрактограммы демонстрируют, что силикагели являются аморфными.

Результаты сорбции паров воды силикагелями № 10, 11 и 13 приведены на рис. В условиях эксперимента максимальное количество сорбируемой воды на силикагелях находится в диапазоне 6-12 %.

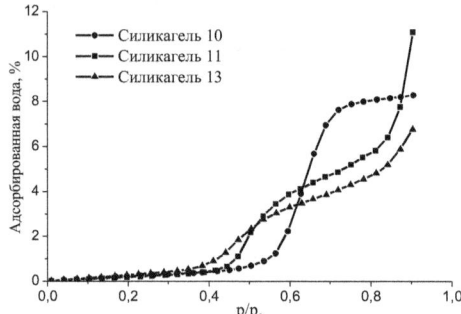

Рис. Сорбция воды силикагелями.

Работа выполнена при финансовой поддержке Правительства Свердловской области и РФФИ (грант № 13-03-96086_р_урал_а).

Литература:

1. H. Li, M. Ai, B. Liu, and al. // Micropor. and Mesopor. Mater. 2011. V. 143.

2. F. Ohashi, M. Maeda, K. Inukai, and al. // J. Mater. Sci. 1999. V. 34.

3. D. Massiot, F. Fayon, M. Capron, and al. // Magn. Reson. Chem. 2002. V. 40.

4. K. S. W. Sing, D. H. Everett, R. A. W. Haul, and al. // Pure Appl. Chem. 1985. V. 57, N. 4.

Никитина Л. В.
к.т.н., доцент каф.химии СГТУ имени Гагарина Ю. А.
e-mail: lnikitina08@gmail.com
Кособудский И. Д.
д.х.н., профессор каф.химии СГТУ имени Гагарина Ю. А.

МОДИФИКАЦИЯ ПОЛИПРОПИЛЕНА НАНОЧАСТИЦАМИ ДИОКСИДА КРЕМНИЯ И ИЗУЧЕНИЕ СВОЙСТВ ПОЛУЧЕННЫХ КОМПОЗИТОВ

Среди полимерных материалов, появившихся за последние годы, достойное место занимает высокомолекулярный кристаллический полипропилен (ПП). Обладая ценным сочетанием свойств и, что очень важно, относительно низкой стоимостью, он чрезвычайно быстро внедрился во многие отрасли промышленности. Однако, зачастую, чтобы получить полимерные изделия для различных областей применения в зависимости от способа переработки приходиться модифицировать и создавать новые композиционные материалы.

Работа посвящена модификации полипропилена наноразмерными частицами диоксида кремния. Предварительно был получен золь диоксида кремния путем гидролиза тетраэтоксисилана (ТЭОС) в присутствии катализатора (аммиака, уксусной кислоты). Затем, для получения композиционного материала использовался метод «класпол» в растворе – расплаве полипропилена.

Термическое исследование всех синтезированных соединений проводилось на приборе «Дериватограф ОД-103». Проведенные исследования анализа отображены на рисунке 1.

Анализ кривых ДТА показал, что температура плавления модифицированного ПП понизилась на 20^0С и составила 120^0С ($T_{пл}$ чистого ПП = 140^0С). Кроме того, экзотермические пики, свидетельствующие о протекании в полимере процессов, связанных с изменением надмолекулярной структуры (например, образованием кристаллитов) и окислением, для модифицированного ПП смещены в область более низких температур: для чистого ПП эти температуры составляют 360^0 и 460^0С, а для модифицированного-260^0 и 400^0С. Однако, температура деструкции модифицированного ПП повысилась относительно чистого ПП на 40^0С ($T_{мах.дестр}$ чистого ПП = 570^0С; $T_{мах.дестр}$ модифицированного ПП = 620^0С).

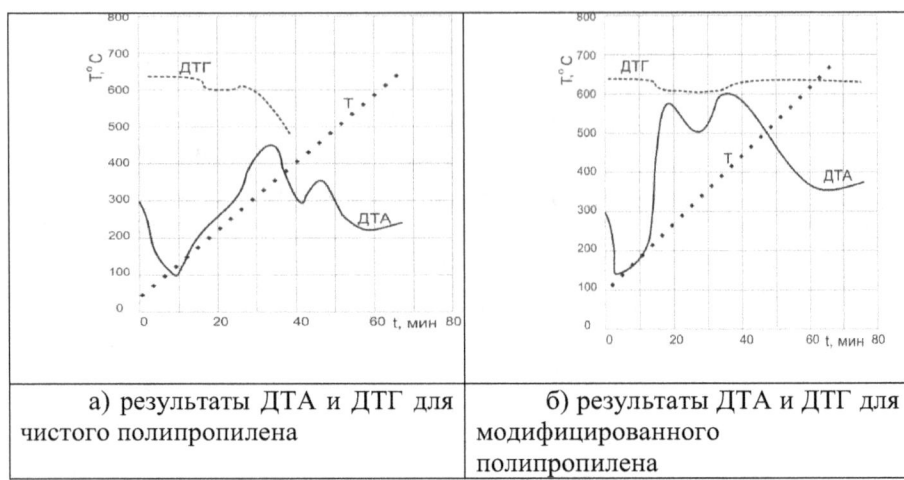

| а) результаты ДТА и ДТГ для чистого полипропилена | б) результаты ДТА и ДТГ для модифицированного полипропилена |

Рисунок 1. Результаты ДТА-исследования

Как известно, деривативная термогравиметрия (ДТГ) регистрирует скорость изменения массы вещества во времени. Анализируя соответствующие кривые ДТГ для чистого и модифицированного ПП, можно сделать заключение о более высокой скорости деструкции чистого ПП, подтверждением вышесказанному является анализ кривой ТГ: угол наклона кривой, характерной для чистого ПП больше, чем соответствующий угол наклона для композита. Кроме того, анализируя ТГ композита и чистого ПП, можно сделать вывод о том, что процесс разложения сопровождается потерей воды при $T = 200^0C$ для модифицированного ПП и при $T=180^0C$ для чистого ПП. Конечным твердым продуктом разложения композита является SiO_2.

По результатам ИК – спектроскопии, представленным на рисунке 2, видно, что в спектрах присутствуют полосы, характерные для аморфного гидроксилированного кремнезема (это полосы соответствующие 1100, 940, 810 см$^{-1}$). Полосы 1105 и 810 см$^{-1}$ соответствуют ассиметричным и симметричным валентным колебаниям $Si–O–Si$, 940 см$^{-1}$ деформационным колебаниям связей $Si–OH$, 1640 и 3450 – деформационным колебаниям молекул адсорбционных и координационных связей воды.

Сравнение ИК – спектров пропускания чистого и модифицированного полипропилена показывает появление полосы поглощения около 3690 см$^{-1}$, которая свидетельствует об активной адсорбции молекул воды молекулами аэросила и соответствует ОН– колебаниями в $SiOH$–группах. Гидроксильные группы, возникающие при этом, активно адсорбируют воду, и вокруг частиц аэросила возникает гидратная оболочка.

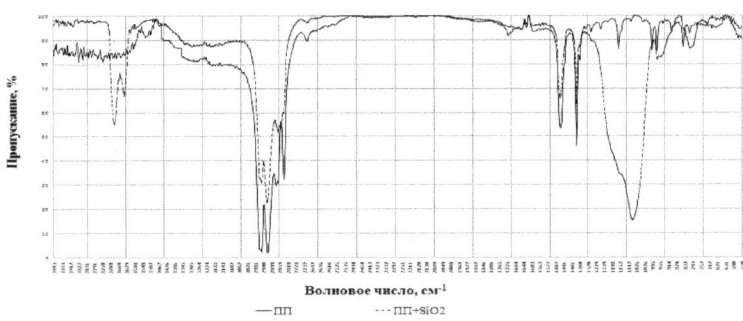

Рисунок 2. Результаты ИК-спектроскопии

Проведено физико-механическое испытание полученных образцов. Показано, что наилучшими свойствами обладают образцы с 3%-ным содержанием модификатора. В таблице 1 представлены сравнительные характеристики физико-механических свойств чистого ПП и композита на его основе.

Таблица 1. Сравнительная характеристика чистого ПП и композита

Параметр	Ед.изм.	Метод испытания	ПП	ПП + SiO$_2$
Прочность при сжатии	МПа	ГОСТ 4651-82. Пластмассы. Методы испытания на сжатие	39	52
Твердость материала по Бринелю	МПа	ГОСТ 4670-91. Пластмассы. Определение твердости. Метод вдавливания шарика.	48	51
Суточное водопоглощение	%	ГОСТ 4650-80. Пластмассы. Методы определения водопоглощения.	0,02	0,02
Уд. объем. электрическое сопротивление	Ом·м	ГОСТ 6433.2-71. Материалы электроизол. Твердые.	10^{15}	10^{16}
Разрушающее напряжение при растяжении	МПа	ГОСТ 11262-80. Пластмассы. Метод испытания на растяжение.	32	42

Т.о., проведенные исследования подтверждают перспективность использования наночастиц диоксида кремния в качестве модификатора, улучшающего физико-химические свойства полипропилена.

Фурсов В.А.
доктор экономических наук, профессор
Северо-Кавказский федеральный университет
Лазарева Н.В.
доктор экономических наук, профессор
Северо-Кавказский федеральный университет

РОЛЬ ПЛАНИРОВАНИЯ В РАЗВИТИИ РЕГИОНАЛЬНОЙ ИНДУСТРИИ ТУРИЗМА

Исследования вопросов планирования и управления туризмом как в мире, так и в региональном разрезе с учетом воспроизводственных процессов и необходимых инновационных условий как фактора стабильного развития приобретают все более растущее значение. Роль сферы туризма в общественно-экономическом развитии мировой и региональной экономик трудно переоценить. Туризм содействует процессу развития собственным позитивным воздействием на платежный баланс, ускоряющимися характеристиками в экономике, своим вкладом в занятость, а также играет определенную роль в сохранении равновесия между регионами и влиянием на валютные резервы. Необходимо также отметить воздействие сферы туризма на сопряженные с ним отрасли экономики [1].

Как сфера экономической деятельности туризм основывается на целевом и разумном использовании ресурсов, объективная особенность которых заключается в том, что ими могут пользоваться не только туристы, но и другие категории, например, местные жители. Поэтому особую актуальность приобретают следующие задачи:
- выявление и реструктуризация ресурсов региона;
- формирование туристского потенциала региона;
- порядок использования имеющегося туристского потенциала региона.

Решение данных задач позволит специалистам с большей степенью определенности планировать и прогнозировать использование ресурсов региона. В настоящее время отсутствуют реальные представления о существующем состоянии и наличии различного вида туристских ресурсов.

В каждом регионе ресурсный потенциал индивидуальный из-за различий в составе и характеристиках имеющихся ресурсов. Поэтому от характера туристских ресурсов, их ценности, доступности, количества зависит возможность отнесения отрасли к второстепенным или приоритетным. К туристским ресурсам мы относим совокупность природных и произведенных человеком объектов пригодных для создания туристского продукта. Функциональное назначение туристских ресурсов заключается в удовлетворении различных потребностей.

Решающую роль в преобразовании ресурсов для удовлетворения потребностей туристов играет экономика регионов. Особенность этого взаимодействия заключается в наличие прямых и обратных связей: туристские ресурсы удовлетворяют потребности, а потребности туристов диктуют необходимость выявления и использования определенных видов и свойств ресурсов.

В основе планирования туристских ресурсов должны лежать формирование потребностей в отдыхе и изучение этих потребностей. Целью является создание объектов-аттракторов, обладающих свойствами, наиболее удовлетворяющих туристов. Для обеспечения развития любой системы необходимы ресурсы, формирующиеся в составе ресурсных потенциалов региона. Под туристским потенциалом региона, по нашему мнению, следует понимать совокупность взаимосвязанных и взаимодействующих друг с другом возможностей, которые используются в туристской деятельности, а также новых, разработанных в процессе этой деятельности и использующих факторы регионального производства. Это воззрение следует отличать от термина «потенциал для развития сферы туризма в регионе», под которым понимается совокупность взаимодействующих и взаимосвязанных потенциалов региона и потенциалов, внешних по отношению к региону, которые могут быть использованы для развития сферы туризма в регионе.

Анализируя структуру потенциалов региона, занятых в сфере туризма, следует выделить те, формирование и изменение которых обеспечит его постоянное развитие. Эти потенциалы эволюционируют и развиваются под влиянием потенциала потребностей туристов, который диктует и степень потребления потенциала возможностей региона. В частности, потенциал потребностей является основой и движущей силой развития туризма в регионе. Все остальные потенциалы должны быть ориентированы именно на него.

Для становления и процветания регионального туризма необходимо наличие рекреационно-ресурсного потенциала – объединение природных ресурсов конкретного региона с учетом образовавшихся в нем культурно-исторических и социально-экономических предпосылок для создания разнообразной рекреационной деятельности. Центральное значение для устойчивого развития регионального туризма имеют экологический и историко-культурный потенциалы. Большое значение для развития туризма имеет потенциал связности, определяемый нами как совокупность процессов, причинно-следственных связей разной природы между элементами внутри и вне системы, которые обеспечивают ее целостность. Нарушение связности приводит к уничтожению системы, лишает ее свойств целостности.

В процессе планирования развития туризма необходимо учитывать ряд особых системных свойств потенциалов региона:

- изменение положительных и негативных потенциалов, зависящее от уровня управляемости;

- совместное использование потенциалов способствует применению для разных целей;

- способность к объединению с другими потенциалами дает возможность создавать новые потенциальные ресурсы;

- взаимодействие потенциалов с внешней средой способствует их участию в воспроизводственных процессах не только в регионе, но и за его границами;

- двойственность потенциалов, т.е. возможность использования их как туристами, так и не туристами.

Только через грамотное планирование индустрия туризма может удовлетворять потребности потребителя, координировать программы и развиваться с наибольшей отдачей, минимизируя при этом социальные и экологические проблемы. Использование планирования для направления в нужное русло развития туризма позволяет обществу адаптироваться к неожиданностям, создавать желаемое и избегать нежелательного.

На региональном уровне непосредственное воздействие на развитие туризма призвано оказать его планирование. Многие российские регионы разработали и реализуют собственные программы развития туризма, которые содержат поэтапный план развития туристско-рекреационного потенциала.

Для Ставропольского края в целях обеспечения формирования рекреационного туризма можно предложить дифференцированный подход к управлению и прогнозированию регионального туристского продукта. Алгоритм данного подхода может быть следующим:

1. Прогнозирование и планирование развития и использования региональных туристско-рекреационных ресурсов.

2. Прогнозирование и планирование развития профильных, сопутствующих и дополняющих товаров и услуг, входящих в структуру регионального туристского продукта.

3. Общая экономическая эффективность туризма, оцениваемая на основе статистических данных.

Научно обоснованный прогноз и план развития туризма в регионах будет способствовать повышению его инвестиционной привлекательности, укреплению государственно-частного партнерства, содействовать принятию стратегически обоснованных управленческих решений, обеспечивать возможность успешного функционирования туристских предприятий региона.

Литература:

1. Романова, Г.М. Региональное планирование развития туристско-рекреационных зон [Текст] / Г.М. Романова // Известия Российского государственного педагогического университета им. А.И. Герцена – 2003. - № 5 – С. 280.

Рожкова Н.В.
к.э.н., Академия Федеральной службы исполнения наказаний
города Рязани

НЕОБХОДИМОСТЬ ЛОГИСТИКИ В ДЕЯТЕЛЬНОСТИ ТУРИСТСКИХ ПРЕДПРИЯТИЙ

Туристская отрасль сегодня представляет собой единый комплекс, который включает множество подотраслей, дополняющие друг друга, обеспечивают заданные темпы роста и производства туристских и вспомогательных услуг. Каждая их них отличается технологическим процессом, организацией производства и управления, целевой продукцией (услугой) и т.д., объединяет большое число предприятий и является сложным хозяйством с большим объемом работ. Вместе с тем, взаимодействие потоковых процессов между данными составляющими все еще не позволяет осуществлять эффективное управление резервами, незадействованными в хозяйственном обороте.

По нашему мнению, для улучшения сложившейся ситуации в отрасли необходима разработка стратегии развития туристских компаний, опирающаяся на объективный анализ состояния технологических систем производства туристских услуг, сферы НИОКР и инвестиций в целом. Должны быть выявлены объекты, необходимые для реализации туристским сектором его основных экономических функций, определены формы и методы влияния на эти объекты, включая придание инновационному процессу непрерывного характера, создание современной организации объединения разработок, производства и сбыта туристских услуг, использование высококвалифицированных менеджеров в области услуг гостеприимства.

В связи с перечисленными аспектами развития отрасли возникает потребность поиска и применения наиболее современных методов управления резервами эффективности и потоковыми процессами, качественно отличающихся от таких ранее используемых методов как программно-целевой метод, метод интерполяции, балансовый метод, возрожденный в настоящее время под наименованием «бюджетирование», а также метод «экспертных оценок».

Нами предлагается концепция логистизации потоковых процессов как основа повышения резервов эффективности предприятий туристской отрасли. Сущность и преимущества указанной концепции управления лучше всего проявляются при формировании логистических систем, логистических цепей и других логистических структур, создаваемых с целью оптимизации экономических потоков.

Предлагаемая концепция носит перманентный характер перехода от традиционного управления к логистическому и определяется степенью проникновения логистики на все уровни управления потоковыми процессами в компании туристской отрасли. Логистизация не направлена на разрушение существующей системы управления. Напротив, она предполагает рационализацию и оптимизацию управления материальными, финансовыми и информационными потоками на корпоративном уровне. Результатом всего этого должно стать повышение уровня управляемости, мобильности ресурсного потенциала предприятий туристской отрасли, оптимизация и рационализация всех экономических потоков. Логистизация процесса управления потоками предприятия не отрицает, а, напротив, развивает такие виды обеспечения, как маркетинговое, организационное, правовое, которые остаются вполне самостоятельными в силу специфики функционирования туристских предприятий.

Кроме того, рассматривая предприятий туристской отрасли как части большой и сложной экономической системы, необходимо определить объективные и субъективные предпосылки применения логистического подхода в управлении резервами эффективности, предполагающего, в том числе, логистизацию хозяйственных связей предприятий туристской отрасли.

К числу субъективных факторов, оказывающих существенное влияние на формирование хозяйственных связей предприятий туристской отрасли и обусловливающих необходимость их логистизации, следует отнести:

- достаточно высокую степень монополизации потоковых процессов отрасли и смежных с ней отраслей (например, монополизация туроператоров, авиакомпаний и т.д.);

- ярко выраженную специализацию отдельных предприятий туристской отрасли, не всегда соответствующую требованиям рынка;

- необходимость повышения инвестиционной привлекательности туристского сектора экономики страны;

- соотношение между государственной и частной собственностью в комплексе гостеприимства в стране;

- существующие условия конкуренции на отечественном и зарубежном рынках.

Отметим, что в условиях перехода к рыночной экономике внутренняя и внешняя среда предприятия туристской отрасли находится в постоянной взаимосвязи, поскольку рынок является для предприятия одновременно и источником образования потоковых процессов и конечной целью их движения.

В качестве специфических вспомогательных основным потоков предприятий туристской отрасли можно выделить четыре:

1. Транспортный поток (обеспечение туристов средствами транспорта: предоставление авиабилетов на самолет, а затем и трансфер на автобусе/такси).

2.   Поток размещения туристов   (данный   поток включает все материальные, финансовые и информационные потоки в части размещения туристов в гостиницах, гастхаузах, частных коттеджах, виллах, и т.д.)

3.   Рекреационный поток (данный поток включает услуги в области организации досуга, проведения экскурсий, различных мероприятий).

4.   Поток   в   области   организации   общественного   питания (данный потокивключают   различные услуги   в части   питания туристов, например,   такие   как организация шведского стола, услуг «все включено», питания иностранных туристов на территории России).

Стоит отметить, что на сегодняшний день, как основные потоки предприятий туристского сектора, так и вспомогательные значительно рассинхронизированы и, на наш взгляд, наилучших результатов могут добиться те туристские предприятия, которые будут использовать концепцию интегрированной логистики, позволяющую объединить усилия управляющего персонала компаний, их структурных подразделений и логистических партнеров для сквозного управления основными и сопутствующими потоками в интегрированной структуре бизнеса: проектирование услуга - разработка услуга - распределение по сегментам - предоставление услуги - контроль. Принципы и методы данного подхода должны быть направлены на получение оптимального решения, в частности минимизации общих логистических издержек предприятий. Сокращение всех видов издержек, связанных с управлением материальным потоком, финансовым, информационным, всеми вспомогательными потоками, а также уменьшение логистических рисков позволит предприятиям высвободить финансовые средства на дополнительные инвестиции в информационно-компьютерные   системы,   рекламу,   маркетинговые исследования и т.д.

Таким образом, оптимальные логистические решения могут быть получены не только по критерию минимума общих затрат, но и по таким ключевым показателям, как время исполнения заказа и качество логистического сервиса в области разработки как групповых, так и индивидуальных туров.

Литература:

1.   Новиков В.С. Инновации в туризме: учеб. Пособие для студ.высш. учеб. заведений/ В.С. Новиков. - М.: Издательский центр «Академия», 2007. - 208 с.

2.   Сервис-стратегия: управление, ориентированное на потребителя: пер. 2-го англ. изд. / Ж. Горовиц. – М.: Дело и Сервис, 2007.

Смирных Т.А.
старший преподаватель, кандидат экономических наук,
кафедра финансов и кредита,
Белгородский государственный национальный исследовательский
университет (НИУ «БелГУ»)
Smirnykh@bsu.edu.ru

РОЛЬ БЮДЖЕТОВ СУБЪЕКТОВ РФ В ФОРМИРОВАНИИ РЕГИОНАЛЬНЫХ ЦЕЛЕВЫХ ПРОГРАММ

Региональное целевое программирование является инструментом непосредственного государственного воздействия на рыночную экономику той или иной территории, обеспечивая сочетание принципов саморегулирования и целенаправленности в ее развитии.

Не смотря на огромное количество целевых программ, многие, особенно региональные, целевые программы социально-экономического развития в полной мере не осуществляются, а эффективность проводимых программных мероприятий, как правило, находится на низком уровне из-за серьезных недостатков в организационно-экономическом механизме реализации программ, в которых игнорируется региональная специфика социально-экономических отношений.

В целях исследования проанализирован бюджет Белгородской области в отношении ресурсного обеспечения региональных целевых программ.

На рисунке 1 изображена динамика распределения бюджетных ассигнований на реализацию областных целевых программ.

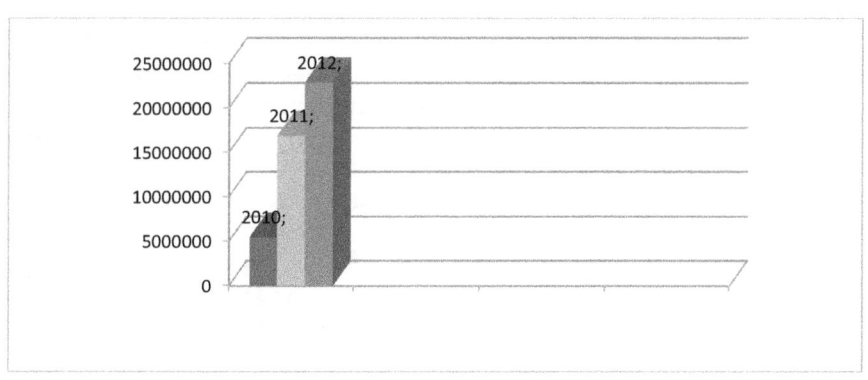

Рис.1 Бюджетные ассигнования на реализацию областных целевых программ в 2010-2012 гг, тыс. руб.

Как видно из рисунка, сумма бюджетных ассигнований на реализацию областных целевых программ с каждым годом увеличивалась, что является положительной тенденцией.

В следующей диаграмме представлено распределение бюджетных ассигнований на реализацию областных целевых программ в 2012 году[1,22].

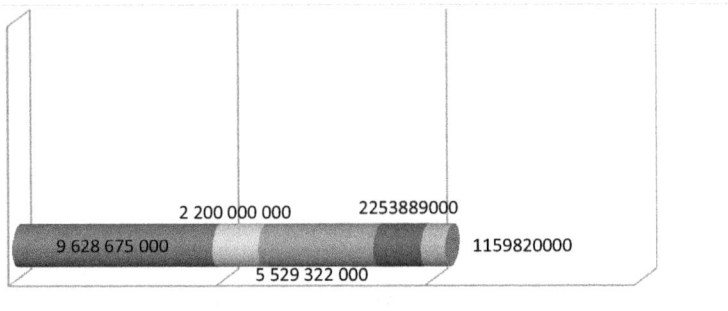

Рис. 2 Распределение бюджетных ассигнований на реализацию приоритетных областных целевых программ в 2012 году, руб.

По данным рисунка можно сделать следующий вывод: как и в предыдущие годы, основные ассигнования направлены на строительство и реконструкцию дорог в регионе, а так же на строительство, реконструкцию и капитальный ремонт объектов социальной сферы, и развитие инженерной инфраструктуры.

В целях исследования проанализированы Удельные веса расходов бюджета, формируемых в рамках программ (долгосрочных, ведомственных и других региональных целевых программ), в общем объёме расходов бюджета (за исключением субвенций), %. Данные представлены на рисунке 3 [2,16]. Для анализа использованы данные нескольких регионов России.

Рис. 3 Удельный вес расходов бюджета, формируемых в рамках программ (долгосрочных, ведомственных и других региональных целевых программ), в общем объёме расходов бюджета (за исключением субвенций), %

Из рисунка следует, что наибольший удельный вес расходов бюджета, формируемых в рамках программ (долгосрочных, ведомственных и других региональных целевых программ), в общем объёме расходов бюджета (за исключением субвенций) приходится на Липецкую область - 77,40%, затем следует Тамбовская область – 54,73%, на третьем месте – Воронежская область (51,30%), на четвертом Белгородская – 38,60% и всего 22,83% приходиться на Курскую область. Данный удельный вес выступает как показатель индикатора, характеризующего качество бюджетного планирования. Соответственно, чем выше удельный вес расходов бюджета, формируемых в рамках программ (долгосрочных, ведомственных и других региональных целевых программ), тем эффективнее бюджетное планирование в регионе.

В качестве вывода можно отметить, что большее количество регионов имеют надлежащее качество управления финансами, в их числе и Белгородская область. Однако, объемы региональных бюджетов недостаточно покрывают финансирование региональных целевых программ, именно поэтому целесообразно увеличить долю федерального бюджета в рамках финансирования региональных целевых программ.

Литература (источники):

1. «Об областном бюджете на 2012 год» : [Текст] //Закон Белгородской области, Принят Белгородской областной Думой 22 декабря 2011 года (в ред. закона Белгородской области от 06.03.2012 N 95);
2. О порядке осуществления мониторинга и оценки качества управления региональными финансами» : [Текст] //Приказ Минфина РФ от 3 декабря 2010 г. № 552
3. Управление региональными финансами: повышение качества и механизмы поощрения :[Электронный ресурс] /Журнал «Бюджет»,-2011.-№3. – Режим доступа http://bujet.ru/article/168653.php

Князев С.Ю.

студент, Филиал «Национального исследовательского университета «МЭИ» в г. Смоленске, кафедра «Электроника и микропроцессорная техника»

Белалова И.А.

кандидат экономических наук, Филиал «Национального исследовательского университета «МЭИ» в г. Смоленске, кафедра «Экономика, бухгалтерский учет и аудит»

НАИБОЛЕЕ СЕРЬЕЗНЫЕ ВНУТРЕННИЕ УГРОЗЫ ЭКОНОМИЧЕСКОЙ БЕЗОПАСНОСТИ РОССИИ В 21 ВЕКЕ

В любое время для каждого государства актуально изучение внутренних угроз экономической безопасности. Оставленные без должного внимания и своевременных мер по их устранению, эти угрозы разрушают экономику страны изнутри, делая её незащищенной от угроз из вне.

В Государственной стратегии экономической безопасности Российской Федерации [1] приведен следующий список угроз:

1) Увеличение имущественной дифференциации населения и повышение уровня бедности;

2) Деформированность структуры российской экономики;

3) Возрастание неравномерности социально-экономического развития регионов;

4) Криминализация общества и хозяйственной деятельности.

Все эти угрозы можно считать внутренними. Но к наиболее серьезным проблемам в настоящее время можно отнести первые две.

Увеличение имущественной дифференциации населения и повышение уровня бедности определяется следующими факторами:

— расслоение общества на узкий круг богатых и преобладающую массу бедных, неуверенных в своем будущем людей;

— увеличение доли бедных слоев населения в городе по сравнению с деревней.

Численность населения с денежными доходами ниже величины прожиточного минимума за 2012 год по предварительным данным 15,6 млн. человек, что составляет 11% от общей численности населения. Это число постепенно сокращается, но оно остается катастрофически огромным. В то же время в России наблюдается стремительный рост количества миллиардеров. Согласно данным Российского Forbes, за последние 5 лет их количество выросло более чем в 3 раза. В 2009 году в России насчитывалось 32 миллиардера, в 2013 году к числу богатейших людей планеты относятся 110 человек.

Уровень безработицы так же остается серьезной проблемой современной России. В январе 2013 года уровень безработицы составил 6%. По отношению к 2012 году эта цифра стала меньше. Но число безработных остается выше, чем в 2007 году, когда безработица составляла 5,7%. Так же следует отметить, что безработица среди сельских жителей гораздо выше по сравнению с уровнем безработицы среди городских жителей. В январе 2012 года уровень безработицы среди городских жителей составил 5,2%, а среди сельских жителей этот показатель был почти в 2 раза выше и составил 10,1%. Это свидетельствует о низком уровне заработной платы и доходов сельских жителей; узости сферы приложения труда в сельском хозяйстве, а по числу вакансий сельский рынок существенно отстает от городского [2].

Деформированность структуры российской экономики характеризуется усилением топливно-сырьевой направленности экономики; отставанием разведки запасов полезных ископаемых от их добычи; низкой конкурентоспособности продукции большинства отечественных предприятий; свертывание производства в жизненно важных отраслях обрабатывающей промышленности; подрывом научно-технического потенциала; завоеванием иностранными фирмами внутреннего рынка страны; вытеснением отечественной продукции с рынка и ростом внешнего долга.

В России сырьевая направленность экономики ярко выражена. В январе-сентябре 2012 года экспорт топливно-энергетических товаров составил 70,8% (в том числе нефть - 34,8%, нефтепродукты - 20,0%, природный газ - 11,9 %), против экспорта продовольственных товары и сельхозсырья, доля которых всего 3,1%.

Относительно второго фактора можно сказать, что подавляющее число разрабатываемых месторождений нефти и газа были открыты еще до 2000 года.

Конкурентоспособность продукции отечественных предприятий находится на весьма низком уровне. Согласно индексу глобальной конкурентоспособности за 2011-2012 годы Россия находилась на 66 месте, что на 3 позиции ниже, чем за 2010-2011 годы [3].

Свертывание производства с 2000 по 2010 годы имело очень высокий темп. Например, в 2002 году число действующих предприятий в машиностроении сократилось на 3781 предприятие; число действующих предприятий легкой промышленности - на 1465 предприятий, а число действующих предприятий пищевой промышленности - на 602 предприятия. В 2011 году прирост промышленного производства составлял 4,7%, 2,8% в январе-октябре и менее 1,8% по итогам октября 2012 года.

Главной проблемой отечественной науки является ее недостаточное финансирование - на долю России приходится менее 2% мировых расходов на НИОКР. Более половины средств - 51,2%, направляемых на технологические инновации, расходуется на покупку машин и оборудования. И кроме того наблюдается очень низкая изобретательская активность. За период 1989-2009 годы численность персонала, занятого исследованиями и разработками, уменьшилась втрое [4].

Иностранные фирмы активно вытесняют продукцию российских предприятий с рынка. В январе-сентябре 2012 года импорт машиностроительной продукции был порядка 50,1%. Что ставит под угрозу развитие машиностроительной отрасли страны.

Последний фактор - внешний долг России. По предварительной оценке Банка России, на 1 января 2013 года составил 631,784 млрд. долл.

Он увеличился на 92,941 млрд. долл. по сравнению с показателем на 01.01.2012 года [5].

Таким образом, очевидна необходимость совершенствования системы обеспечения экономической безопасности, а так же важность принятия мер по улучшению ситуации в стране на данный момент. Только надежная, эффективная система обеспечения экономической безопасности может гарантировать независимость страны, ее устойчивое социально-экономическое развитие.

Литература:

1. О государственной стратегии экономической безопасности Российской Федерации (основных положениях) [Электронный ресурс]: указ Президента Рос. Федерации от 29 апреля 1996 г. № 608. Доступ из справ. – правовой системы «КонсультантПлюс».
2. Занятость и безработица в Российской Федерации в январе 2013 года [Электронный ресурс]: URL: :http://www.gks.ru/bgd/free/B04_03/IssWWW.exe/Stg/d01/39.htm
3. Конкурентноспособность России в международных рейтингах: 10 лет спустя [Электронный ресурс]: URL: http://www.finansy.ru
4. Российский инновационный индекс / Под ред. Л.М. Гохберга. – М.: Национальный исследовательский университет «Высшая школа экономики», 2011. – 84 с.
5. Внешний долг Российской Федерации в 2012 году [Электронный ресурс]: URL: http://www.cbr.ru

Полунина Ж.А.
кандидат экономических наук, НИУ БелГУ

ЗНАЧЕНИЕ ДИФФУЗИИ В УПРАВЛЕНИИ ИННОВАЦИЯМИ НА ПРЕДПРИЯТИЯХ: СОЦИАЛЬНЫЙ ЭФФЕКТ

В настоящее время недостаточная проработанность проблемы эффективного управления инновациями, и в частности, создания экономических механизмов и организационных форм управления инновациями в условиях кластеризации актуализируют задачу разработки комплекса теоретических и методических положений развития рыночного механизма внедрения инноваций на предприятиях с учетом их влияния на социальную составляющую экономического роста.

В рамках исследования считаем особенно важным значение анализа проблемы внедрения новых технологических решений в старые организационные системы, что основывается на технодинамике – области знаний, описывающей закономерности эволюции и изменения полномасштабных производительных систем, включающих институты образования, промышленности, науки. Указанная теория, являясь производной теорией институциональной динамики, сфокусирована на анализе изменения технологий, определяющих условия создания новых промышленных систем в изменяющихся институциональных условиях.

Инновационная компонента в современном экономическом росте в отличие от предыдущих этапов хозяйственной истории человечества не сводится к тому или иному научному открытию или технологическому изобретению. Она представляет собой растущий и увеличивающий свое значение инновационный сегмент экономики, генерирующий все возрастающий поток инноваций, удовлетворяющих меняющиеся общественные потребности и формирующих принципиально новые объекты спроса. В связи с этим, новая экономика определенно демонстрирует новое качество экономического роста и открывает новые экономические возможности. Инновации проявляют себя не только как мощный стратегический инструмент, но и как наиболее устойчивая – в определенном смысле, неисчерпаемая составляющая производительных сил, позволяющая обеспечить экономический рост на длительную перспективу.

Основанием для такого рода утверждений является наличие эффекта диффузии или распространения инноваций являющегося следствием проявления циклично-генетических закономерностей и социогенетических особенностей инноваций. В силу данных причин, каждое крупнейшее изобретение реализуется в кластере крупных, вызывает волну средних изобретений и поток мелких и мельчайших, что, в конечном счете находит выражение в динамике инновации разного уровня.

Необходимо отметить, что масштабы диффузии или темпы такого распространения имманентно связаны с рыночным механизмом и зависят от времени, степени новизны, особенностей отрасли и множества социальных факторов, из чего следует, что создание эффекта диффузии требует соответствующих условий и стимулирования.

Считаем, что уточнение аспектов эффекта диффузии в существующих теориях представляется принципиально важным.

Впервые данная проблема была исследована К. Фрименом, Д. Кларком и Л. Соете. Ими доказано, в процессе жизненного цикла отрасли происходит постепенное вытеснение продуктовых инноваций технологическими, которые порождают циклы новых отраслей. Таким образом, происходит диффузия или процесс распространения инноваций. Так, по мнению указанных экономистов, толчком к развитию экономики служит появление базисных нововведений в отдельных отраслях производства.

В работах многих экономистов глубоко изучены особенности проявления диффузии инноваций, в частности, аспекты механизма диффузии как системной закономерности инноваций и их пространственной диффузии.

В рамках первого направления исследуются внутренние закономерности факторы диффузии инноваций: скорость, масштаб, основные эффекты и результаты от внедрения инноваций и пр. Данные вопросы исследованы такими учеными как С. Девис, А. Ромео, Шумпетером, Э. Менсфилд.

Так, Э. Менсфилд и др. исследователи установили нелинейную природу инновационного процесса – каждая траектория диффузии достигает уровня насыщения в пределах конечного отрезка времени, представляющего жизненный цикл нововведения. Первоначально действуют силы положительной обратной связи: диффузия инноваций характеризуется возрастающей скоростью. При достижении определенного критического значения автоматически включается отрицательная обратная связь, происходит процесс замедления скорости и насыщения инновационного процесса [1].

Исследования «пространственного» аспекта диффузии и неравномерности инноваций изучается в направлениях отраслевом и региональном. Среди экономистов изучавших проблему пространственного распространения инноваций, можно назвать: Т. Хегерстранда, А. Преда, Х. Перлоффа, Б. Берри, Дж. Фридмана, Г. Ричадсона, Ф. Перу.

В рамках нашего исследования особенный интерес представляет теория полюсов роста Ф. Перу, в основе которой лежит представление о ведущей роли отраслевой структуры экономики и, в первую очередь, лидирующих отраслей, создающих новые товары и услуги. А так же особенности «пространственного» распространения инноваций, связанных с анализом межстрановых различий, представленных в современном региональном разрезе результатами исследований Дж. Вэя. Данные теории раскрывают характерные особенности проявления диффузии и принципы действия ее механизма, на которых по нашему мнению должны базироваться современные формы управления в отраслях промышленности в целях достижения экономического роста.

Важным в понимании пространственного развития является утверждение того, что развитие не может быть равномерным. Это объясняется центропериферийной теорией пространственного развития, созданной Дж. Фридманом. Суть теории в том, что центры разного уровня всегда стягивают ресурсы со своей периферии, и именно концентрация ресурсов создает возможности для инновационных изменений самих центров. Затем эти инновации транслируются на периферию с лагом во времени, зависящим от величины барьеров на пути движения инноваций. Между центрами и периферией существует подвижная зона полупериферии, которая более активна и при резком изменении условий развития может перехватить функции центра. Эта модель работает на всех уровнях – от мировых городов и крупных агломераций до региональных и местных центров [2].

Т. Хегерстранд подчеркивал, что инновации тесным образом связаны с территорией, которая на них влияет, преобразует и направляет их. В связи с этим велико значение географического положения центра инновации. Особую роль приобретают размеры и формы территории, численность и размещение населения, где адаптируется нововведение [3].

Обозначенная проблема диффузии определяет значимость вопросов исследования эффектов инноваций. В частности, надо иметь в виду, что появление инноваций, особенно основанных на недавних крупных изобретениях, сопровождаются множеством скрытых факторов, вследствие которых не могут быть оценены в полной мере до тех пор, пока массовое их распространение не выявит полный спектр прямых и косвенных последствий. В силу того, что проявления эффектов по своей природе могут быть различны, то и последствия их в производстве и производственных отношениях тоже не всегда предсказуемы и поэтому подлежат оценке. Особое внимание заслуживает задача исследования эффектов именно технологических инноваций, поскольку именно они являются в основе изменения всего уклада жизни, в том числе и повышения социального уровня жизни.

Поскольку технологические инновации служат основой для инноваций в других сферах, то их влияние может происходить в следующей последовательности: одинаково по силе и скорости воздействия технологические инновации могут влиять на экономические и экологические инновации, затем они имеют свойство приводить к инновациям в социально-политической и государственно-правовой сферах, и завершают свое воздействие на введение инноваций в социокультурной сфере.

Последовательность влияния технологических инноваций на появление инноваций в различных сферах на уровне роста экономики как целостного явления представлена на рисунке 1.

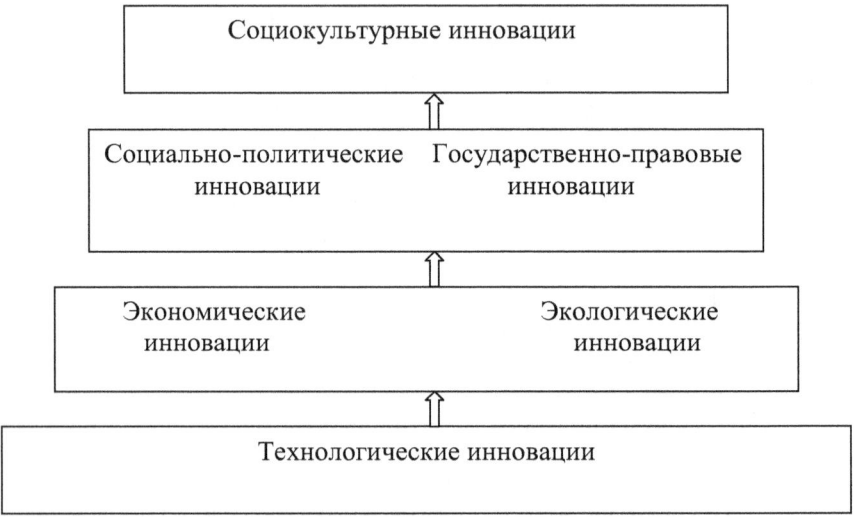

Рис. 1. Процесс диффузии технологических инноваций на сферы общества

Поэтому, особый интерес представляют неожиданные эффекты, которые могут быть как позитивными, так и негативными. Существенным моментом является то, что эффекты не могут рассматриваться как случайные отклонения: они имманентно присущи процессу технологических и других видов инноваций в той мере, в которой он содержит элемент неизвестности. Более того, распространение инноваций – процесс сложный и долгий, который невозможно точно спрогнозировать, что в свою очередь вносит изменения в жизнь людей и ставит новые проблемы, связанные с необходимостью к ним приспосабливаться. В этих условиях возникают сложные структурные закономерности диффузии инноваций потребительского сектора экономики: их масштабы и скорость опосредуются рыночной конъюнктурой на сопряженных рынках и зависят от множества факторов.

В работах Дж. Фридмана, центр и периферия на любом пространственном уровне связаны между собой потоками мобильных факторов производства: информации, капиталов, товаров, рабочей силы и т.д.

Направления этих потоков определяют характер взаимодействия между центральными и периферийными структурами. Ж. Будвиль, исследуя пространственную диффузию инноваций, показал, что конкретные территории, выполняющие в экономике страны или региона функцию источника инноваций и процесса, выступают в качестве полюсов роста.

На основании названных особенностей можно сделать предположение, что все виды инноваций в характеристике современного экономического роста взаимосвязаны, причем либо одни определяются другими, подчиняясь причинно-следственной связи, либо все они являются следствиями одного и того же набора внутренних факторов. Данное обстоятельство позволяет обозначить в достаточной степени вероятную и существенную зависимость между инновациями и устойчивым экономическим ростом, в целом. Современный экономический рост является отражением взаимосвязи, поддерживающей высокие темпы прогресса, через положительную обратную связь между массовым применением полученных знаний и дальнейшим увеличением объема этих знаний.

Для создания механизма диффузии инноваций важным условием является институциональная среда. Только в этом случае возможен естественный процесс создания и территориального распространения экономически эффективных инноваций, том числе и в социальной сфере. Решение этой проблемы, в целом, связано с усилением роли органов власти в диффузии инноваций путем создания системных механизмов трансферта инноваций из центра на периферию.

Литература:

1. Межов, И.С. Инновационные процессы в экономике России [Текст] И.С. Межов, К.Т. Джурабаев, М.В. Хайрулина, Г.Е. Боженов // Инновации. Инвестиции. – 2012, №3(39).

2. Назарова, Е.А. Пространственная поляризация инновационного развития муниципальных образований Новосибирской области [Текст] Е.А. Назарова // Креативная экономика. – 2012. - №1(61).

3. Зубаревич, Н.В. Регионы России: неравенство, кризис, модернизация [Текст]. Н.В. Зубаревич – М.: Независимый институт социальной политики, 2010.

www.ingramcontent.com/pod-product-compliance
Lightning Source LLC
Chambersburg PA
CBHW051450170526
45166CB00001B/192